普通高等教育"十一五"国家级规划教材
江苏省高等学校精品教材
（高职高专教材）

精细化工实验技术

第二版

冷士良　主编
周国保　主审

化学工业出版社
·北京·

内容简介

本书分为三篇，即精细化工实验基本知识、精细化学品实验选编和精细化工毕业专题实验。在第一篇中介绍了实验室仪器、设备、规范、实验操作及实验开展方面的知识；第二篇按精细化学品分类，每类选编了 2～5 个实验；第三篇通过实例说明如何开展专题实验工作。

本书可作为精细有机合成反应和精细化学品工艺课程的实验指导书使用，也可作为专业综合实验及毕业专题实验的指导书使用，还可供精细化学品开发人员参考。

图书在版编目（CIP）数据

精细化工实验技术/冷士良主编. —2 版. —北京：化学工业出版社，2008.10（2025.2 重印）

普通高等教育“十一五”国家级规划教材. 江苏省高等学校精品教材. 高职高专教材

ISBN 978-7-122-03596-7

Ⅰ. 精… Ⅱ. 冷… Ⅲ. ①精细化工-化学实验-高等学校-教材②精细化工-高等学校：技术学院-教材 Ⅳ. TQ062-33

中国版本图书馆 CIP 数据核字（2008）第 131247 号

责任编辑：于 卉 李春成 提 岩　　　装帧设计：于 兵

责任校对：陶燕华

出版发行：化学工业出版社（北京市东城区青年湖南街 13 号 邮政编码 100011）

印 装：北京科印技术咨询服务有限公司数码印刷分部

787mm×1092mm 1/16 印张 12¾ 字数 307 千字 2025 年 2 月北京第 2 版第 5 次印刷

购书咨询：010-64518888　　　售后服务：010-64518899

网 址：http://www.cip.com.cn

凡购买本书，如有缺损质量问题，本社销售中心负责调换。

定 价：38.00 元

前　言

《精细化工实验技术》第一版问世以来，由于填补了我国精细化工高等职业教育无精细化工实验类教材的空白，并具有内容可靠、指导性强、符合教学规律、再现性好、便于自学等特点，得到了国内兄弟院校同仁的广泛认同，深受部分企业研发人员喜爱，得到了政府及课程专家的肯定。先后被评为江苏省高等学校精品教材、普通高等教育“十一五”国家级规划教材，在我国精细化学品生产技术专业教学改革中起到了一定的示范和推动作用。

尽管如此，编者仍感到，由于时间仓促等原因，第一版在结构体系和局部内容方面尚存在一些不尽人意之处。为了进一步适应各院校理实一体、工作导向和项目教学改革的需要，也为了使教材内容更加完善，过程更加安全环保，特对第一版进行修订，推出第二版。主要修订内容有以下几个方面。

精细化工行业是化工行业最活跃的一个领域，发展十分迅速，因此，将第一版中部分数据，修订为更加接近当前的数据。

考虑到国家限制化学品的要求及安全环保的需要，更换了个别实验项目，增加了更具代表性的实验项目，调整了一些实验中的原辅材料的用量，对一些实验提出了改进意见和建议等。

在实验药品、实验数据与处理等方面，作了部分调整，使用量更少，方式更简捷，全书风格更加统一。

本次修订从工作过程的项目教学法改革的角度出发，提出了工学结合的教学模式，并用框图表示了这种模式的程序，为教师开展实验教学改革提供了一种可供参考的途径。

在文字叙述方面，修订了个别语言表达及内容上的不妥，使语言更加流畅、逻辑性更强，内容更加合理。

在修订中，徐州工业职业技术学院张晓红老师给予了很多帮助，在此表示感谢。

鉴于编者知识水平所限，书中仍难免存在疏漏和欠妥之处，敬请读者朋友们批评、指正。编者愿意与读者一道，为我国精细化学品生产技术专业教学改革努力，打造教材精品。

编者

2008 年 7 月

第一版前言

本教材是在全国化工高职教学指导委员会精细化工专业委员会的指导下，根据教育部有关高职高专教材建设的文件精神，以高职高专精细化工专业学生的培养目标为依据编写的。教材在编写过程中征求了来自企业专家的意见，具有较强的实用性。

精细化学品（fine chemicals）是指将原、辅料经过若干单元反应及若干单元操作加工处理，并通过剂型化或商品化而形成的批量少、质量要求高、附加值高的化工产品，也称为精细化工产品。精细化学品具有以下主要特点。第一，使用功能的特定性及应用对象的专一性；第二，产量小但品种剂型繁多；第三，生产常涉及多种化学合成反应，操作中常采用串联方式组合反应设备，间歇生产，而较少采用连续式的生产方式；第四，技术密集度高，生产工艺繁杂、附加值高。

精细化学工业是生产精细化学品的工业，是化学工业的一个组成部分，尚为一个不太精确的术语。按照一般的概念，所谓精细化学工业，通常被认为是生产专用化学品及介于专用化学品和通用化学品之间产品的工业。

精细化学品种类很多，按照原化学工业部发布的暂行规定，将精细化学品分为农药、染料、涂料（包括油漆和油墨）及颜料、试剂和高纯物、信息用化学品（包括感光材料、磁性材料等）、食品和饲料添加剂、黏合剂、催化剂和各种助剂、化学药品、日用化学品、功能高分子材料 11 类。

目前，精细化工已成为当今世界各国发展化学工业的战略重点，而精细化率也在相当大程度上反映着一个国家的发达水平、综合技术水平及化学工业集约化的程度。虽然中国在发展精细化工方面取得了较好的进展，其精细化率已由 1990 年的 25%提高至 1995 年的 32%。但距世界发达国家 60%～70%的水平还有较大的距离，必须加强研究开发，不断提高竞争能力。预计，“十一五”末期，我国精细化率可达 48%。

进入 21 世纪以来，越来越多的高等职业院校为了培养高等技术应用型精细化工人才，都设立了精细化工专业，但精细化工实验教材还是空白，本书正是为了填补这一空白编写的。但为了使本书不仅适应于师生，也适应于生产及科研一线的科技工作者，在内容选择上，除可以满足单元合成实验、专业综合实验及毕业专题实验的要求外，还加入了一些实验开发的基本内容。

本书力求体现“学做结合”的当代职业教育理念，更有利于培养技术应用能力；强调精细化学品实验开发的基本程序及基本能力培养，有利于达到举一反三的效果；坚持规范化、标准化、经济性、安全性等意识的培养，有利于工程规范的养成。

由于精细化学品类型繁多，本书内容也很广泛，基本按照上述 11 类进行编写，每一类均选 2～5 个实验，供使用时结合实际选取。

本书编写人员均具有精细化工实验教学或精细化学品开发的丰富经验，书中实验大部分来源于教学实践，因此本书内容可靠、指导性强、符合教学规律、再现性好，便于自学。

本书由徐州工业职业技术学院冷士良主编，江西省化学工业学校周国保主审。全书共分三篇十八章，其中，前言、绪论、第一篇及附录由冷士良编写；第五章、第六章、第十四章、第十五章中的实验二十九与实验三十及第三篇由常州工程职业技术学院赵昊昱编写；第七章、第十章、第十一章及第十二章由淄博职业学院张淑新编写；第八章、第九章、第十三章、第十五章中的实验三十一至实验三十三及第十六章由河南工业大学化学工业职业学院黄庭刚编写。

在本书的编审工作中，徐州工业职业技术学院刘郁老师给予了无私的支持，在此表示感谢。

由于时间仓促，内容较广，不妥之处，敬请批评指教，以使本教材日臻完善。

编者

2005 年 3 月

目　　录

第一篇　精细化工实验基本知识

第二篇　精细化学品实验选编

第三篇　精细化工毕业专题实验

绪　论

高等职业教育必须面向社会，培养市场需要的人才。经过调查分析，精细化工高等技术应用型人才就业后，主要作为生产岗位上操作工和实验开发岗位上的实验工。因此，掌握精细化工实验技术对精细化工专业来说，是十分必要和重要的。

一、精细化工实验的性质、任务

精细化工实验是精细化工及相近专业，在掌握化学基本知识与基本实验技能后，开设的一门以培养实验能力和实验技能为目的专业必修课。

其任务是：①学习精细化工实验的基本方法与技能；②通过实验，进一步明确精细化学品的类型、特点、用途及其制备方法；③教会学生如何通过实验获得新知识或新信息，并在此基础上，提高学生从事实验研究的能力；④养成良好的科学态度，学会观察、分析和解决实验中出现的问题；⑤学会正确表达实验结果和出具报告。

二、精细化工实验的内容

本实验包括三部分内容，即精细化工实验基本知识、精细化学品实验选编和精细化工专题实验。可作为精细化工专业工艺课实验、综合实验及毕业专题实验使用。

(1) 精细化工实验基本知识　本部分内容集知识与技术于一身，可视具体情况部分课堂讲授、部分实验。编写此部分内容的目的在于满足部分读者的资料需求和满足学生复习的要求，使后续内容的学习能更加得心应手。第一章实验室规范，主要介绍实验中必须遵守的各种技术规范和工作规范；第二章实验室常用仪器，主要介绍精细化工实验经常用到的典型仪器设备；第三章实验室常见单元操作，主要介绍实验室经常用到的典型操作；第四章实验基本程序与内容，主要介绍了实验如何开展和按什么程序开展，实验中误差的表达，实验结果的评价，报告的编写等内容。

(2) 精细化学品实验选编　在本部分，按照精细化学品分类，逐类选择 2～5 个实例，供实验中选做。即农药、染料、涂料（包括油漆和油墨）及颜料、试剂和高纯物、信息用化学品（包括感光材料、磁性材料等）、食品和饲料添加剂、黏合剂、催化剂和各种助剂、化学药品、日用化学品、功能高分子材料 11 类。

为了增加实验的背景知识，在每一大类实验之前，编写了此类精细化学品的基本知识，包括定义、分类、应用、现状及发展趋势等，期望能通过这些知识，引导读者去研究和学习。

(3) 精细化工毕业专题实验　本部分分两章编写，一章介绍毕业专题实验如何组织实施，另一章举例说明如何组织实施精细化工毕业专题实验。

三、教学建议

本课程不依附于任何一门理论课程，它的目标是培养能够胜任精细化工专业实验操作需要的实验技术人才，而不是为了验证某门课程中的结论。因此教学中，教师应该把培养学生运用理论指导实验、实验操作、观察实验现象、分析和解决实验中的问题、正确记录实验现象和正确表达实验结果等实验技术能力作为重点，将其贯穿于课程始终。

教学中，也可以从各院校实际出发，选择书中不同内容在不同阶段实施教学。比如，在入学后，可以学习第一部分内容，与化学类基础实验一同教学，增加实验的基本知识；在学习了单元合成反应后，可以在第二篇中选择一些典型的反应类型，学习单元反应实验技术；在学习了精细化学品工艺后，则可以在第二篇中选择一些精细化学品制备（合成或复配）及应用方面的实验，学习精细化学品的生产方法；而毕业环节时，学习第三篇，获得精细化学品开发小试的基本知识与技能。

操作是否成功，反应是否顺利，产品质量是否达到要求等均与实验方法的选择、采用的实验装置的合理性以及实验技术的应用有直接关系。在实验中应注重动手能力、综合能力和创新能力的培养，还应抓好预习、思考、改进、总结等环节。

为了确保教学目标的实现，建议在教学中能够以任务的形式下达给学生，即在实验前设定实验目标，而且要通过预习或实验前的讲授让学生了解这一目标，再指导学生编写原始数据表、工作项目清单及记录表，从而使学生明确实验原理是什么？自己应该通过实验完成哪些工作？实验应按什么样的步骤进行？达到什么目标？使用什么样的装置？注意点有哪些？进而提高实验效果，避免实验的盲目性。

为了养成良好的科学实验素养，形成严谨的职业规范，全程保持工作场所的干净整洁。实验前，学生要签到，穿工作服；实验中，要严格执行操作规范，养成及时记录的好习惯，认真观察实验中出现的现象，包括与质量、体积、颜色、温度、压力等有关的数据和现象；实验后要做好收尾工作，及时洗净仪器，晾干备用，废药、废液分别存放，及时处理，所有废弃的固体和滤纸等应丢弃在垃圾箱内，不能丢入下水道和水槽内，以免堵塞管道，离开实验室应关闭水源、电源、煤气等，并需经指导教师签字。实验结束 1 周内，按规范及时完成实验报告并上交。

精细化学品类型很多，受到实验课时间的限制，不可能每一个品种都做实验，因此，实验中，培养学生自主学习的能力是十分必要的，可以在具有一定的实验基础后，指导学生进行设计型实验，提高学生自主学习的能力。

安全与环保也是实验中必须注意的事情，教学中，要注意培养学生的安全与环保意识及习惯，以增强学生的公民道德意识。

总之，教师是学生实验的组织者和引导者。教师应转变观念，更新知识，不断提高自身对实验课程及实验教材的认识，创造性地理解和使用教材，积极开发课程资源，灵活运用教材内容，引导学生在实践中学会学习，增强专业实验技能及综合素质。

第一篇　精细化工实验基本知识

【学习目标】

了解精细化工实验室的基本配置，实验室的基本规范，初步认识精细化工实验常用的仪器和设备，了解它们的用途与用法，明确实验室常见单元操作的用途，了解实验的程序、实验数据的记录、实验中误差的表达、实验结果的评价、实验报告的编写及论文撰写等方面的知识。

第一章　精细化工实验室规范

一、精细化工实验室的基本配置

精细化工实验室的基本配置既应该符合教育部“高等学校专业实验室评估标准（试行）”对合格实验室的要求，也应该符合精细化工实验本身的特点与要求。

1. 功能室配置

为确保精细化工实验的规范、合理，精细化工实验室至少应具有以下几个功能室：药品室、仪器室、准备室、更衣室（可与准备室合一）、学生实验室、贮气室和分析室。

（1）药品室　存放药品、试剂等实验原、辅材料（以下统称药品）的地方，常规药品可以在一个室内存放，强氧化剂、强还原剂、有毒、有害、易燃、易爆、强腐蚀性药品应该按规定单独存放。药品室应由专人管理。从规范上看，应该采用立体式三维货架，分类存放，电脑管理，通过编号（坐标值）可以从电脑中查找药品的存放位置及余量。

（2）仪器室　存放仪器设备的地方。管理方式同药品室，可以两室一人管理。专用高档仪器应由专门人员管理和维护。

（3）准备室　是实验员为实验开发做准备的地方。通常应该与学生实验室相邻，并可以通过可视幕墙看到实验室中的情况。

（4）学生实验室　学生做实验的地方。精细化工学生实验室通常分为两部分，即精细有机合成实验室和精细化工工艺实验室。前者主要用于单元反应类实验及精细化学品的合成类小试实验，后者主要用于精细化学品的工艺实验、综合实验及毕业专题实验。

（5）贮气室　放置钢瓶气体的地方。通常设在一楼，应空瓶区、重瓶区分开布置，并有明显标志。如高于室外地坪，应设上下台阶，应通风、干燥，避免阳光直射。不准堆放其他易燃、易爆物品。内照明设备应设防爆装置，电器开关应设在室外。室内应留有通道、有明显的“严禁烟火”的标志，应配备消防灭火器材。

（6）分析室　实验中原、辅材料及实验结果的分析检验的地方。此室应该具有常规化学分析、常规仪器分析的条件，能够满足精细化工实验教学分析检测的要求。在有条件的情况下，可以增添一些高档现代分析仪器。

2. 公用设施配置

从实验角度看，实验室应具备多功能实验台，水、电齐全，在需要的情况下还要有煤气等，学生实验室应该水、电到实验台面，压缩空气或真空系统到桌面（或备有压缩机、真空泵）。

从安全角度看，实验室应该通风、排风良好，备有冲洗器（洗眼器）、医药柜等，并确保冲洗器能正常使用，医药柜内的药品应该定期更换，确保药不过期。还要配备适量的安全帽及防毒面具等。

从环保角度看，实验室应备有废物箱，“三废”（废气、废液、废渣）处理有措施，科学合理；要注意消音，噪声应小于 70dB；废物收集应分类。

3. 实验室的环境要求

（1）布局　实验室、仪器室、药品室、分析室和准备分开，并与办公室、普通教室、电脑室、语音室及活动室等保持一定距离。实验桌桌面要给学生留出尽量大的实验空间，减少视线遮挡。实验课桌结构尽量简洁，如钢木结构优于全饰面板结构。实验室家具颜色要明快，适合学生实验和周围环境协调，实验桌桌面不宜采用花色，减少桌面颜色对一些实验观察对象的影响。

（2）面积　实验室内，每个学生的使用面积不低于 $2m^2$，每室不低于 $80m^2$。

（3）地面与墙裙　实验室地面一般做水泥砂浆面层，也可做水磨石面层，通常不做木面层。有条件的或确因实验需要的，可做防静电地板漆层。专用仪器分析室建议做防静电地板漆层。

实验室墙裙通常用油漆涂层，高度在 1～1.2m，颜色以浅色为宜。

（4）管道　电源线穿线管可埋设地下，也可以沿墙设置并加线盒，但不可使用明线。上下水管道可埋设地下，也可以沿墙下端设置明管，但不可将明管设在实验桌下和过道上。管道埋设地下应该开挖地沟，上盖水泥预制盖板，便于维修。

（5）门窗　门的大小应当以实验设备能够通过为宜，不设门槛，门朝外开，其宽度不小于 0.8m。窗户要尽可能大，但应该安装防护装置。

（6）通风与换气　实验室必须保持良好通风，药品室应该安装排风扇，学生实验室应该既可自然通风，又设置集中强制排风。新建实验室必须通风到桌面，换气标准每小时换气 20 次，学生实验桌上方的排风口立管内的风速基本在 5m/s 到 10m/s 的范围内。

（7）照明　实验室照明灯具布置合理，照度均匀，桌面照度为日光灯 100～150lx。

（8）用电　每间实验室均应有总开关，室内设配电盘，通过空气开关接到电器上，要根据情况分别控制，线径要与实验用电容量相适应。用教室等改装做实验室的，电路应重新架设。必要时可设防爆开关。

（9）消防设施　实验室的各功能室均应备有防火设备，并能正常使用，在必要的情况下，还要配备防爆、防盗、防破坏的基本设备。

二、实验室守则

为了保证实验的顺利进行，培养严谨的科学态度和良好的实验习惯，创造一个高效能和清洁的工作环境，在精细化工实验室进行实验，必须遵守下列实验室规则。

① 实验前，必须做好预习报告，明确实验目的，熟悉实验原理和实验步骤。

② 实验操作开始前，首先检查仪器种类与数量是否与需要相符，仪器是否有缺口、裂缝或破损等，再检查仪器是否干净（或干燥），确定仪器完好、干净再使用，仪器装置安装完毕，要请教师检查合格后，方能开始实验。

③ 实验操作中，要仔细观察现象，积极思考问题，严格遵守操作规程，实事求是地做好实验记录，要严格遵守安全守则与每个实验的安全注意事项，一旦发生意外事故，应立即报告教师，采取有效措施，迅速排除事故。

④ 实验室内应保持安静，不得谈笑、打闹和擅自离开岗位，不得将书报、体育用品等与实验无关的物品带入实验室，严禁在实验室吸烟、饮食。

⑤ 服从指导，有事要先请假，不经教师同意，不得离开实验室。

⑥ 要始终做到台面、地面、水槽、仪器的"四净"，火柴梗、滤纸等废物应放入废物缸中，不得丢入水槽或扔在地上。废酸、酸性反应残液应倒入室外的废酸缸中，严禁倒入水槽。实验完毕，应及时将仪器洗净，并放回指定位置。

⑦ 要爱护公物，节约药品，养成良好的实验习惯。要节约使用水、电、煤气及消耗性药品。要严格按照规定称量或量取药品，使用药品不得乱拿乱放，药品用完后，应盖好瓶盖放回原处。公用设备和材料使用后，应及时放回原处，对于特殊设备，应在指导教师示范后方可使用。

⑧ 学生轮流值日，打扫、整理实验室。值日生应负责打扫卫生，整理公共器材，倒净废物缸并检查水、电、煤气、窗是否关闭。

⑨ 实验完毕，及时整理实验记录，写出完整的实验报告，按时交教师审阅。

⑩ 师生均需穿工作服。

三、实验室安全与环保守则

安全第一、预防为主，这是安全工作的一贯方针。精细化工实验的主要特点之一在于实验的安全与环保问题必须得到足够的重视，以确保实验是安全的、符合环保要求的。为此，精细化工实验必须遵守实验至安全守则及实验室环保守则。

1. 安全守则

① 进入实验室应穿实验服或工作服，严禁赤脚或穿漏空的鞋子（如凉鞋或拖鞋）进入实验室。在进行有毒、有刺激性、有腐蚀性的实验时，必须戴上防护眼镜、口罩、耐酸手套或面罩。

② 绝对禁止在实验室内吸烟，严禁把明火带入实验室。

③ 进入实验室首先要熟悉实验室的水阀门、电源总开关、灭火器、沙箱或其他消防器材的位置。

④ 当有化学药品溅入眼睛时，立即用自来水冲洗；当被酸、碱或化学药品灼伤，立即用大量的冷水冲洗受伤部位（如是浓 H_2SO_4，最好先用干布轻轻擦去）；如果是强酸灼伤，那么先用大量冷水冲洗，再用 5%碳酸氢钠溶液淋洗灼伤处；若是强碱灼伤，则先用大量冷水冲洗，然后用 5%的醋酸溶液洗涤，并及时去医院治疗。

⑤ 如果被烫伤，但并不严重，那么立即用冷水或冰水浸皮肤，减小对皮肤表皮的危害。不要在烧伤处涂药膏或油类。对于烧、烫伤严重者，立即就医。

⑥ 开启装有腐蚀性物质（如硫酸、硝酸等）的瓶塞时，不能面对瓶口，以免液体溅出或腐蚀性烟雾造成伤害，也不能用力过猛或敲打，以免瓶子破裂；在搬运盛有浓酸的容器

时，严禁用一只手握住细瓶颈搬动，防止瓶底裂开脱落；在取、用有毒和易挥发药品时（如硝酸、盐酸、二氯甲烷、苯等），应在有良好通风的通风橱内进行，以免中毒。有中毒症状者，应立即到室外通风处。

⑦ 取、用易燃易爆物品时（如汽油、乙醚、丙酮等），周围绝不能有明火，并应在通风橱内进行，避免易燃物蒸气浓度增大时，发生爆炸、燃烧事故。

⑧ 使用电器时，应防止人体与电器导电部分直接接触，不能用湿的手或手握湿物接触电插头。为了防止触电，装置和设备的金属外壳等都应接地线。实验后应切断电源，拔下插头。

⑨ 实验中所用药品不得随意散失、遗弃，以免污染环境，影响身体健康。实验结束后要细心洗手，严禁在实验室内饮食等。

⑩ 了解灭火器种类、用途及位置，学会正确使用。一旦发生火灾，不要惊慌失措，应立即采取相应措施。首先要立即熄灭附近所有的火源，切断电源，并移开附近的易燃物。少量溶剂（几毫升）着火，可任其烧完。反应容器内着火，小火时可用湿布或黄沙盖住瓶口灭火，火大时根据具体情况选用适当的灭火器材。

四氯化碳灭火器，用以扑灭电器内或电器附近火灾，但不能在狭小和不通风的实验室中应用，因四氯化碳在高温时生成剧毒的光气；此外，四氯化碳和金属钠接触也会发生爆炸。

二氧化碳灭火器，是实验室中最常用的一种灭火器，其钢筒内装有压缩的液态二氧化碳，使用时打开开关，二氧化碳气体即会喷出，用以扑灭有机物及电器设备的着火。使用时一手提灭火器，一手应握在喷二氧化碳喇叭筒的把手上，因喷出的二氧化碳压力骤然降低，温度也骤降，手若握在喇叭筒上易被冻伤。

泡沫灭火器，内部分别装有含发泡剂的碳酸氢钠溶液和硫酸铝溶液，使用时将筒身颠倒，两种溶液即反应生成硫酸氢钠、氢氧化铝及大量二氧化碳泡沫喷出。除非大火，否则通常不用泡沫灭火器，因后处理比较麻烦。

无论使用何种灭火器，皆应从火的四周开始向中心扑灭。

油浴和有机溶剂着火时绝对不能用水浇，否则会使火焰蔓延开来。

若衣服着火，切勿奔跑，用厚的外衣包裹使熄灭。较严重者应躺在地上（以免火焰烧向头部）用防火毯紧紧包住，直至熄灭，或打开附近的自来水开关用水冲淋熄灭。烧伤严重者应立即送医院治疗。

2. 环保守则

按照国家环保总局《关于加强实验室类污染环境监管的通知》的规定。从 2005 年 1 月 1 日起，科研、监测（检测）、试验等单位实验室、化验室、试验场将按照污染源进行管理，实验室、化验室、试验场的污染将纳入环境监管范围。实验室排放的废液、废气、废渣等虽然数量不大，但不经过必要的处理直接排放，会对环境和人身造成危害，也不利于养成良好的习惯。因此在实验室必须遵守实验室环保守则。

① 爱护环境、保护环境、节约资源、减少废物产生，努力创造良好的实验环境，并不对实验室外的环境造成污染。

② 实验室所有药品、中间产品、集中收集的废物等，必须贴上标签，注明名称，防止误用和因情况不明而处理不当造成环境事故。

③ 废液必须集中处理，应根据废液种类及性质的不同分别收集在废液桶内，并贴上标签，以便处理。严格控制向下水道排放各类污染物，向下水道排放废水必须符合排放标准，

严禁把易燃、易爆和容易产生有毒气体的物质倒入下水道。

④ 严格控制废气的排放，必要时要对废气吸收处理。处理有毒性、挥发性或带刺激性物质时，必须在通风橱内进行，防止散逸到室内，但排到室外的气体必须符合排放标准。

⑤ 严禁乱扔固体废弃物，要将其分类收集，分别处理。

⑥ 接触过有毒物质的器皿、滤纸、容器等要分类收集后集中处理。

⑦ 控制噪声，积极采取隔声、减声和消声措施，使其环境噪声符合国家规定的《城市区域环境噪声标准》，噪声应小于70dB。

⑧ 一旦发生环境污染事件，应及时处理及上报。

四、实验室事故处理办法

在实验中，一旦发生了意外，不要着急，要沉着冷静处理，发挥实验室的医药柜或医药箱在紧急情况下的作用。为此，实验室医药箱应备有下列急救药品和器具：医用酒精、碘酒、红药水、创可贴、止血粉、烫伤油膏（或万花油）、1%硼酸或2%醋酸溶液、1%碳酸氢钠溶液、20%硫代硫酸钠溶液、70%酒精、3%双氧水等。医用镊子、剪刀、纱布、药棉、棉签和绷带等。下面介绍几种实验室内事故发生时的急救处理方法。

（1）眼睛的急救　实验室中一般应配有喷水洗眼器，如果没有洗眼器，那么至少应设一只配有一段软管的洗涤槽。学生应该记住最近的洗眼器或洗涤槽的位置。一旦化学试剂溅入眼内，立即用缓慢的流水彻底冲洗。洗涤后把病人送往眼科医院治疗。玻璃屑进入眼睛，绝不要用手揉擦，尽量不要转动眼球，可任其流泪。也不要试图让别人取出碎屑，用纱布轻轻包住眼睛后，把伤者送往医院处理。

（2）烧伤的急救　烧伤的急救方法因原因不同而不同。

如为化学烧伤，则必须用大量的水充分冲洗患处。如为有机化合物灼伤，则用乙醇擦去有机物是特别有效的。溴的灼伤要用乙醇擦至患处不再有黄色为止，然后再涂上甘油以保持皮肤滋润。酸灼伤，先用大量水冲洗，以免深部受伤，再用稀 $NaHCO_3$ 溶液或稀氨水浸洗，最后用水洗。碱灼伤，先用大量水冲洗，再用1%硼酸或2%醋酸溶液浸洗，最后用水洗。

明火烧伤，要立即离开着火处，迅速用冷水冷却。轻度的火烧伤，用冰水冲洗是一种极有效的急救方法。如果皮肤并未破裂，那么可再涂擦治疗烧伤用药物，使患处及早恢复。当大面积的皮肤表面受到伤害时，可以用湿毛巾冷却，然后用洁净纱布覆盖伤处防止感染。然后立即送医院请医生处理。

如果着火，那么要及时灭火，万一衣服着火，切勿奔跑，要有目的地走向最近的灭火毯或灭火喷淋器。用灭火毯把身体包住，火会很快熄灭。

（3）割伤的急救　不正确地处理玻璃管、玻璃棒则可能引起割伤。若小规模割伤，则先将伤口处的碎玻璃片取出，用水洗净伤口，挤出一点血后，再消毒、包扎；也可在洗净的伤口，贴上“创可贴”，立即止血且易愈合。

若严重割伤，出血多时，则必须立即用手指压住或把相应动脉扎住，使血尽快止住，包上压定布，而不能用脱脂棉。若绷带被血浸透，不要换掉、在盖上一块施压，立即送医院治疗。

（4）烫伤的急救　被火焰、蒸汽、红热的玻璃或铁器等烫伤，立即将伤处用大量的水冲淋或浸泡，以迅速降温避免深部烧伤。若起水泡，不宜挑破。对轻微烫伤，可在伤处涂烫伤油膏或万花油。严重烫伤应送医院治疗。

（5）中毒的急救　当发生急性中毒，紧急处理十分重要。若在实验中感到咽喉灼痛、嘴唇脱色或发绀、胃部痉挛或恶心呕吐、心悸、头晕等症状时，则可能是中毒所致。

因口服引起的中毒时，可饮温热的食盐水（1 杯水中放 3～4 小勺食盐），把手指放在嘴中触及咽后部，引发呕吐。当中毒者失去知觉或因溶剂、酸、碱及重金属盐溶液引起中毒时，不要使其呕吐；误食碱者，先饮大量水再喝些牛奶；误食酸者，先喝水，再服 $Mg(OH)_2$乳剂，再饮些牛奶，不要用催吐剂，也不要服用碳酸盐或碳酸氢盐。重金属盐中毒者，喝一杯含有几克 $MgSO_4$ 的水溶液，立即就医，也不得用催吐剂。

因吸入引起中毒时，要把病人立即抬到空气新鲜的地方，让其安静地躺着休息。

（6）腐蚀的急救 身体的一部分被腐蚀时，应立即用大量的水冲洗。被碱腐蚀时，再用 1%的醋酸水溶液洗。被酸腐蚀时，再用 1%的碳酸氢钠水溶液洗。另外，应及时脱下被化学药品玷污的衣服。

第二章　实验室常用仪器

一、玻璃仪器

1. 概述

精细化工实验中最常用的就是玻璃仪器。由于实验中经常需要加热、冷却、承受一定的压力、接触各种化学试剂（其中有许多腐蚀性的试剂），因此对玻璃仪器的质量及玻璃材质均有较高的要求。精细化工实验所用的玻璃仪器一般采用 95 料或 GG-17 料耐高温玻璃制造。95 料是一种低碱含量的硼硅酸盐玻璃，不含有钙、镁、锌及铅等元素，具有高度良好的化学稳定性、热稳定性与机械性能，常用于制造加热器皿和技术要求较高的灯工仪器；GG-17 料其硅含量在 80%以上，内部结构稳定性好，具有很高的物理性能和化学性能，由于膨胀系数低，对温度变化的耐受性好，用于制造加热器皿和各种灯工精密玻璃仪器。

玻璃仪器，按其口塞是否为标准磨口，可分为普通仪器及标准磨口仪器两类。由于标准磨口仪器方便互相连接，严密安全，我国已普遍生产和使用，尤其在精细有机合成实验中已逐渐取代了普通玻璃仪器。根据标准磨口的大小，玻璃仪器具有不同的型号，比如 10 号、14 号、19 号、24 号、29 号和 34 号等。这些型号是指磨口最大端的直径（单位为 mm，取最接近的整数）。有时也用两个数字表示标准磨口的规格，如 14/30 表示磨口最大端直径 D 为 14mm，磨口锥体长度 H 为 30mm。使用标准磨口仪器时必须注意以下几点。

① 型号相同的内、外磨口仪器可以配合连接，不同型号的磨口仪器不能直接连接，但可以使用两头型号不同的磨口转接头使它们连接。

② 磨口部分必须洁净，用毕立即洗净，若粘有固体杂物，会使磨口对接不严密，导致漏气。若有硬质杂物，更会损坏磨口。洗涤前应先将涂过的真空润滑脂擦尽，然后才能用洗涤剂清洗。否则长久放置，会使连接处粘牢，难以拆开。洗涤磨口时不得用粗糙的去污粉，以免造成磨口擦伤而漏气。

③ 进行真空减压操作时，磨口处应涂以真空润滑脂，以免漏气。其他场合可不涂润滑脂，以免玷污反应物或产物。若反应中有强碱，则应涂润滑剂，以免磨口连接处因碱腐蚀粘牢而无法拆开。

④ 安装标准磨口仪器时，应注意安装整齐和稳妥，使磨口连接处不受歪斜的应力影响，避免仪器折断。

2. 常见玻璃仪器

按用途分，常见的玻璃仪器有如下类型，见表 2-1 常见玻璃仪器分类表。使用时，可根据实验需要参照有关手册，合理选择，图 2-1 是常用玻璃仪器的结构简图，仅供参考。

3. 玻璃仪器的清洗和干燥

实验中，使用的玻璃仪器必须清洁干燥，因此实验前应对玻璃仪器清洗和干燥。

常用的清洗方法是用试管刷和自来水清洗，必要时可以使用洗涤粉或去垢剂。两者均含有表面活性剂，去垢剂中还含有细小的研磨料微粒，它们对清洗过程均有帮助。但微粒会黏附在玻璃器皿壁上，不易被水冲走，此时可用 2%的盐酸洗涤一次，再用自来水清洗。

表 2-1 常见玻璃仪器分类表

仪器类别	仪器名称	仪器用途
玻璃量器类	量杯、量筒、容量瓶、大肚吸管、量瓶、酸滴定管、碱滴定管、自动滴定管、比重瓶等	用于量取液体、定量操作液体
玻璃烧器类	烧杯、高型烧杯、锥形烧杯、三角烧瓶、圆底烧瓶、平底烧瓶、平底蒸发皿、圆底蒸发皿、表面皿等	用于实现加热、蒸发等操作
玻璃容器类	广口瓶、细口瓶、集气瓶、下口瓶、龙头瓶、水准瓶、污水瓶、过滤瓶、刻度立瓶、抽滤瓶、种子瓶、干燥器、水槽、标本缸、标本瓶、染色缸、棉纱缸、色层槽、克氏瓶、玻璃比色皿、玻璃乳钵等	用于盛装实验药品、试剂、中间产物、产物和废物等
玻璃蒸馏类	蒸馏烧瓶、分馏烧瓶、蒸馏水器、三口烧瓶、四口烧瓶、标准组合蒸馏仪器、浓缩器、旋转蒸发器等	用于反应、回流、蒸馏、蒸发等
玻璃冷凝类	球形冷凝器、直形冷凝器、蛇形冷凝器、刺形冷凝器、螺旋形冷凝管等	与蒸馏类配合使用
玻璃漏斗类	分液漏斗、波纹漏斗、过滤漏斗、安全漏斗、锥形漏斗等	用于分液、加料、过滤、稳压等
玻璃管件类	试管、比色管、离心试管、调剂棒、毛细管等	各有用途
玻璃测量类	密度计、压力计、温度计、酒精计、干湿温度计等	用于测量温度、密度及湿度等

如果器皿壁上存在有机杂物，可用有机溶剂洗涤。用有机溶剂洗涤后的玻璃仪器，需用洗涤剂溶液和水洗涤以除去残留的溶剂。尤其是用过诸如四氯化碳或氯仿之类的含氯有机溶剂后，特别需要再用水冲洗干净。使用有机溶剂清洗仪器时，所用的溶剂用量要尽量少，最好能使用回收的有机溶剂。如回收丙酮或含水丙酮对玻璃仪器进行清洗，因为有机溶剂多数都是易挥发和有毒害的，而且比较贵。丙酮是洗涤玻璃仪器时常用的溶剂，切勿以试剂级丙酮作清洗之用。

有时，通过上述清洗工作，仍不能把顽固的黏附在玻璃仪器上的残渣或斑迹洗净，这样可使用洗涤液清洗。最常用的洗涤液由 35g 重铬酸钾（重铬酸钠）的饱和水溶液溶于 1L 浓硫酸制备而成。配制时应把浓硫酸加到重铬酸盐溶液中。当使用洗涤液时，应将少量洗涤液加入玻璃仪器中，并轻轻旋摇几分钟，使仪器的内壁均能黏附有洗液，然后将洗涤液倒入废液瓶中，再用大量水冲洗玻璃仪器。实践表明，经这样处理的玻璃仪器，能满足多数精细合成反应的要求。

必须指出，实验中绝不能盲目使用化学试剂或有机溶剂来清洗仪器，这样不仅造成浪费，而且还可能带来危险。应该根据实验要求及仪器的实际洁净程度来确定。

经过洗涤后的仪器，再用蒸馏水冲净后，进行干燥处理。

玻璃仪器干燥最简便的方法是使其放置过夜。一般洗净的仪器倒置一段时间后，若没有水迹，即可使用。若要求严格无水，可将仪器放在烘箱中烘干。若需快速干燥，可用乙醇或丙酮淋洗玻璃仪器，最后可用少量乙醚淋洗，然后用电吹风吹干，吹干后用冷风使仪器逐渐冷却。

二、金属仪器

精细化工实验室的金属仪器很多，但常用的是作为玻璃仪器的辅件来使用的。主要有铁架台、试管夹、万能夹、滴定台、升降台、电炉、电热套、冷凝管夹、铁圈、水浴锅、双顶丝（十字头）、镊子、剪刀、钢丝钳、坩埚钳、尖嘴钳、三角锉刀（圆锉刀）、打孔器等。

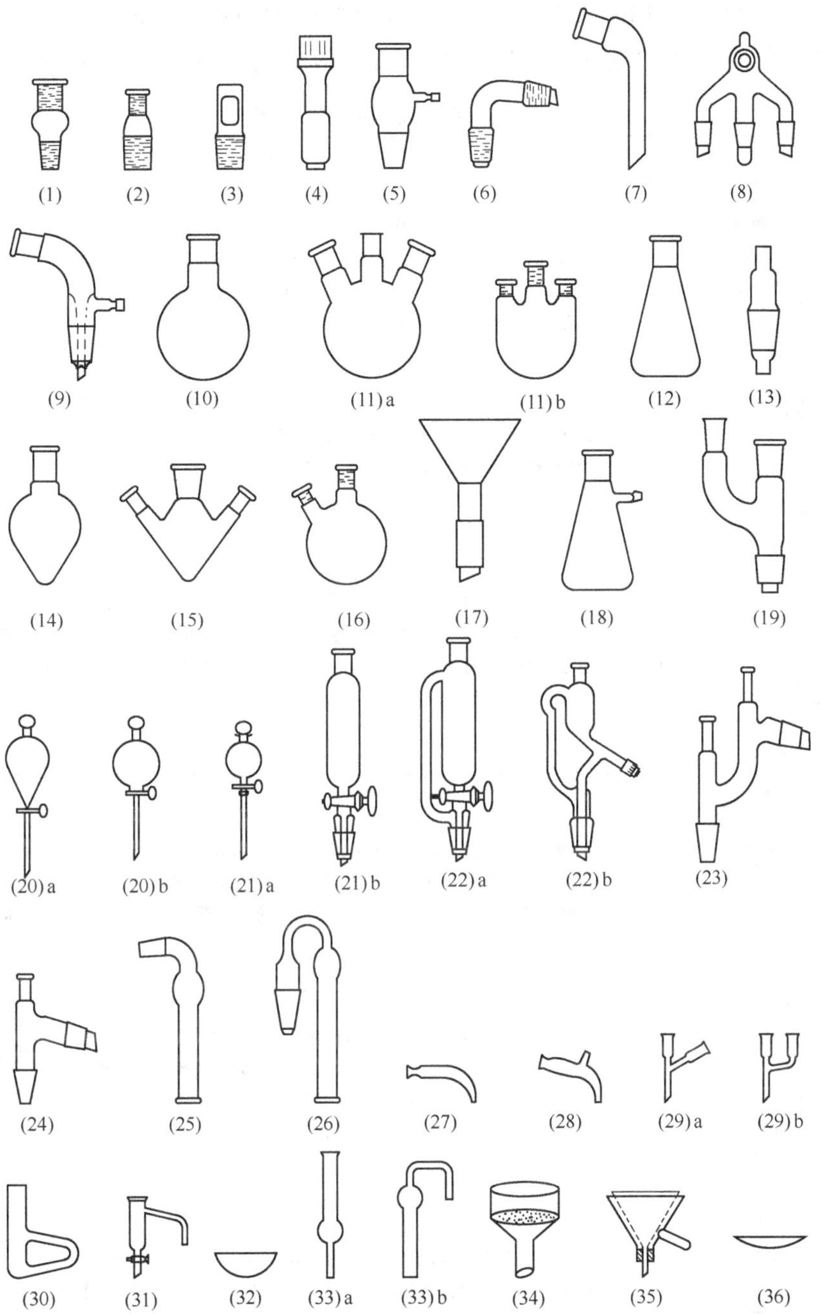

图 2-1　玻璃仪器的结构简图

(1) B型接头；(2) A型接头；(3) 空心塞；(4) 螺口管；(5) 抽气管；(6) 蒸馏弯头；(7) 牛角管；(8) 燕尾管；(9) 真空接液管；(10) 圆底烧瓶；(11) 三口烧瓶；(12) 锥形瓶；(13) 搅拌器套管；(14) 梨形烧瓶；(15) 三口梨形瓶；(16) 二口烧瓶；(17) 吸滤漏斗；(18) 吸滤瓶；(19) 二口管（U形管）；(20) 分液漏斗；(21) 滴液漏斗；(22) 恒液漏斗；(23) 分馏头；(24) 蒸馏头；(25) 斜型干燥管；(26) 弯型干燥管；(27) 接液管；(28) 真空接液管；(29) Y型管；(30) 熔点管；(31) 分水器；(32) 蒸发皿；(33) 干燥管；(34) 布氏漏斗；(35) 加热漏斗；(36) 表面皿

三、分析仪器

精细化工实验中必须使用一些分析仪器，以确定实验原辅材料是否能满足实验要求、产物是否存在及产物含量的多少、产品的质量是否符合规定的指标等。实验室常用的分析仪器见表 2-2。

表 2-2　实验室常用的分析仪器

名称与样图	主要用途	说明
 电子天平	电子天平主要用于称量，具有快速方便、智能化的特点，可以配标准信号输出，直接接打印机、计算机，可以方便地去皮称量、累计称量、单位转换等；因此广泛用于科学实验及生产中。电子天平有取代光电分析天平的趋势	可选不同精度的电子天平，以满足实验的不同需要
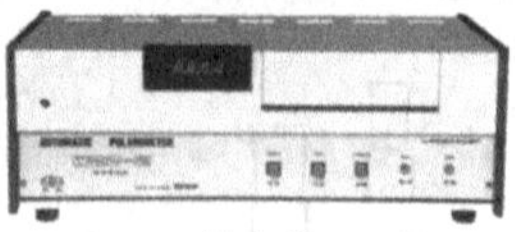 旋光仪	旋光仪是测定物质旋光度的仪器，通过对样品旋光度的测定，可以确定物质的浓度、纯度、糖度或含量；广泛应用于制糖、制药、药检、食品、香料、味精以及化工、石油等工业生产、科研、教学部门	建议选全自动
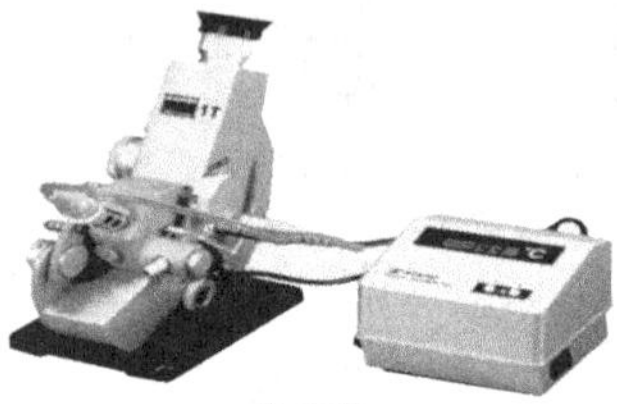 折光仪	折光仪是测定物质折射率的仪器，通过对样品折光度的测量，可以定量其含量，也可鉴定未知物。还可以用于研究分子结构；既可以测液体，也可以测固体。特点是用量少、操作方便、读数准确	图为经典的阿贝折光仪，高端产品做的很小，可根据财力选购
 酸度计	酸度计是测量溶液 pH 值的一种仪器，还可以测量离子浓度，广泛使用在工业、农业、科研、学校等；若配上信号输出接口和记录仪，则可以动态测定溶液和实现电位滴定	有台式、笔式，可根据实际情况选功能不同的仪器
 黏度计	黏度计是测量样品黏度的仪器；广泛用于油品、涂料、胶黏剂、化妆品、药物及其中间体、食品等黏度的测量，也用于测量它们的黏性阻力、绝对黏度；数字式黏度计显示稳定、操作方便，是黏度计发展的趋势	黏度计种类很多，要根据测量对象合理选配
 气相色谱仪(GC)	气相色谱仪是利用气体作为流动相的一种色谱仪器，在化工、石油、环保、制药、烟草等很多领域均有广泛用途；在精细化工实验中，特别是精细有机合成中有重要用途	建议选配全自动
 分光光度计	分光光度计是依据相对测量原理对样品进行定性、定量分析的仪器；它广泛应用在冶金地质、机械制造、环境保护、生物工程、石油化工、医疗卫生、食品卫生、临床检验、药品检验、土壤肥料、农业、林业、卫生防疫等化学分析领域的生产、教学和科学研究中，特别适用于各种应用实验室，是实验室必备的分析仪器	分光光度计类型很多，如可见、红外、紫外等，可根据需要选配

注：使用时，一定要严格按使用说明书操作。

如果有条件，实验室还应配备一些高端分析仪器，下面列举几例。

(1) 紫外吸收光谱仪 (UV)　如图 2-2 所示，当紫外线照射有机化合物时，引起分子中价电子的能级跃迁而产生吸收谱线——紫外吸收光谱，这种光谱取决于分子中价电子的分布和结合情况。在精细化工实验中，用于鉴定官能团、分子结构、定性、定量分析等。

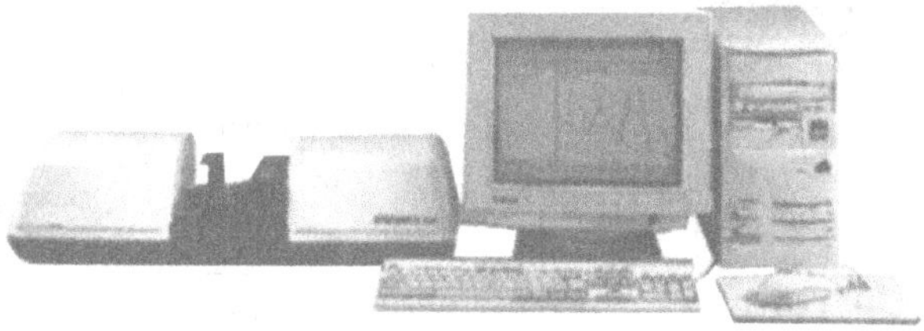

图 2-2　紫外吸收光谱仪

(2) 红外吸收光谱仪 (IR)　如图 2-3 所示，在有机中间体和许多精细化工产品的结构测定以及成分分析中应用广泛。有机化合物在红外区（波长 2.5～15nm 或波数 4000～660cm^{-1}）具有特征吸收峰，因此可以有效地鉴定未知试样的官能团结构类型，或者通过与已知结构的红外光谱对比，确定其同一性。

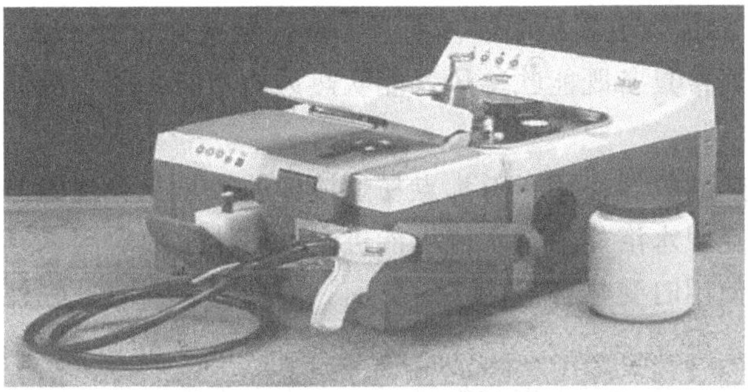

图 2-3　红外吸收光谱仪

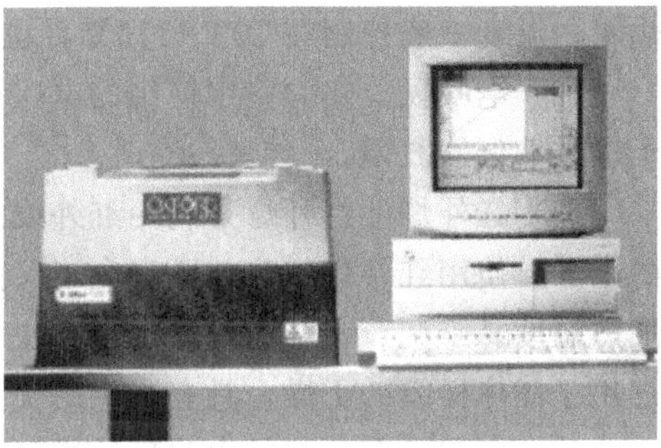

图 2-4　核磁共振仪

(3) 核磁共振仪 (NMR)　如图 2-4 所示，基于原子核的自旋性质，将原子核置于强磁场中，在一定的无线电辐射的诱导下，原子核能级发生跃迁，产生核磁共振曲线。具有试样用量少、速度快、准确性高等优点。主要有^{1}H-NMR 和^{13}C-NMR 等。用于分子结构测定。

(4) 高效液相色谱仪 (HPLC)　如图 2-5 所示，高效液相色谱仪应用已经十分广泛，成为一项分析和分离的重要技术。它的主要优点是分辨率高于其他色谱法，速度快，十几分钟到几十分钟可完成；重复性高，色谱柱可反复使用；自动化操作，分析精确度高。根据分离过程中溶质分子与固定相相互作用的差别，高效液相色谱可分为四个基本类型，即液-固色谱、液-液色谱、离子交换色谱和体积排阻色谱。高效液相色谱仪广泛用于样品的分离、分析、纯化。在精细化工、医药工业、食品工业、环境保护及生物技术领域，主要用于分析高沸点、热不稳定、生理活性及大分子量物质。比如，表面活性剂、抗氧剂、杀虫剂、除莠剂、药物中间体、有机酸、甾体化合物、生物碱、抗菌素、氨基酸及其衍生物、糖类、卟啉、核酸及其降解产物、蛋白质、酶和多肽、脂类等。

(5) 质谱仪 (MS)　如图 2-6 所示，质谱仪是利用质谱现象对混合物分离、鉴定和结构分析的仪器。具有灵敏度高、测量范围宽、选择性好、分辨率高、快速有效等特点，是现代生物学研究和药物开发研究工作者的理想工具，在合成化学、石油化工、环境化学、食品科学、医学等涉及分析的领域都有应用。质谱仪的类型很多，与色谱联用也得到了广泛的应用。

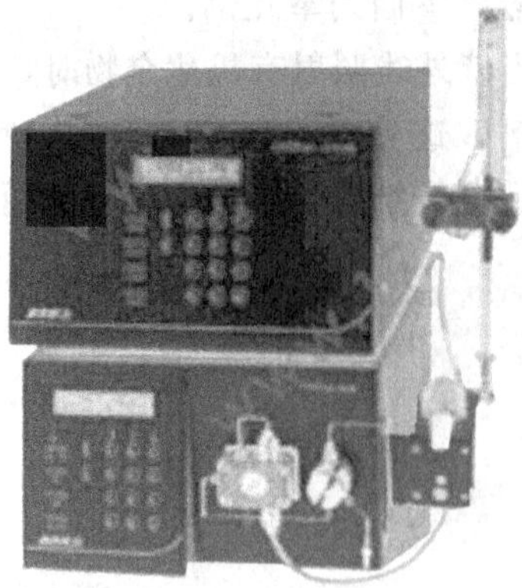

图 2-5 高效液相色谱仪

图 2-6 质谱仪

四、电子电器

在精细化工实验中，还会用到一些电子电器，下面介绍几种常用的电子电器。

（1）烘箱 实验室一般使用恒温鼓风干燥箱。主要用来干燥玻璃仪器或烘干无腐蚀性、热稳定性比较好的药品。使用时应注意温度的调节与控制。干燥玻璃仪器应先沥干，再放入烘箱，温度一般控制在 100～110℃，也可以达到更高的温度。而且干湿仪器要分开。

（2）电吹风 实验室中使用的电吹风通常具备既能吹冷风又能吹热风的功能，用于快速干燥玻璃仪器之用。

（3）红外灯 红外灯是利用红外线加热的仪器。用于低沸点易燃液体的加热及少量固体的干燥。使用红外灯加热，既安全，又能克服水浴加热时水汽可能进入反应体系的缺点，且加热温度易于调节，升温或降温速度快。使用时受热容器应正对灯面，中间留有空隙。红外灯用于固体样品的干燥，具有卫生的优点。

（4）电加热套 它是由玻璃纤维包裹着电热丝织成帽状加热器，由于它不是明火，因此加热和蒸馏易燃有机物时，具有不易着火的优点，热效率也高。电热夹套相当于一个均匀加热的空气浴。电热套的容积一般与烧瓶的容积相匹配。电热套主要用做回流加热的热源。电热套有很多类型和规格，有自动控温的，有多孔式的，还有板式的。非自动控温的电热套的加热温度通过调压变压器控制。图 2-7 是一种自动控温的电加热套。电热套最高加热温度可达 400℃，是精细化工实验中一种简便、安全的加热装置。

（5）旋转蒸发仪 由电机带动可旋转的蒸发器（圆底烧瓶）、冷凝器和接受器组成，如图 2-8 所示。可以在常压或减压下操作，可一次性进料，也可分批吸入蒸发料液。由于蒸发

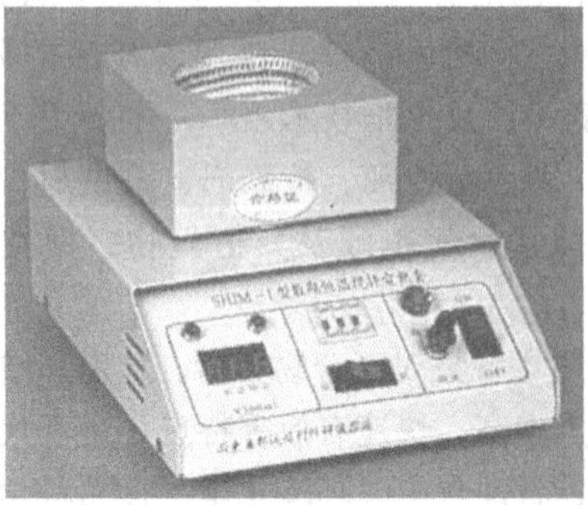

图 2-7 电加热套

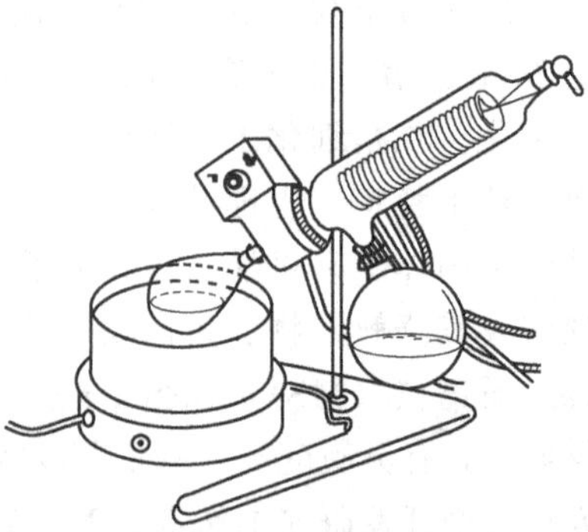

图 2-8 旋转蒸发仪

器的不断旋转，可免加沸石而不会暴沸。蒸发器旋转时，会使料液附于瓶壁形成薄膜，蒸发面大大增加，加快蒸发速率。因此，旋转蒸发器是浓缩溶液、回收溶剂的理想装置。

(6) 调压变压器　是一种调节电压的仪器，通过调节电压来调节加热温度或电动搅拌器的搅拌速率等。但使用时必须注意以下几方面的问题。即安全用电，接好地线，输入端与输出端不能接错，不允许超负荷使用，调节时要缓慢均匀，注意及时更换炭刷，用完后，旋钮回零断电，放在干燥通风处，不得靠近有腐蚀性的物体。不熟悉调压器的人，一定要按使用说明严格操作，或向熟悉的人学习。

(7) 搅拌器　为了使反应均匀、完全，创造良好的操作条件，精细化工实验中经常使用搅拌器。实验室常用的搅拌器通常有两种，电动机械搅拌器和电动磁力搅拌器。

电动机械搅拌器是一种电机驱动、机械传动式搅拌装置，通过电子变速器或外接调压变压器可任意调节搅拌速度。如图 2-9 所示，装置是一种电子变速的电动机械搅拌器，常被称为电子搅拌仪。使用时应注意：有接地保护，开启应逐渐升速，关闭应逐渐减速，搅拌速度适宜，应有人看管，不能超负荷运转。电动机械搅拌器长时间运转后，电机会发热，为了保护电机，电机温度不能超过 50～60℃（有烫手的感觉）。平时要注意保养，保持清洁、干燥、防潮、防腐蚀，轴承应经常加油保持润滑。市场上搅拌器的类型很多，性能不一，为了确保精细化工实验的质量，建议选购较为高端的产品，这些产品可以做到精确调速，数字显示转速，从而能很好地满足精细化工实验对实验条件的精确控制。

电动磁力搅拌器是一种靠电机驱动，借助磁力传动的搅拌装置。通常实验室用的电动磁力搅拌器还带有加热装置，常被称为磁力加热搅拌仪，如图 2-10 所示，因此既能加热又能搅拌，并且调温调速方便。使用磁力加热搅拌器时，应有接地保护，搅拌磁子必须冲洗干净，放置和取出搅拌磁子时应停止搅拌，动作要小心，以免打破玻璃仪器，搅拌开始时的速度也要由慢到快，如溶液洒落在磁盘上，应立即关闭电源，及时清掉溶液，以免溶液渗入电热丝及电机部分。

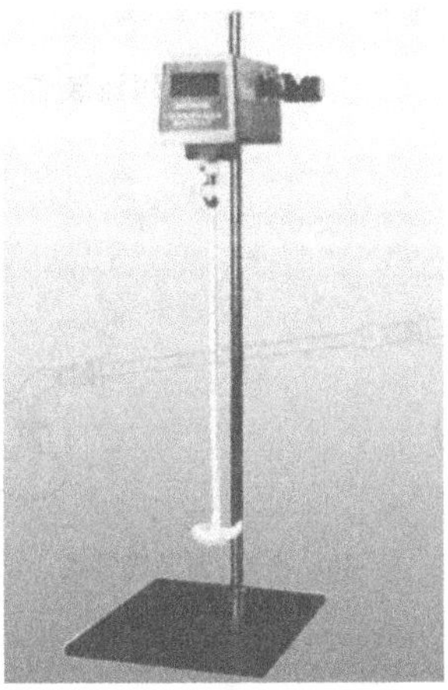

图 2-9　电子搅拌仪

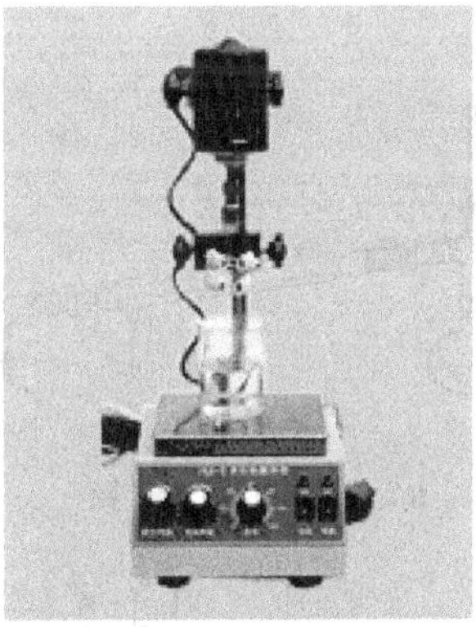

图 2-10　磁力加热搅拌仪

(8) 离心机　离心机是利用高速旋转的转鼓来实现液-固及液-液分离的设备。根据其转速不同，离心机可以分为普通离心机、高速离心机和超高速离心机，离心机的转速越高，其分离效果越好。图 2-11 是一台台式高速离心机，它具有微机控制、触摸面板、自动计算 RCF 离心力、用户编程操作和具有多种保护功能离心机。

五、常见实验装置示意图

1. 搅拌装置示意图（图 2-12）

图 2-11　离心机

2. 回流装置示意图（图 2-13）

3. 蒸馏装置示意图（图 2-14）

4. 精馏装置示意图

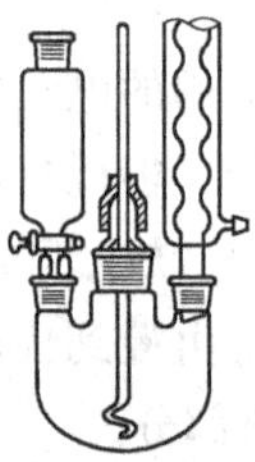

(a) 不带温度计的搅拌装置

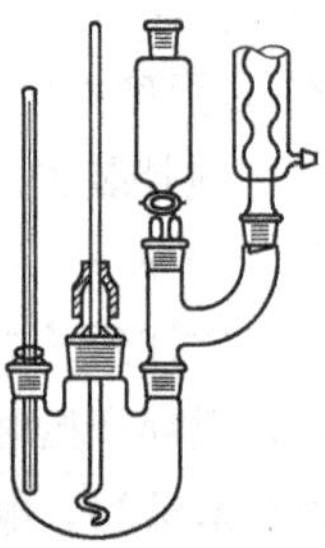

(b) 带温度计的搅拌装置

图 2-12　搅拌装置

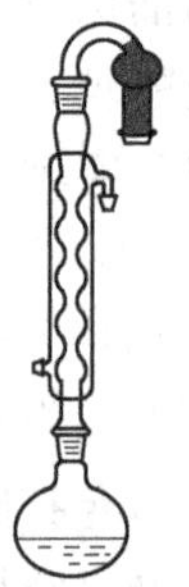

(a) 可隔绝潮气的回流装置

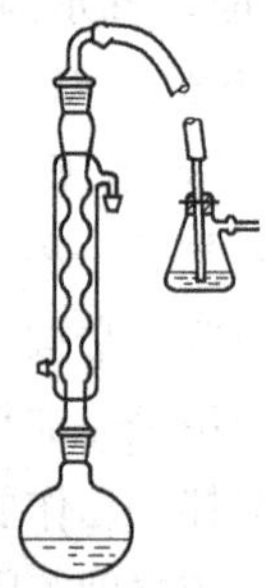

(b) 带有气体吸收的回流装置

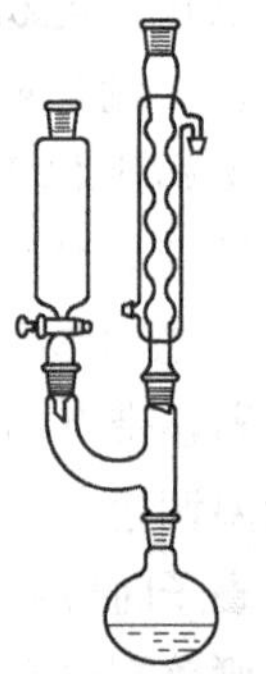

(c) 可滴加液体的回流装置

图 2-13　回流装置

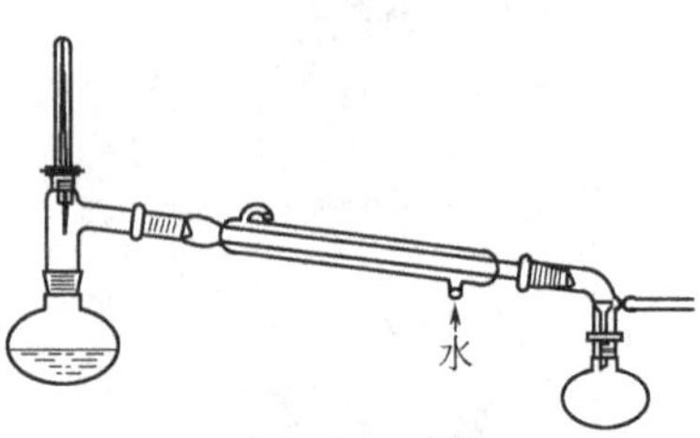

(a) 普通水冷凝蒸馏装置

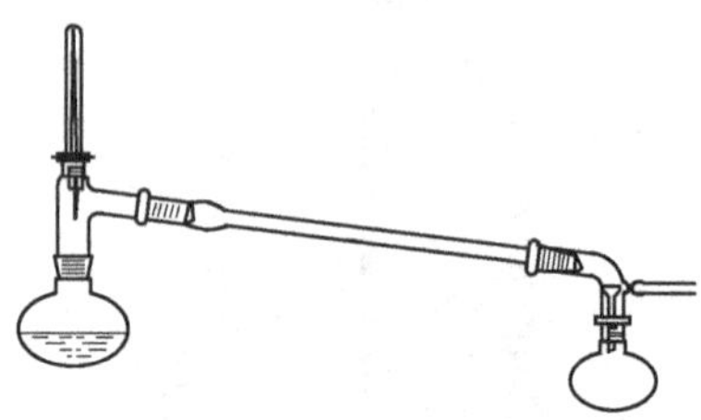

(b) 空气冷凝蒸馏装置

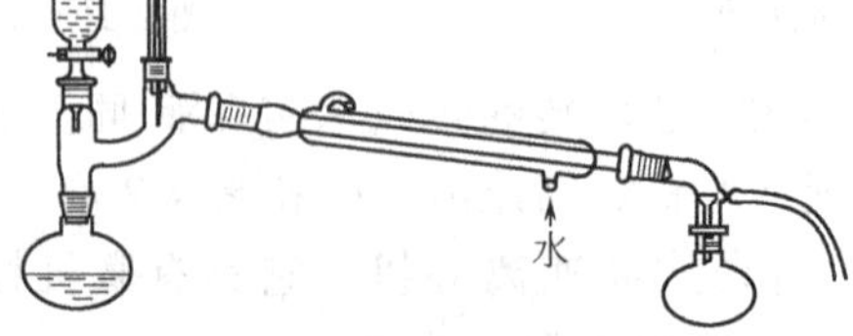

(c) 可滴加料液的蒸馏装置

图 2-14　普通蒸馏装置

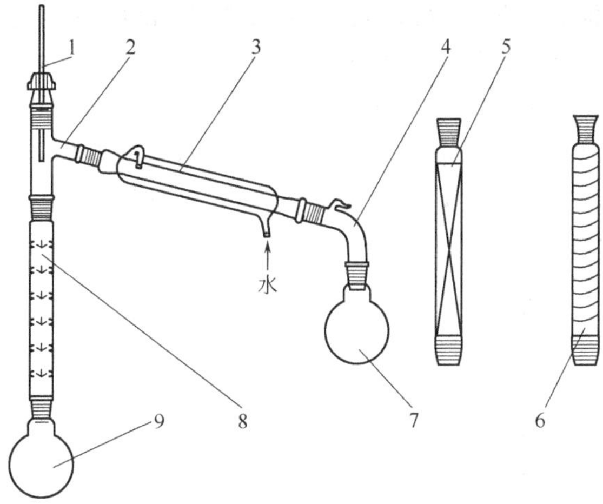

图 2-15　精馏装置

1—温度计；2—蒸馏头；3—冷凝器；4—应接管；5—填料式精馏柱；
6—旋纹精馏柱；7—接受器；8—刺形精馏柱；9—蒸馏烧瓶

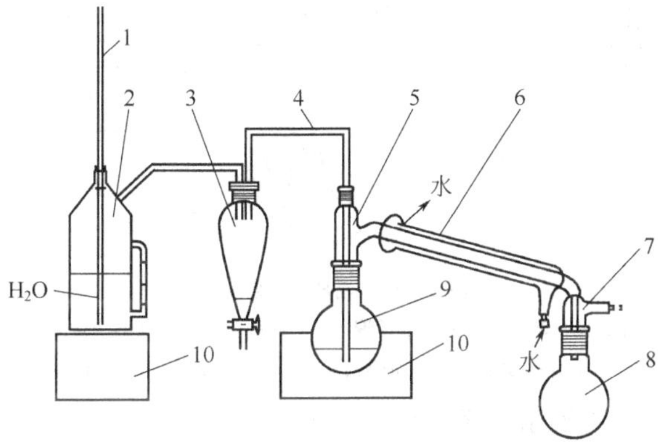

图 2-16　水蒸气蒸馏装置

1—玻璃安全管；2—水蒸气发生器；3—分液漏斗；4—连接玻璃管；5—蒸馏头；
6—冷凝器；7—应接管；8—接受器；9—蒸馏烧瓶；10—加热装置

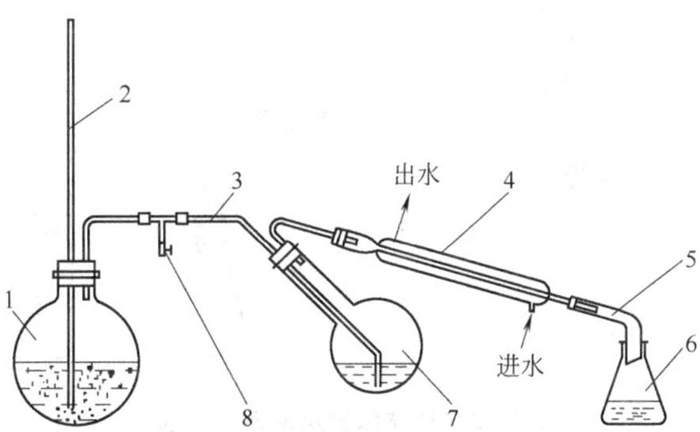

图 2-17　水蒸气蒸馏简易装置

1—水蒸气发生器；2—安全管；3—连接管；4—冷凝管；
5—应接管；6—接受器；7—蒸馏烧瓶；8—螺旋夹

精馏装置与普通蒸馏装置的主要区别在于有没有使用精馏柱，在图 2-15 中，以刺形精馏柱为例，实验中可据实际情况选中不同类型的精馏柱。

5. 水蒸气蒸馏装置示意图（图 2-16）

在实验室中，也经常使用图 2-17 所示的装置进行水蒸气蒸馏，其特点是结构简单，仪器少，但供热集中在水蒸气发生上，比较适合在天热时使用。

6. 减压蒸馏装置示意图（图 2-18）

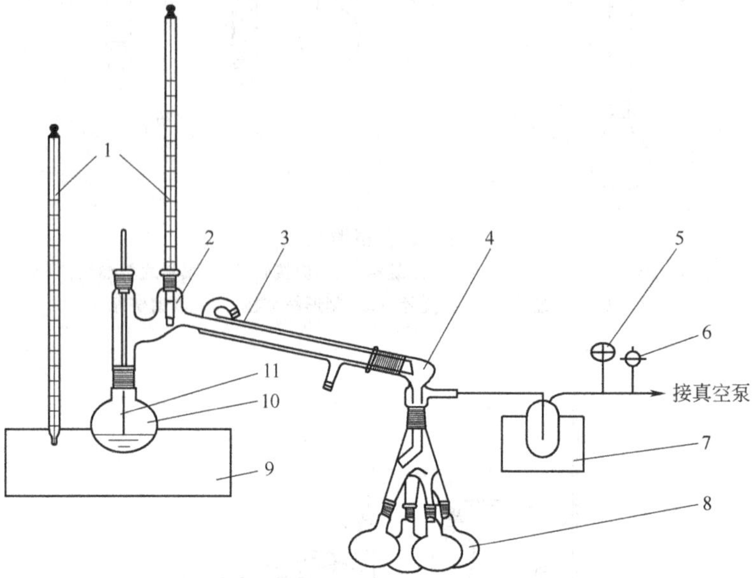

图 2-18 减压蒸馏装置

1—温度计；2—蒸馏头；3—冷凝管；4—应接管；5—真空表；6—放空阀；7—阱；8—组合接受器；9—加热浴；10—蒸馏烧瓶；11—毛细管起泡器

7. 气体保护反应蒸馏装置示意图（图 2-19）

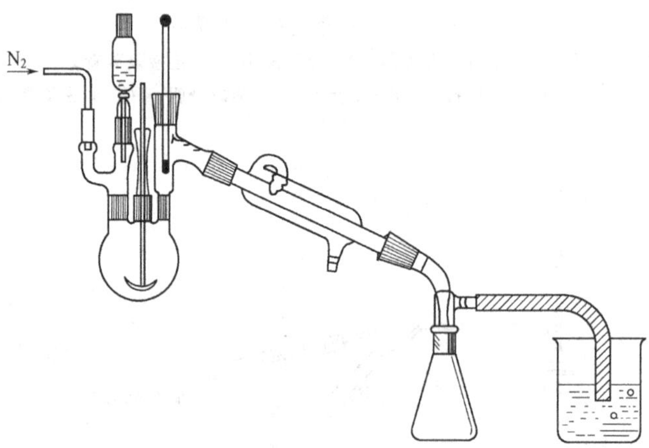

图 2-19 气体保护反应蒸馏装置

8. 无水无氧反应装置示意图

无水无氧反应主要用于一些敏感介质，在没有专用设备的情况下，可以用干燥的普通仪器按图 2-20 组合成。图 2-20(a) 是反应装置的辅件，反应前，借助橡皮隔膜 6 冲洗注射器，

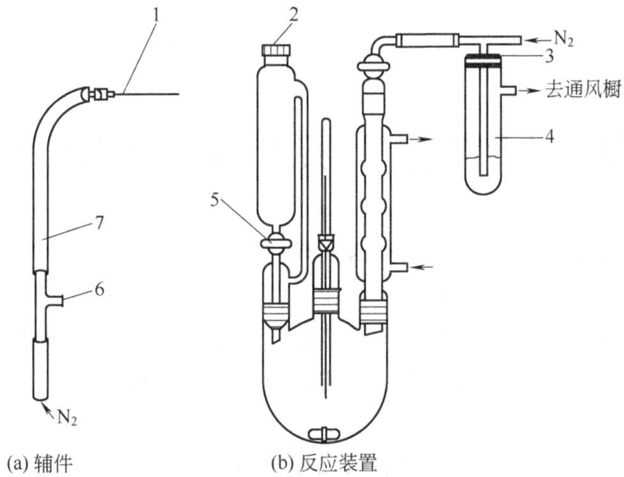

图 2-20　无水无氧反应装置

1—针头；2，3，6—橡皮隔膜；4—鼓泡器；5—旋塞；7—橡皮管

然后将针头 1 插入橡皮隔膜 2 中，用氮气冲洗仪器。然后拔出针头插入橡皮隔膜 3，通入氮气维持氮气气氛。反应试剂从 2 用注射器加入，进料速度能通过旋塞控制。

第三章　精细化工实验常用的操作技术

精细化工实验类型很多，内容、目标各不相同，但实验中达到同一目的所采用的实验技术却是相似的。比如两个实验，尽管它们的实验内容不一样，控制的温度也不一样，但可能均需要加热。在实验室中，实现这两个实验的加热方法是相同或相似的。把这些相同或相似的操作技术集中起来学习，可以对很多实验有指导作用。因此，介绍一些实验中常用的实验操作技术是十分必要的。

精细化工实验常用的操作技术主要包括加热与冷却、搅拌、加压与减压、过滤、回流与分水、蒸馏、干燥、结晶与重结晶、萃取、升华、离子交换、色谱、离心分离、吸收等。下面分别介绍这些实验操作技术。

一、加热与冷却

精细化工实验操作都是在一定的温度条件下进行。如果实验温度不是常温，就必须通过加热或冷却操作来维持温度。

(1) 加热　加热可分为直接加热和间接加热。直接加热指热源直接将热量传给被加热的实验仪器的加热，具有升温速度快的优点，但容易导致加热不匀和局部过热；间接加热则是通过某种传热介质将热量传给实验仪器的加热，具有加热温和稳定、温度易于控制的特点。

直接加热常用的热源包括酒精灯、燃气灯、电热板、电炉、马弗炉、烘箱、红外线加热器等，可依据反应条件、仪器类型和介质特性选择。对于易燃易爆的有机溶剂严禁用明火直接加热；吸滤瓶、样品瓶、冷凝管等仪器不能直接加热。在选择热源时，要考虑方便、安全、经济等因素。

常用直接加热源的最高温度见表 3-1。

表 3-1　常用直接加热源的最高温度

热源名称	最高温度/℃	热源名称	最高温度/℃
酒精灯	1000～1200	电炉	1800
燃气灯	700～1200	管式炉	1300
燃气吹管	1600	烘箱	300

间接加热中，采用不同加热介质可以获得不同加热浴，常用加热浴列于表 3-2。

使用热浴时，被加热容器不能触及热浴的底部或器壁，热浴的液面应稍高于被加热容器内的液面。如果加热介质蒸发较快，应及时补充加热介质。最常用的热浴是空气浴，如电热套。电热套是由玻璃纤维包裹电热丝盘绕而成，呈半球形，可通过调压器调节加热温度，常用于反应加热或回流操作中。用电热套进行蒸馏时，随着烧瓶内物质的减少，容易造成容器壁过热并产生不良后果，因而要预防。水浴和油浴也是实验室常用的加热浴。但使用到钾、钠等遇水着火甚至爆炸的物质时，严禁用水浴加热。在使用油浴时，不能有水混入，加热时也不能有水溅入，以免造成热液体飞溅发生烫伤。

在加热或保温过程中，可通过调节热源与热浴距离或通过调压器调节电压来控制温度。如果需要长时间保持温度恒定，那么应采用带自动温控系统的热浴。

表 3-2　加热浴一览表

类　别	加热介质	容　器	使用温度/℃	注 意 事 项
水浴	水	铜锅等	≤95	使用无机盐水溶液可提高沸点，如饱和氯化钙水溶液可达到 180℃
蒸汽浴	水蒸气(实验室产生)	夹套等	≤95	要及时排放冷凝水
普通油浴	各种植物油、甘油、石蜡油等	铜锅等	≤250	250℃以上可冒烟或燃烧；切勿溅入水
导热油浴	导热油	铜锅等	≤350	使用时，应根据温度范围选用导热油
沙浴	细沙	铁盘	高温	升温要慢，使受热均匀，温度很难控制
盐浴	亚硝酸钠(40%)、硝酸钠(7%)、硝酸钾(53%)混合物	不锈钢锅等	142～680	切勿溅入水，应将无机盐保存于干燥器中
金属浴	低熔点金属合金	铁锅	金属不同，温度不同	加热至 350℃以上可能氧化
酸浴	浓硫酸	烧瓶	≤250	加入 30%～40% K_2SO_4 可使温度升至 300～350℃；吸水后温度下降
空气浴	空气	电热套等	≤300	对沸点 80℃以上液体均可采用

(2) 冷却、冷凝　在精细化工实验中，回流、蒸馏、升华、结晶等操作过程中均需要冷却或冷凝，一些放热反应为了维持适宜的反应温度，也需要冷却。冷却是采用冷却介质使系统降温的操作。当被冷物从气相变为液相时，称为冷凝。

实验中，常用的冷却、冷凝设备是玻璃冷凝管。冷凝管的类型有多种，如图 3-1 所示。冷凝管的冷凝面积越大，冷凝效果越好。实验中可根据实验需要选取。

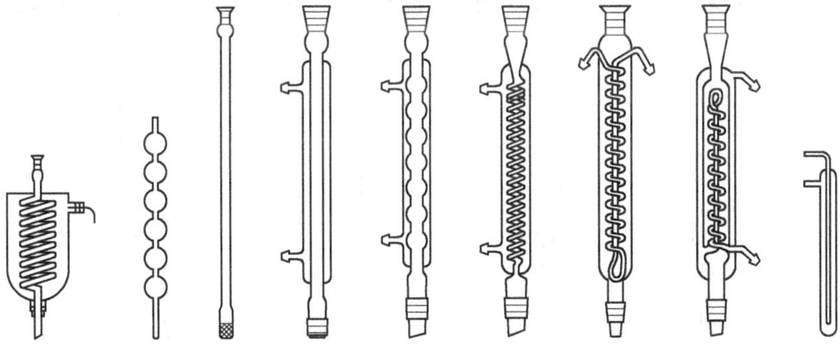

图 3-1　常用的冷凝管

最常用的冷却介质是水和空气。为了实现低温的冷却，需要采用一些制冷用冷却介质，比如冰 水混合物、冷冻盐水、液氨、干冰、液氮等。不同制冷用冷却剂的制冷温度范围见表 3-3。实验中，冷却剂可根据冷却或冷凝温度选取。若易于冷却或冷凝，则可以选空气作冷却介质；若冷凝冷却的温度高于常温，则可以用自来水；若低于常温，则应根据实际情况选用适宜的制冷用冷却剂。

表 3-3　制冷用冷却剂的组成与冷却温度

冷却剂及其组成	可冷却的最低温度/℃	冷却剂及其组成	可冷却的最低温度/℃
冰水混合物(碎冰)	0	干冰+丙酮	−78
氯化钠(1份)+碎冰(3份)	−21.3	干冰+乙醚	−100
结晶氯化钙(143份)+碎冰(100份)	−54.9	液氮+乙醚	−116
液氨(常压蒸发)	−33	液氮	−195.8
干冰+乙醇	−72		

当温度高于−10℃时，可用玻璃或瓷质容器盛放冷却介质；当温度要求更低时，应采用杜瓦（Dewar）瓶冷阱盛放冷却介质；当使用低于−20℃的冷却剂时，应避免用手直接接触，以免被冻伤；当要求长期低温保存物质时，应将其密封在适当的容器中，放入冰箱。

除冰箱、冷冻机和杜瓦瓶冷阱外，新型半导体制冷器件已在实验室中应用。半导体制冷又称为电子冷冻或温差制冷。半导体制冷器件是由特殊的半导体材料制成的，具有无噪声、可微型化、使用方便、能长时间连续运转、易实现高精度温度控制等优点。目前，国外生产的半导体制冷仪器有数百种之多，国内也有生产，最低制冷温度可达到−60℃。

二、搅拌

搅拌是指通过外部动力使物料混合均匀的操作。其作用是使体系中不同相的物料充分接触，或使体系温度或体系组成更加均匀，从而提高传质与传热速率及效率。对于反应体系来说，搅拌可以避免局部过热，改善反应状况，提高反应速率，减少副反应。

实验室中，搅拌可以采用手动和电动。手动搅拌是指用玻璃棒搅拌或手摇操作。电动搅拌指通过电动搅拌器实现搅拌操作。多数场合采用电动搅拌，操作稳定且易于控制。

电动搅拌使用的搅拌器已经在第二章中介绍，这里仅介绍常用搅拌棒形式，如图 3-2 所示。其中搅拌棒（a)、(b)、(c)、(d）适于在圆底烧瓶中使用；搅拌棒（e)、(f）适于在烧杯中使用；搅拌棒（g）特别适用于熔融态物质的分散，但对高黏度的体系不适用。刮壁式搅拌棒（d）和小螺旋桨式搅拌棒（c）适于黏稠物料和悬浮物料；磁力搅拌器（h）能在完全密闭的装置内进行搅拌，它是由电机驱动磁铁旋转，磁铁带动磁石实现搅拌的。搅拌棒材料多为玻璃或金属，但近年来，搅拌棒材料趋向用聚四氟乙烯树脂材料。在精细化工实验中，建议采用聚四氟乙烯材料的搅拌棒，这种搅拌棒具有强度高、耐腐蚀等优点。

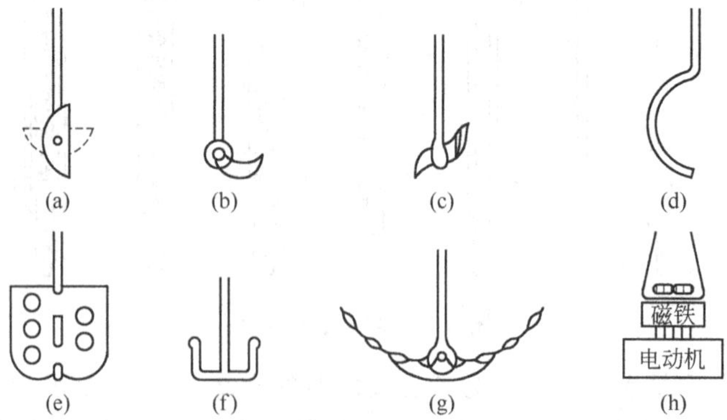

图 3-2　常用的搅拌棒形式

此外，实验室中也会用到其他一些搅拌操作，比如通过气体在液体中鼓泡产生搅拌，使用振荡器进行搅拌，使用超声波产生振荡等。

三、加压与减压

精细化工实验都是在一定压力下进行的操作。如果实验压力不是常压，那么就必须通过加压或减压来维持系统的压力。

(1) 加压 在精细化工实验中，为满足高于大气压的压力条件需要加压。比如，加压反应、加压蒸馏都需要加压操作。如果反应物料较少且压力较低，可采用封管实现加压；如果反应物料较多、压力较高，则需要在高压反应釜中实现加压。

封管由耐压玻璃制成，反应温度可达到400℃，压力达到2～3MPa。其操作是将反应混合物用长颈漏斗小心地装入封管底部，至少保留75%的剩余空间。再将封管开口端熔封，放于管式炉中，然后调节温度、进行反应。反应结束，待封管冷却后取出。在对眼睛有保护情况下（戴上护目镜），将封管上半部分截断，取出反应混合物。封管加压常用于化合物结构分析中的热裂解试验等。

在实验室中，更多的是利用高压釜进行加压操作。利用高压釜加压，操作简便、安全，且易控制。高压釜的釜体多以高强度的镍铬不锈钢制成，耐腐蚀性能良好，有0.1L、0.5L、1L、2L和5L等多种规格。高压釜的最高工作压力视具体设备而定，在9.8～29.4MPa之间。出于安全，高压釜上配有安全阀或防爆膜。高压釜搅拌传动方式最好采用电动磁力传动。如果采用电动机械传动，则需要解决轴与釜之间的动密封问题，并使最高工作压力降低。目前，玻璃高压釜已面市，有多种规格，其釜体材料为玻璃。玻璃高压釜的优点是能直接观察反应过程，并可弥补不锈钢高压釜在耐腐蚀方面的不足。

在使用高压釜时，必须严格执行操作规程。

(2) 减压或抽真空 在精细化工实验中，当操作压力低于当地大气压时，就需要减压操作。比如，减压蒸馏、真空干燥和真空过滤等都需要减压。若真空度要求不高，则可以通过简易水喷射式真空泵实现减压的目的；若真空度要求比较高，则应该采用规格适当的真空泵。

真空度是指系统压力比大气压低出的部分。真空度越高，系统的实际压力越低。根据压力的大小，真空可分为粗真空（压力1000～101325Pa）、次高真空（压力0.1～1000Pa）和高真空（压力小于0.1Pa）。

水喷射式真空泵是利用静压能与动能的转换原理造成真空的，即流动越快的地方压力越低的原理。当气体被吸入后，高速水流会带着吸入的气体排出泵外。如图3-3所示，简易的水流喷射泵价格低、操作简单，但耗水量很大，抽气量小，一般仅用于抽滤。在水压较高和温度较低时，它可以产生0.8～15kPa的低压。

循环水真空泵是以循环水作为工作流体，依据射流产生真空，如图3-4所示。工作时泵体内需不断补充水，将水加至箱体内循环使用，并定期更换。真空泵长期不用时，应将水排空并涂防锈油。循环水真空泵的真空度受水蒸气压的限制，温度越低，真空度越高，压力可低至0.5～1kPa。实验室使用的循环水真空泵可以选用多头式，以便供多人使用。

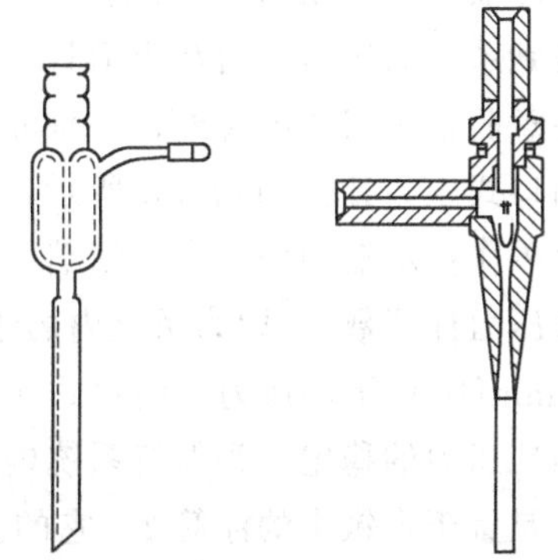

(a) 玻璃材料制作　(b) 金属材料制作

图3-3 简易水流喷射泵

油泵多为旋片式真空泵，可达到“次高”真空。但使用时应避免易凝结的蒸汽或腐蚀性气体进入泵体。油泵一般不能连续工作过长时间，否则易发热使油挥发。此外，应定期检修、及时换油。图 3-5 为旋片式真空泵的实物图和原理图。

图 3-4　透明式循环水真空泵

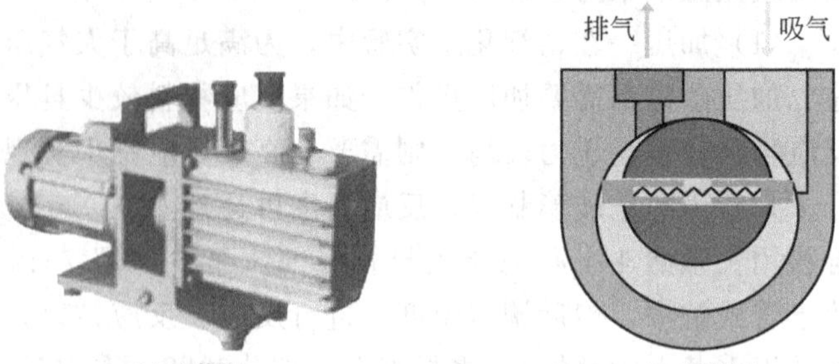

(a) 实物图　(b) 原理图

图 3-5　旋片式真空泵

如果要获得“高”真空，就必须采用油扩散泵或汞扩散泵。

实验室中进行真空操作时，为防止液体倒吸或液柱压力计内指示液冲出，必须在真空泵和系统之间连接体积较大的安全瓶（缓冲瓶），如图 3-6 所示。安全瓶通过胶管、玻璃管的配合，分别与系统、真空泵及压力计相连，为了便于控制，还通过一带有旋塞的玻璃管与大气相连。如不需要测压，也可不接压力计。由于真空操作要求系统有良好的气密性，因此真空装置均采用磨口接头，并且实验前应检查是否漏气。

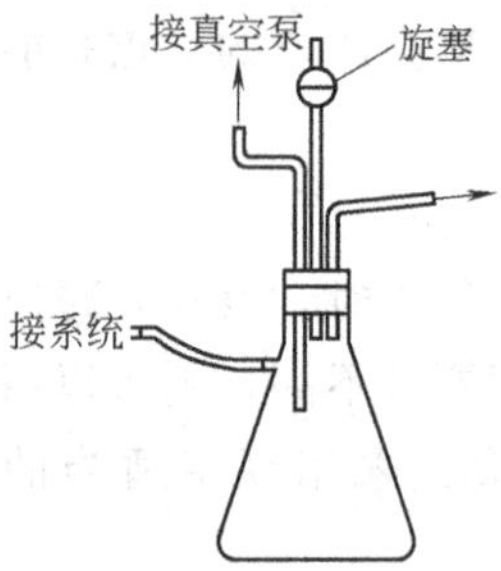

图 3-6　安全瓶

操作结束后，为了防止空气突然进入被加热的装置，形成有机物蒸气与空气的爆炸性混合物，引发爆炸，因此必须待系统冷却至适当温度后再通大气，压力恢复常压后才能关真空泵。

（3）压力测量　无论是加压还是减压操作，实验中常需要测量压力。

实验室中常用的压力计是液柱式压力计，指示剂有水银、四氯化碳、水、酒精和空气等多种。应用最多的是水银液柱式压力计，分为开口式和闭口式两种。开口式压力计如图 3-7 所示，以汞作指示液为例，装有水银的 U 形管，一端通常与大气相连，一端与待测系统相连。通常将压力计固定在装有标尺的金属或木板上。为防止汞蒸发，可在两支管的汞柱上面加少量煤油或水。根据两支管水银液柱的高度差 R（压力计读数），可以计算出压力差，再换算得到系统的压力。通常压力计管高为 760mm，既可测量表压，也可测量真空度。使用时应注意防止水银冲出管外，一旦冲出，要及时用硫黄粉处理。

闭口式压力计，如图 3-8 所示，其一端封闭，另一端接待测系统，仅适用于测量真空度。以汞作指示液为例，在封闭端形成真空，压力接近于零。U 形压力计两支管中汞柱的高度差（压力计读数），即为系统内的绝压。闭口式压力计支管高 200mm，用于测量绝对压力在 200mmHg 以下的压力。闭口式压力计结构紧凑，使用方便，但水银的装填比较麻烦。

（4）压力的稳定　为保持系统内压力恒定，必须使用恒压器。恒压器如图 3-9 所示，主要部件是置于水银中的浮筒 2，它的上端装有一个软橡皮塞，开动真空泵，在预期的压力即将达到时，关闭旋塞 4，使浮筒 2 内气体与系统隔开，从而起到调节真空度的作用。当系统内压力降低到一定限度时，浮筒 2 内气体膨胀，使之上浮，将毛细管 3 封闭；当系统内压力

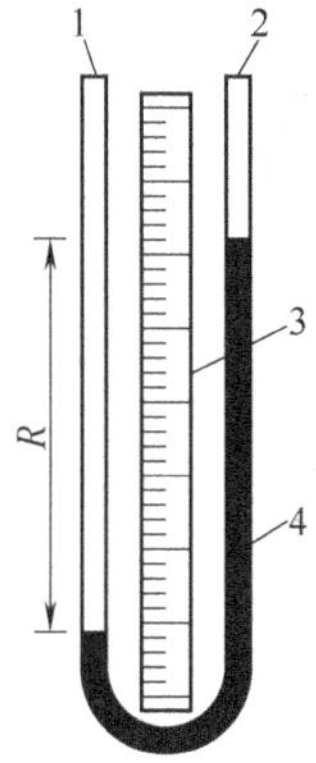

图 3-7　开口式压力计

1，2—测压接口；3—标尺；4—汞

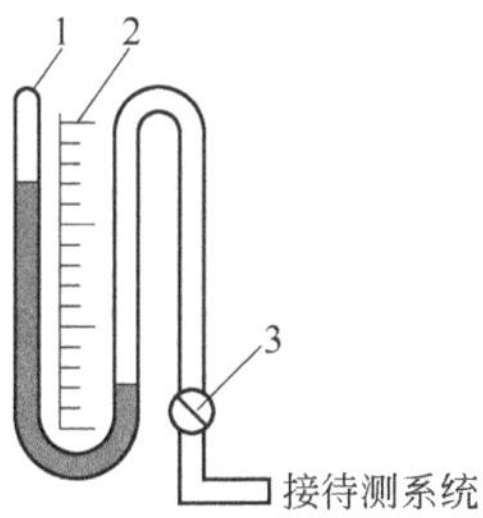

图 3-8　闭口式压力计

1—封口；2—标尺；3—旋塞

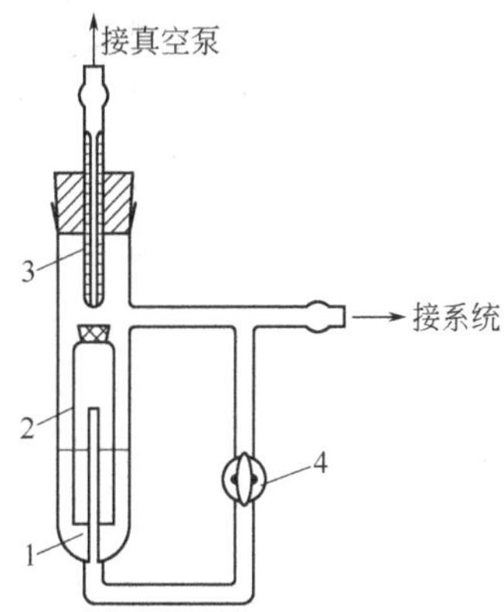

图 3-9　浮筒式恒压器

1—汞；2—浮筒；3—毛细管；4—旋塞

上升，浮筒下降，使毛细管 3 畅通，系统内的气体被抽走，压力保持恒定。当压力恒定的要求较高时，可将多个恒压器串联使用。

四、过滤

过滤是借助多孔性过滤介质的选择性透过作用实现固液混合物分离的重要方法，用于从悬浮液体中除去固体杂质，或从悬浮液体中收集固体物质。过滤可分为常压、减压及加压过滤三种。在精细化工实验中，原料提纯以及粗产品的精制均可能采用过滤操作。

过滤中使用的多孔性材料称过滤介质。实验室常用的过滤介质包括滤纸、滤布、玻璃砂芯等。在实际应用中，过滤介质可依据过滤条件和待过滤物料的性质选择。

滤纸是实验室中应用最多的一种过滤介质。滤纸分为定性滤纸和定量滤纸。实验中一般用定性滤纸，只有在定量分析时才使用定量滤纸。定量滤纸是预先用盐酸和氢氟酸处理过，除去了大部分杂质且灰分含量极少的滤纸。根据滤纸孔径大小，可将滤纸分为“粗”、“中等”、“较细”和“细”四种规格，可根据需要选择。

当采用圆锥形漏斗过滤时，滤纸折叠方法有两种，平折法（图 3-10）和褶折法（图 3-11）。滤纸折叠操作分别按两图从（a）折到（e）即可。平折法适用于普通重力过滤，滤纸表面光滑，滤渣易于回收，但滤纸的利用率低，过滤速度慢；褶折法适用于快速过滤，滤纸利用率高，过滤速度快，但滤渣不易回收。

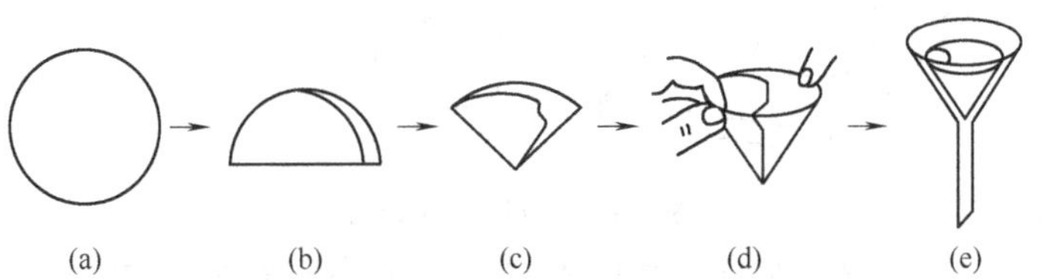

图 3-10　平折法

当过滤强氧化性、强酸性和强碱性物料时，必须用玻璃布、石棉布或无纺布（聚丙烯、尼龙）等代替滤纸。对于非强碱性悬浮液，也可使用玻璃坩埚或砂芯漏斗等进行过滤。

当过滤含较大颗粒的物料时，可以不用滤纸，而在漏斗的颈部放少量疏松的棉花或玻璃丝等代替滤纸。

当过滤含有极细或有黏性固体颗粒的物料时，为了加快过滤速度，过滤前可进行静置沉

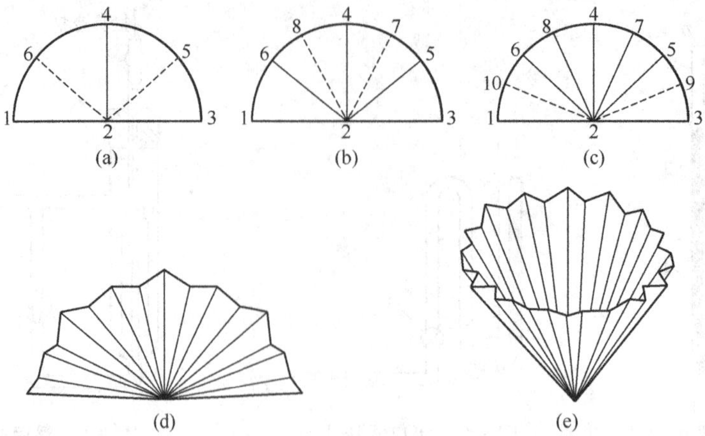

图 3-11 褶折法

降处理，过滤中先过滤上层较为澄清的部分，再过滤下层固含量多的部分。若过滤目的是除去固体颗粒，则为了加快过滤速度，可考虑在待过滤料液中加入硅藻土、石棉丝、玻璃丝等助滤物质，使滤饼有足够的孔隙率，减少过滤阻力。

（1）常压过滤 常压过滤是指操作压力为当地大气压的过滤操作，由于常压过滤的推动力是重力，因此也称重力过滤。为提高常压过滤的推动力，需要尽可能保持较高的料液高度。但在圆锥形漏斗过滤时，料液高度不能高出滤纸的高度，否则会污染滤液。

常压过滤多采用圆锥形玻璃漏斗和滤纸实现。操作方法是将滤纸按一定方法折叠好，轻轻放入漏斗中，其边缘要比漏斗边缘略低，先对滤纸进行润湿，再过滤。

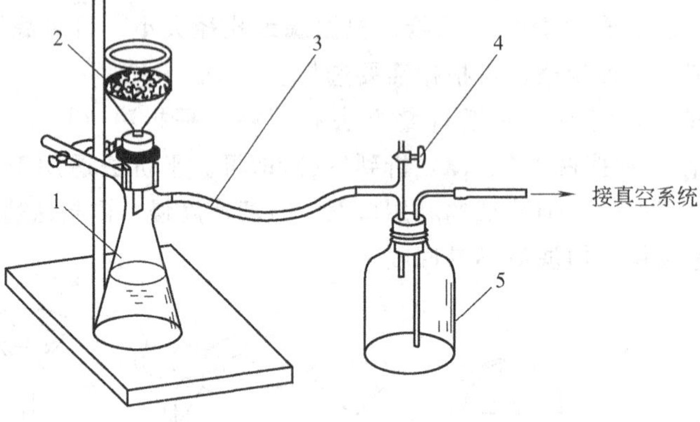

图 3-12 减压过滤装置

1—吸滤瓶；2—布氏漏斗；3—连接管；4—放空阀；5—安全瓶

（2）减压过滤 减压过滤是指在过滤介质下游减压的过滤操作。由于过滤的推动力是过滤介质上、下游的压力差，因此比重力过滤的推动力大。减压过滤装置如图 3-12 所示。实验中，可根据实验需要选用合适的布氏漏斗型号。过滤前将滤纸剪好，平铺在布氏漏斗的布孔底面上，滤纸大小以刚好覆盖布氏漏斗布孔底面的全部滤孔为宜，如图 3-13 所示。过滤时先湿润滤纸，接真空系统，开真空泵，使滤纸紧贴在漏斗上，再小心把待过滤物料倒入漏斗，使固体均匀分布在整个滤纸面上，一直抽气到几乎没有液体滤出为止。过滤的真空度可由阀门进行调节。起初抽气时，真空度不可过高，以防止滤纸被吸破。

(3) 热过滤　热过滤是指在较高温度下进行的过滤操作。主要用来从悬浮液中过滤除去不溶性杂质以制备澄清的溶液，或处理在温度降低时可能有结晶析出的悬浮体系，或含有悬浮颗粒的饱和溶液物料，其过滤操作必须使用热过滤。

实验中热过滤的实现主要有两种途径。①对于温度较高的待过滤物料，采用褶折法折叠滤纸，进行快速过滤使过滤过程缩短，从而使整个过滤过程在较高的温度下进行，如图3-14所示；②采用保温漏斗，使过滤在保温下进行，如图 3-15 所示。当然，也可以将两者结合使用。

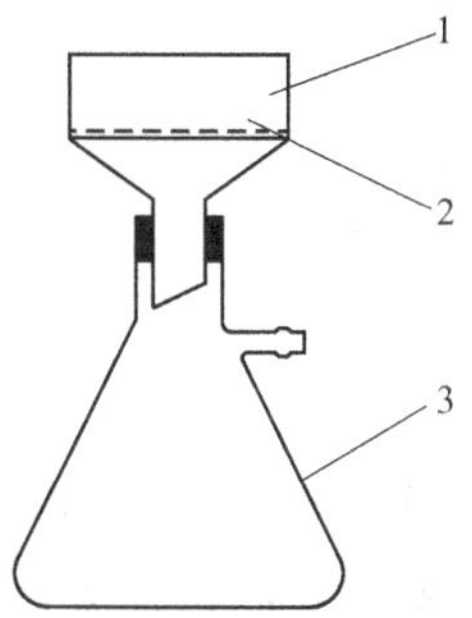

图 3-13　滤纸放置示意

1—布氏漏斗；2—滤纸；3—吸滤瓶

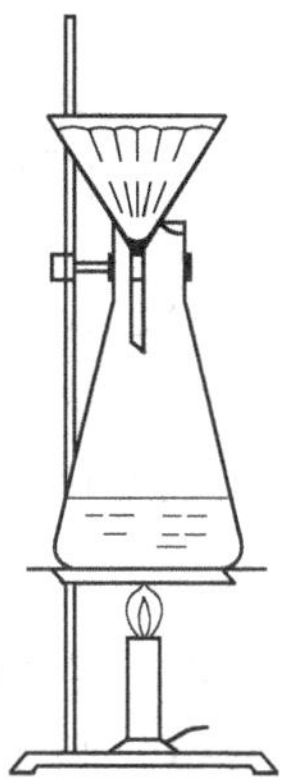

图 3-14　褶折滤纸及保温滤液的热过滤

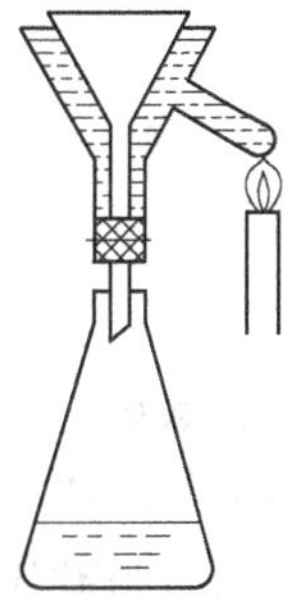

图 3-15　使用保温漏斗的热过滤

热过滤中必须注意三点。①常压热过滤时应尽量使用颈短且粗的漏斗，以防止结晶析出，堵塞漏斗。②减压热过滤时压力不要太低，以防止过滤下游的溶剂蒸发过快；另外，减压热过滤中必须接缓冲瓶，必要时还要使用冷阱冷却缓冲瓶，以回收蒸发的溶剂。③为了防止过滤上游的溶剂蒸发和热量散失过快，热过滤时可将漏斗口用表面皿盖住。

五、回流与分水

(1) 回流　回流是使蒸出的液体蒸气冷凝成液体再回到物料主体的操作。回流操作是在液体的沸点下进行的。为了避免液体气化逸出，常需要采用回流操作。回流装置常用有三种，见图 2-13，在实验中可根据需要选取。回流时，冷凝措施通常是让冷却水自下而上通过球形冷凝管的夹套，蒸气在冷凝管中冷凝；加热方式可根据烧瓶内液体的特性和沸点的高低选用，比如水浴、油浴或石棉网直接加热等。在回流时，为了防止暴沸，需要在烧瓶内加入几粒沸石，另外，应控制上升蒸气在冷凝管中的高度，以不超过两个球为宜。

(2) 分水　分水是指在回流的基础上，利用密度差别实现水与其他液体分离的操作。在精细化工实验中，为了使反应向有利的方向进行，常利用加热回流的方法借助分水器分离出生成的水分。有时为了控制反应温度或降低反应体系中水含量，可通过加入适当的溶剂，与水形成共沸混合物，从而带走热量并蒸除反应生成的水，所用溶剂既可以为反应介质，也可以为专门的带水剂。当溶剂密度比水小时（如苯、甲苯），可采用图 3-16(a) 所示的分水器，少量水可直接计量，也可由底部旋塞放出。当溶剂密度比水大时（如氯仿、四氯化碳等），可采用图 3-16(b) 和图 3-16(c) 所示的分水器，但在使用前必须用所选溶剂充满分水器，以避免生成的水流回反应器。

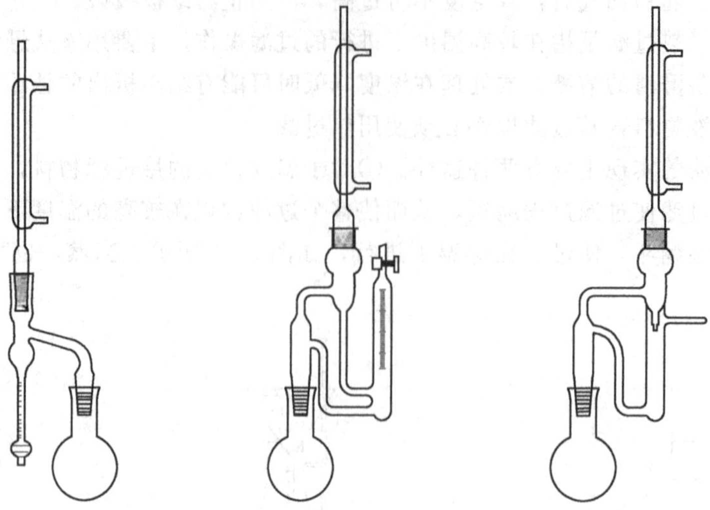

(a)　　(b)　　(c)

图 3-16　分水装置

六、蒸馏

蒸馏是利用各组分挥发能力的不同，实现均相液体混合物分离的操作。在精细化工实验中，原辅材料和中间体往往是混合液体，为了符合反应对纯度的要求，经常需要将它们分离，另外从液体混合产物中分离出目标产物并达到指定的组成，也常用到蒸馏。蒸馏是实现均相液体混合物分离最常见的操作。与其他分离纯化的方法相比，蒸馏具有操作简便、处理量较大等优点。

实验室中常用的蒸馏操作有四种，包括简单蒸馏、真空（减压）蒸馏、精馏（分馏）和水蒸气蒸馏。简单蒸馏适合于分离要求不高的场合或易于分离的场合，只有当待分离的混合物中，各组分的沸点之差大于80℃时，使用简单蒸馏才能获得较高的分离效果。当分离要求较高或挥发能力相差不大时，必须采用精馏（分馏）。在实验室中，两者的不同在于前者只使用普通冷凝器，而后者必须使用分馏柱。

减压蒸馏主要用于热敏性的物系分离。因为减压有利于降低操作温度。通常分离常压沸点很高的物系时，需要进行减压蒸馏。对于分离热敏性的物系时，还可考虑用旋转浓缩蒸发器进行蒸馏。

当待分离混合液存在恒沸组成时，蒸馏分离达不到目的时，可以采用特殊蒸馏，如采用恒沸蒸馏或萃取精馏进行分离。

(1) 简单蒸馏　简单蒸馏是将均相混合液体进行一次部分汽化和冷凝的分离操作，通常在常压下操作，其流程如图 2-14 所示。待分离的液体混合物加入蒸馏烧瓶中，加热至沸腾，产生的蒸气经冷凝管冷凝，作为馏出产品。如果混合物中有多个组分，那么可以根据沸程变化，使用多个接受器，分别接收不同的馏出产品。

必须指出，蒸馏时必须搅拌良好或加入助沸物，以引入汽化中心，确保液体平稳沸腾，避免发生暴沸现象。若一旦发生暴沸，则会产生大量气泡，并夹带着液体冲出，使蒸馏失败，甚至发生危险。

(2) 减压蒸馏　减压蒸馏是指操作压力低于大气压力的蒸馏过程，也叫真空蒸馏。蒸馏是在沸点下进行的。有些高沸点或低熔点有机物，在达到常压沸点前会发生分解、氧化、重排、聚合等反应。因此，这类物质混合液体的分离必须通过降低操作压力实现降低操作温度的办法进行蒸馏。减压蒸馏的装置如图 2-18 所示。

在减压蒸馏时，必须特别注意安全操作，严格按操作规程操作。在减压蒸馏中，切勿使用有裂缝或薄厚不匀的玻璃仪器，以避免这类玻璃仪器在承受一定外压后可能引起的内向爆炸，防止引起人身伤害及其他事故。在减压蒸馏中，不可以用平底烧瓶作蒸馏用容器。

(3) 水蒸气蒸馏　水蒸气蒸馏是指用水蒸气作热源的蒸馏操作。该方法主要用于从混合物中分离出不溶或难溶于水的挥发性物质。比如，从固体无机盐、生物残体、树脂状反应混合物等中提取挥发性物质。其特点是，操作温度低于水及挥发性物质的沸点，因此，操作温度始终小于 100℃。水蒸气蒸馏的装置图如图 2-16 和图 2-17 所示。

水蒸气蒸馏主要用于以下三种情况分离。①在混合物中含有大量固体，通常不适宜用蒸馏、过滤、萃取等方法分离，比如，从固体无机盐中提取挥发性物质；②在混合物中含有焦油状物质，不宜用蒸馏、过滤、萃取等方法分离，比如，从生物残体、树脂状反应混合物等中提取挥发性物质；③在常压下，混合物的沸点比较高，蒸馏时会发生分解的高沸点有机物的分离，比如，从含有邻硝基苯酚和 2,4-二硝基苯酚的苯溶液中提取挥发性的邻硝基苯酚(熔点 45℃，沸点 214～215℃)。在上述三种情况下，水蒸气蒸馏比普通蒸馏效果好，但能耗较大，操作不易控制。

使用水蒸气蒸馏时，待分离物质必须具备下列条件：①常温下不溶或微溶于水；②在操作温度下长时间与水接触而不发生化学变化；③具有一定的蒸气压，在近 100℃时其蒸气压应不小于 1.3kPa。如果在 100℃时待分离物质的蒸气压仍较低，则可利用过热蒸气来进行蒸馏。

水蒸气的冷凝潜热较大，故水蒸气蒸馏操作应采用高效冷凝管。另外，水蒸气蒸馏的速率不要太快，以每秒 2～3 滴馏出液的速率为宜。为了防止水蒸气过多地在蒸馏烧瓶中冷凝，可以小火加热蒸馏烧瓶，如图 2-16 所示。

(4) 精馏　精馏是将混合液体进行多次部分汽化和多次冷凝的分离操作，装置如图2-15所示。精馏在操作上与普通蒸馏的区别就在于使用了分馏柱，因此也称为分馏。主要用于多组分混合液的分离、难分离的混合液的分离及分离要求很高的场合。目前，精密分馏装置已能将沸点相差仅 1～2℃的混合物分开。分馏柱类型很多，可根据分离的难度、分离要求以及操作压力等进行选择。

值得注意的是，为达到预期的分馏效果，必须保持分馏柱中有一定的回流液体量。

七、干燥

干燥是指利用加热或加入干燥剂等方法除去物料中湿分（通常是水）的操作。被干燥对象可以是气体、液体或固体。如溶剂除水、固体产品除水、气体中除去水蒸气等，都需要通过干燥实现。常用干燥方法包括自然晾干法、红外线干燥法、加热烘干法、冷凝法、冷冻法、真空干燥法、分子筛脱水法以及干燥剂脱水法等。

实验室中常用的干燥方法是干燥剂脱水法，常见干燥剂见附录二。干燥强度和干燥容量是评价干燥剂的重要指标。干燥强度是指干燥剂干燥湿物料所能达到的程度。通常用干燥剂吸水后湿物料表面的水蒸气压表示，湿物料表面的水蒸气压越低，干燥强度越大。干燥容量则是指单位质量干燥剂能够吸收的水分量。吸收水分量越多，其干燥容量越大。在选择干燥剂时，干燥剂的干燥容量和干燥强度均要尽可能大，干燥后易与被干燥物分离，不与被干燥物发生反应。

除干燥剂种类外，干燥剂的颗粒大小、干燥温度、接触时间等对干燥效果也有影响。

1. 气体的干燥

气体的干燥可以通过图3-17及图3-18的装置实现。当用液体干燥剂时，图3-17适合，比如氩气、氮气、氦气、氯气等气体干燥，可用浓硫酸作干燥剂干燥。方法是让被干燥气体通过装有浓硫酸的洗气瓶，即获得干燥，浓硫酸的装量不应超过洗气瓶体积的一半。当用固体干燥剂时，图3-18适合，操作中干燥剂的颗粒大小要适当。过小则间隙太小，气体不易通过；过大则减少了干燥剂与气体的接触面积，影响干燥效果。对于易吸湿结块的干燥剂(如五氧化二磷)，应掺混在石棉纤维、玻璃毛等惰性载体上，以确保气体顺畅通过。

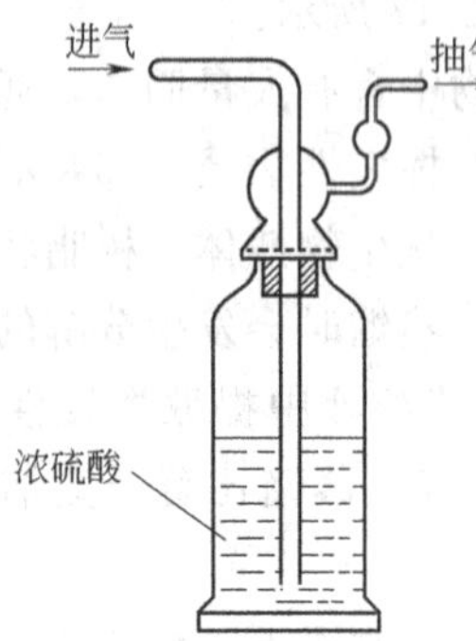

图3-17　洗气瓶干燥气体的装置

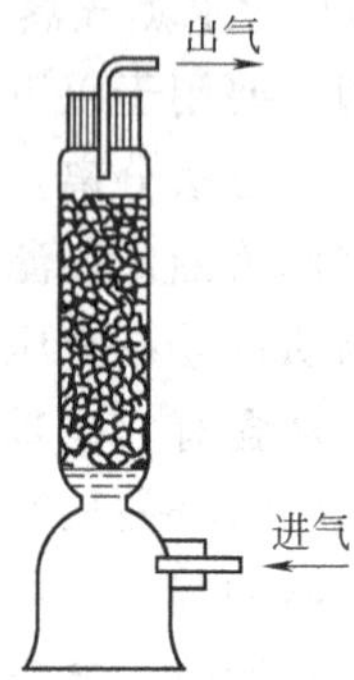

图3-18　干燥塔干燥气体的装置

对于冷凝温度较高的湿分（比如水蒸气），还可用冷凝法干燥。该法是借助冷阱来降低温度，使水蒸气冷凝或凝固而获得脱水。其优点是可以避免被干燥气体污染，且干燥效率高。常用的冷却介质包括冰、冰水-盐混合物、干冰等。比如，水在－70℃时饱和蒸汽压仅为0.2Pa，若将被干燥气体降温至此温度，则干燥脱水效率很高，而且没有污染。

气体干燥还可采用硅胶吸附法、分子筛脱水法等。

2. 液体的干燥

液体的干燥方法主要有干燥剂法、分子筛法和共沸蒸馏法等。

干燥剂法是指利用干燥剂除去液体中杂质液体的方法。常用干燥剂有无水氯化钙、无水硫酸镁、无水硫酸钠、碳酸钾、氢氧化钠、氢氧化钾、氧化钙、金属钠等。无水氯化钙吸水能力大，价格便宜，在实验室常用，但吸水速度不快，不能用于酸或酸性物质干燥，也不能用于醛、酯等有机化合物干燥。无水硫酸镁可用于醛、酯等有机化合物干燥。无水硫酸钠干燥容量大，但干燥强度不够大，适用含水量较多的液体初步干燥。碳酸钾吸水能力一般，用于腈、酮、酯的干燥。氢氧化钠、氢氧化钾用于胺类化合物的干燥效果好。氧化钙适用低级醇的干燥。金属钠适用乙醚、脂肪烃和芳烃的干燥。常用有机物的干燥剂见附录三。操作中，将颗粒状或粉状干燥剂与液体混合，充分振摇，当水分含量降低到符合要求后将干燥剂滤出。为了达到干燥要求，干燥剂实际用量应为理论用量的5～10倍。为了提高干燥效果，可分批加入干燥剂。有时加入干燥剂后会形成水相，这是由于干燥剂吸水后形成的水相与原溶液互不相溶造成的，操作中可先将水相吸出，再加入新鲜干燥剂继续干燥。

分子筛法是利用分子筛的选择性除去液体中水等小分子化合物的干燥方法。分子筛是具有多孔骨架结构的沸石型水合硅铝酸盐，骨架结构中具有孔径均匀的通道和排列整齐、内表面积相当大的孔穴。既有天然的也有人工合成的。当混合液体与分子筛接触时，只有比孔穴孔径小的分子才能进入孔穴，从而使不同大小的分子得以分离。用分子筛除去有机溶液中的水分是实验室中常用的方法。常用分子筛的型号包括3A、4A和5A三种型号，其孔径分别为0.32～0.33nm、0.42～0.47nm和0.49～0.55nm。它们具有脱水快、容量大、可再生及可做成各种形状的特点。

用分子筛干燥液体时，通常将分子筛放于待干燥的液体中，充分振摇，干燥一定时间后过滤分离。也可将分子筛装入干燥过的细长棉布袋，再放入待干燥的液体中，干燥后将袋子取出即可。当分子筛干燥能力减弱到一定值后，必须再生。实验室再生方法主要是在真空条件下或干燥的空气中，加热至400℃。这种方法温度高，会缩短分子筛的使用寿命，工业上已普遍采用变压吸附法在温和的条件下进行再生。

在精细化工实验中，采用共沸蒸馏法除去液体中水分的方法也比较常用。方法是向待分离液体中加入某种能与水形成共沸物（通常是低沸物）的物质作为挟带剂，然后进行蒸馏，蒸出共沸物以除去水分。例如，制备无水乙醇就可以采用共沸蒸馏法。普通酒精是乙醇和水恒沸点混合物，即共沸物，含乙醇95.57%（质量分数）和水4.43%（质量分数），它的沸点是78.15℃，比无水乙醇的沸点（78.5℃）低。制备无水酒精的方法是在普通酒精中加入一定量的苯，再进行蒸馏。于64.9℃沸腾，蒸出苯、乙醇和水的三元恒沸混合物（比例为74∶18.5∶7.5），这样可将水全部蒸出。继续升高温度，于68.3℃蒸出苯和乙醇的二元混合物（比例为67.6∶32.4），可将苯全部蒸出。最后升高温度到78.5℃，蒸出的是无水乙醇。

金属钠、氧化钙、氢化钙和五氧化二磷等由于可与水反应生成稳定的化合物，因而具有很高的干燥强度。一些不与此类干燥剂作用的液体，如二氯甲烷、二硫化碳、乙腈等，在这些干燥剂的存在下通过蒸馏可彻底除去水分。在实验室中，无水酒精就可以用此法制备，具体操作是在95.57%酒精中加入生石灰，先通过加热回流使酒精中的水跟氧化钙反应，生成氢氧化钙以除去水分，然后再通过蒸馏即可获得99.5%的无水酒精。如果需要继续去掉残留的少量水，那么可以加入金属镁来处理。获得100%乙醇，叫做绝对酒精。

3. 固体的干燥

许多精细化学品，如医药、染料、颜料、助剂、洗涤剂、食品添加剂等对水分（或其他湿分）含量有一定的要求，必须进行干燥。固体干燥方法很多，实验中可根据被干燥物质的性质选择。

（1）自然晾干　自然晾干是最简便、经济的干燥方法。其操作是将滤饼压干，薄薄地摊开在滤纸上，盖上另一张滤纸，在空气中晾干即可。该方法干燥动力小，适用于熔点较低、对热不稳定且易干燥的物质，尤其是用于除去固体中的乙醚、丙酮等低沸点溶剂。

（2）加热干燥　加热干燥是指通过供热移去混合物中湿分的操作。供热方法可以是导热、对流、辐射及介电等多种方式。电热烘箱适用于热稳定的固体物质的干燥，加热温度应至少低于待干燥物熔点20～30℃，以免变色或分解。一般温度波动范围为5～10℃，升温时的余热会使温度超过预定温度，操作中应在温度相对恒定时放入待干燥物，并且尽量避免放入含湿量很高的待干燥物，以防止烘箱锈蚀。除此之外，气流干燥器、红外灯、红外烤箱、微波炉等也是实验室常用的固体干燥设备。气流干燥器是靠热风的对流作用干燥，干燥速率比普通电热烘箱快。红外灯、红外烤箱属辅助干燥设备，具有干净卫生和热效率高的特点，但表面易于过热。微波炉属于介电加热干燥设备，主要适用于含水物料的干燥，操作干净卫生、热效率极高，由于微波加热的热量是从内向外传递的，因此能够保持良好的外观性状。

（3）干燥器内干燥与保干　不宜加热、含水量很少且较难干燥的固体物料可在干燥器中进行干燥。干燥器如图 3-19 所示，底部放有干燥剂，瓷板上放置待干燥物。常用的干燥剂有氯化钙、硅胶等。如果干燥要求比较高，那么可以使用真空干燥器进行干燥。真空干燥器如图 3-20 所示，比一般干燥器的干燥强度大得多。真空干燥过程中，通过顶部活塞控制干燥器内达到一定的真空度，关上活塞，放置一定时间，直至达到干燥要求。干燥结束后，在通入空气时，应尽量缓慢，以免空气吹散被干燥的物质。

如果一次干燥不能达到要求，可以重复以上操作。干燥器也常用于酸酐、甘油、五氧化二磷等易吸潮物料的保干。

(4) 减压恒温干燥枪干燥法　减压恒温干燥枪干燥法效率很高，特别适于干燥少量样品。干燥枪如图 3-21 所示。使用时将样品放在夹层内，连接盛有五氧化二磷等干燥剂的曲颈瓶，然后抽真空、关闭活塞，并加热溶剂至回流，使溶剂的蒸气充满夹层的外层。这样，样品就在恒温减压下被干燥。干燥过程中应每隔一定的时间抽真空，以保持真空度。

图 3-19　玻璃干燥器

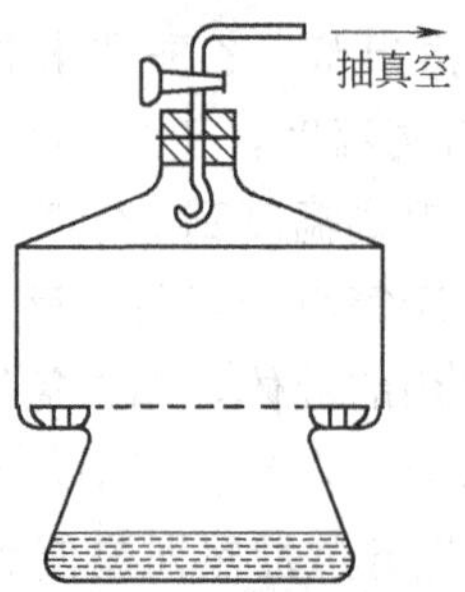

图 3-20　真空干燥器

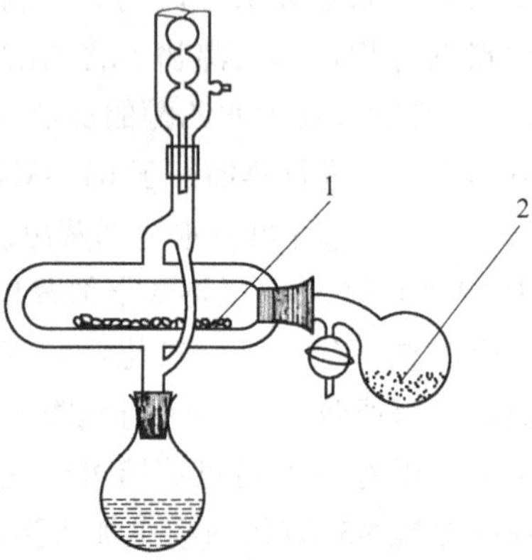

图 3-21　真空干燥枪

1—被干燥物质；2—干燥剂

(5) 流化床干燥法　在干燥有些固体物料时，容易聚集、结块并难以粉碎，可考虑选用流化床干燥法。比如颜料、医药等需要在高度分散状态下使用，要求产品干燥后容易分散，此时采用流化床干燥法是比较适宜的。流化床干燥法的操作过程是：在一个细孔圆盘上放有直径为 3～5mm 的玻璃珠和瓷珠，在圆盘底部向上鼓风，使小球在上面呈流化状态，待干燥的浆状物料由顶部逐渐加入。随水分的蒸发和汽化以及小球之间的滚动、挤压，浆状物料被干燥成细粉状，被热风吹出，进入旋风分离器分离。最后，干燥好的细粉落入容器中。整个干燥过程连续进行，通过调节风量、风温、加料速度以及换用不同规格的旋风分离器等可达到不同的干燥和粉碎效果。

此外，旋转闪蒸干燥法和喷雾干燥法在固体干燥中也有应用。旋转闪蒸干燥法是在不断搅拌、粉碎的同时，蒸发物料中的水分。喷雾干燥法是将溶液以雾状喷入热气流中，将溶剂蒸发的过程。上述两法干燥后的产品分散度均较好。

八、结晶与重结晶

结晶与重结晶是纯化固体物质的最重要方法。它们均是利用固体物质在溶剂中溶解度的变化实现目标物质的分离的。结晶主要用于产品的初步分离，而重结晶主要用于固体物质的纯化。固体物质在溶剂中的溶解度与温度有密切关系。一般是温度升高，溶解度增大。因此，如果将热溶液冷却，便可能产生结晶。

1. 结晶

结晶是固体物质以晶体状态从溶液中析出的过程。晶体的特殊结构，使晶体保持了良好的纯度，因此，可以通过结晶分离混合物。实验中，反应混合物常常是溶液，为了分离出溶质，常采用结晶的方法或蒸发与结晶联合操作的方法。

结晶分两个步骤，包括晶核形成和晶核成长。两者均需要在过饱和条件下进行。因此，结晶的关键就是造成和控制溶液的过饱和状态。

(1) 结晶方法　根据造成溶液过饱和的方法不同，结晶方法可主要分为以下三种。

① 冷却法。此法是通过降温造成溶液的过饱和的。适应于溶解度随温度降低而显著减小的溶液结晶，如硝酸钾等无机盐。

② 蒸发冷却法。此法通过蒸发除去部分溶剂，再冷却达到过饱和。适应于溶解度随温度降低而变化不大的溶液结晶，如氯化钠等无机盐。有时可能只有用蒸发的方法。

③ 加入第三物质法。此法是向原溶液中加入第三种物质，该物质加入后能够造成溶液的过饱和。比如，向四环素酸性溶液中加入氨水，当溶液的 pH 值达到 4.6～4.8 时，四环素游离碱就会结晶析出。再如，卡那霉素易溶于水而难溶于乙醇，当向卡那霉素水溶液中加入 95%乙醇适量时，溶液就会变得微浑，此时，加入晶种并保温，卡那霉素就会结晶析出。

(2) 影响结晶的因素　晶体的大小及多少，取决于晶核形成速度与晶体成长速度的相对大小。通常，晶核形成的速度大大高于晶体成长的速度时，有利于得到多而小的晶体；反之，得到少而大的晶体。因此，所有影响晶核形成和晶体成长的因素都会影响到结晶的速度与结晶效果。归纳起来，影响结晶的因素主要有过饱和度、温度变化的速度、搅拌速度、晶种及杂质等。

① 过饱和度。过饱和度大有利于形成多而小的晶体；反之，形成少而大的晶体。

② 冷却速度。快速冷却，能够形成较大的过饱和度，因此，冷却速度越快，越有利于形成多而小的晶体；反之，形成粗大的晶体。

③ 搅拌速度。搅拌速度增加，既有利于晶核的形成，也有利于晶体的成长，因此，保持适当的搅拌速度才能达到理想的结晶效果。通常由实验确定适宜的搅拌速度。

④ 晶种。在溶液中加入与结晶体相同的小晶体颗粒，称之为晶种。晶种的加入，有利于晶核的形成，也有利于控制晶体的形成、晶体的数量和大小。

⑤ 杂质。溶液中杂质的存在，会对结晶产生不利影响，杂质含量越高，影响越大，当高到一定程度时，可能会造成结晶无法进行。因此，在结晶时必须预测杂质可能的影响，及时消除，确保结晶操作的正常进行。

2. 重结晶

利用被提纯物质在特定溶剂中的溶解度不同，使被提纯物质溶解再从过饱和溶液中析出而分离的方法，称为重结晶。其操作是把固体溶解在热的溶剂中达到饱和，再通过冷却使溶解度降低，让溶液过饱和而析出。显然，重结晶的关键在于溶剂的选择。

合适的溶剂必须具备下列条件：①不与被提纯物质起化学反应；②在较高温度时能溶解多量的被提纯物质，而在室温或更低温度时，只能溶解很少量的该种物质；③对杂质的溶解非常大或者非常小；④容易挥发（溶剂的沸点较低），易与结晶分离除去；⑤能形成理想的晶体；⑥无毒或毒性很小，便于操作；⑦价廉易得。

合适的溶剂经常采用试验的方法选择，方法如下。

取 0.1g 目标物质于一小试管中，滴加约 1mL 溶剂，加热至沸。若完全溶解，且冷却后能析出大量晶体，则此溶剂是合适的。如目标物质在较大的温度范围内，都能溶于 1mL 溶剂中，则此溶剂是不适用的。若目标物质不溶于 1mL 沸腾溶剂中，可再分批加入溶剂，每次加入 0.5mL，并加热至沸，当共用 3mL 热溶剂时目标物质仍未溶解，则此种溶剂也是不适用的。若目标物质溶于 3mL 以内的热溶剂中，冷却后却无结晶析出，则此溶剂也是不适用的。

如果难于选择一种适宜的溶剂，则可考虑选用混合溶剂。混合溶剂一般由两种能互相溶解的溶剂组成，目标物质易溶于其中一种溶剂，而难溶于另一种溶剂。先将目标物质溶于易溶溶剂中，沸腾时趁热逐渐加入难溶的溶剂，至溶液变浑浊，再加入少许前一种溶剂或稍加热，溶液又变澄清。放置，冷却，使结晶析出。在此操作中，应维持溶液微沸。

重结晶操作主要分五个步骤，包括制备热溶液、热过滤、冷却结晶、过滤洗涤和晶体干燥。每步操作都必须耐心和规范操作。

若固体粗品中含有色杂质，则在重结晶时可在物质溶解之后，加入粉末状活性炭或骨炭进行脱色，也可加入滤纸浆、硅藻土等使溶液澄清。

有机物形成过饱和物的倾向很大，常不能自发结晶。为了促使其结晶，可采用以下方法：①加入同种物质或类质同晶物的晶种；②用尖锐的玻璃棒摩擦器壁，以形成晶核，此后晶体即沿此核心生长；③过冷到－70℃，然后一边摩擦容器壁，一边让其慢慢地加热。低温有利于晶核的生成，但不利晶体的生长，因此一旦有晶体出现，立即移出冷浴，使温度逐渐回升，以获得较好的晶体。

根据经验，晶核形成的最适宜温度约在其熔点以下 100℃，晶体成长的最适宜温度约在熔点以下 50℃。在大多数情况下，强烈地冷却溶液并不能很快地形成结晶。通常，饱和溶液的温度要比物质的熔点低 30℃。如果无视这一经验规定，物质可能不会以晶体形状析出，而以油状物的形式析出。而油状物即使能固化，也会包含有杂质，因此应予以避免。

重结晶只适应于杂质含量不超过 5%的物系的分离。当杂质过多很难结晶时，需要用其他手段初步纯化，最简便有效方法是用活性炭吸附除去可能吸附的树脂状物质，或通过一根短的吸附柱进行过滤。

重结晶产物过滤洗涤时，可先用原溶剂洗涤一次后，若原溶剂沸点较高，则在再次洗涤时用低沸点的溶剂洗涤，这样便于晶体干燥。但此溶剂必须能与原溶剂混溶，且晶体不溶或微溶于此溶剂。

重结晶产物干燥可根据晶体的性质选用，比如空气中晾干、真空抽干和烘干等。

九、萃取

依据溶解度的不同，利用加入的溶剂从固体或液体混合物中分离所需要的物质的操作，称为萃取。液-液萃取是利用混合液中不同组分在两种相互不溶（或微溶）的溶剂中溶解度的不同实现液体与液体的分离的；固-液萃取是利用固体混合物中不同组分在同一溶剂中溶解度不同实现其分离的。此处主要介绍液-液萃取。

1. 萃取原理

一种物质在两种互不相溶的液相中的溶解分配符合能斯特分配定律：

$$K=\frac{c_{AE}}{c_{AR}} \tag{3-1}$$

式中 K——分配系数；

c_{AE}——溶质在萃取相中的物质的量浓度，mol/m^3；

c_{AR}——溶质在萃余相中的物质的量浓度，mol/m^3。

此式表明，溶质在两相中的浓度之比为常数。通常，K 值近似等于该物质单独在两相中的溶解度之比，它取决于温度以及溶剂和被萃取物的性质，而与物质的最初浓度、物质与溶剂的质量无关。

从上式可以看出，只有一种物质在两种溶剂中的溶解度之差很大时，萃取操作才是有效的。当 $K \geqslant 100$ 时，如果所用萃取剂的体积与原溶液体积大致相等，则一次简单萃取可将99%以上的该物质萃取至萃取相中；而当 K 较小时，必须用新鲜溶剂多次萃取才能达到要求。

多次用少量溶剂萃取比用总量相同的溶剂一次萃取的效果好，尤其是当分配系数较小时效果更好。由能斯特分配定律推导可得：

$$m_n = m_0\left(\frac{KV}{KV+V_S}\right)^n \tag{3-2}$$

式中　m_n——n 次萃取后原溶液中所剩被萃取物的质量；

m_0——被萃取物的总质量；

V——原溶液的体积；

V_S——加入萃取剂的总体积；

K——分配系数，通常萃取次数 n 取 3～5 为宜，当 $n \geqslant 5$ 时，再增加萃取次数，m_n 值变化很小。

2. 萃取剂的选择

为了达到理想的萃取效果，萃取剂必须具有溶解度大和选择性高的特点，而为了容易分离，萃取剂与原溶液中的溶剂必须互不相溶，且密度相差较大。此外，萃取剂还应该价格低廉，来源广泛，无毒无害，化学稳定。

常用的萃取剂有水、石油醚、二氯甲烷、氯仿、四氯化碳以及乙醚等。混合溶剂的萃取效果常比单一溶剂好得多，乙醚-苯、氯仿-乙酸乙酯（或四氢呋喃）都是良好的混合溶剂。当从水相萃取有机物时，向水溶液中加入无机盐能显著提高萃取效率，这是因为无机盐的加入，提高了分配系数。对于酸性萃取物应向水溶液中加入硫酸铵；对于中性和碱性萃取物宜用氯化钠。

实际应用中常采用一些可以与被萃取物反应的酸、碱作为萃取剂。例如，用10%的碳酸钠水溶液可以将有机羧酸从有机相萃取至水相，而不会使酚类物质转化为溶于水的酚钠，所以酚类物质仍留在有机相。但用5%～10%的氢氧化钠水溶液却可以将羧酸和酚类物质一起萃取到水相。另外，用5%～10%稀盐酸可以萃取有机胺类化合物，而且加碱中和后又析出有机胺类化合物。应当注意的是，有机酸的碱性水溶液或有机碱的酸性水溶液对于中性有机化合物具有一定的溶解度，必要时必须用有机溶剂反提（至少两次），以保证萃取产品的纯度。此外，还可以加入螯合剂、离子对试剂等进行螯合萃取和离子缔合萃取，这种方法具有很高的选择性。

3. 萃取步骤

实验室的萃取操作通常在分液漏斗中进行。将待萃取的溶液倒入分液漏斗中，加入萃取剂，塞紧塞子。轻轻旋摇后，右手握住漏斗颈，食指压紧漏斗塞，左手握在放液的活塞处，拇指压紧。将漏斗放平或大头向下倾斜，轻轻振荡，然后开动活塞放气。反复振荡、放气后静置分层，将下层液体放出，上层液体由上口倾出。静置分层时，应小心辨认水层和有机层，因为有机层既可能在上层，也可能在下层。

当溶液中含有不利于萃取的组分时，必须对萃取体系进行适当的预处理。例如，以高锰酸钾在吡啶-水介质中氧化芳烃时，生成的酸以钾盐形式存在，为了用水把它从大量的二氧化锰悬浮液中萃取出来，应先彻底蒸除吡啶。否则，吡啶将进入萃取液，酸析时造成产品的溶解损失。同样地，当以有机溶剂对反应产物进行萃取时，必须从反应系统中蒸除水溶性溶剂，如低级醇及四氢呋喃等。

当两相密度相差较小或形成稳定的乳浊液而难以分层时，可将分液漏斗在水平方向上缓慢旋摇以消除界面上的泡沫；也可通过过滤除去引起乳化的树脂状或黏液状悬浮物；或在有机层中加入乙醚（使有机层密度减小）；或在水层加入氯化钠、硫酸铵和氯化钙等无机盐（使水层密度增大）也可促使分层；有时还可以通过改变 pH、离心分离和加热等方法破坏乳化。

当溶解热、反应热及溶剂化热等热效应较大，而使萃取过程温度上升时，如果溶剂易于受热挥发，则可能导致事故发生。因此，对于乙醚、二氯甲烷等低沸点溶剂，必须先将被萃取液冷却至适当低温度后方可进行萃取。萃取时不能立即振荡，应慢慢翻转漏斗，随即开启旋塞泄压。泄压后振荡的强度才能逐渐加强。

当用碳酸盐或碳酸氢盐萃取强酸时，应注意经常释放产生的二氧化碳气体。如果预计气体生成量较大，最好先将有机相和水相在烧杯中混合，再转入分液漏斗。

此外，萃取分离只是辅助分离手段，通常得不到很高的纯度，为了获得高纯度物质及再利用溶剂，必须对萃取液进行分离。分离方法可采用蒸馏、蒸发溶剂及酸碱中和等多种方法。从有机相中分离出溶质后，往往需加入硫酸镁、氯化钙及硫酸钠等干燥剂进行干燥。

十、升华

固体物质在其熔点以下受热，不熔化而直接转化为蒸气，然后蒸气又直接冷凝为固体的过程称为升华。当目标组分与杂质组分的蒸气压（挥发能力）不同时，利用升华是可以实现固-固物系的分离的。升华也是纯化固体物质的一种手段，既可以升华除去不挥发杂质，也可以升华分离不同挥发度的固体混合物。

在实际操作中，有时因杂质含量较多，固体加热后可能会熔化为液体，但只要其蒸气能直接冷凝成固体，仍把其视作是升华过程。

实验室升华操作常在减压条件下进行的，这样可以保持操作温度在熔点以下进行。在减压条件下，把待分离物质加热，使其气化，然后再冷凝成固体，见图 3-22。少数升

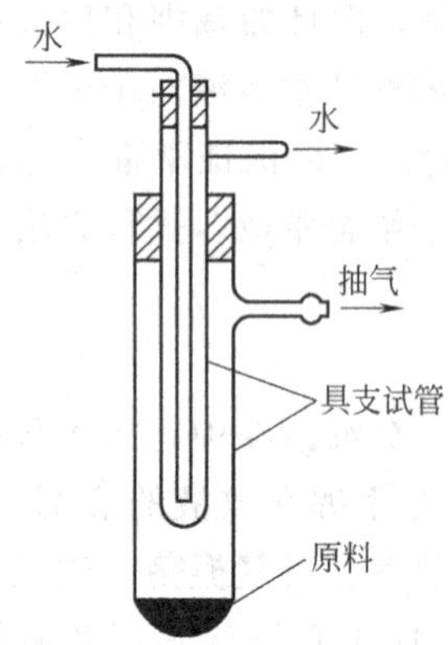

图 3-22 减压升华装置

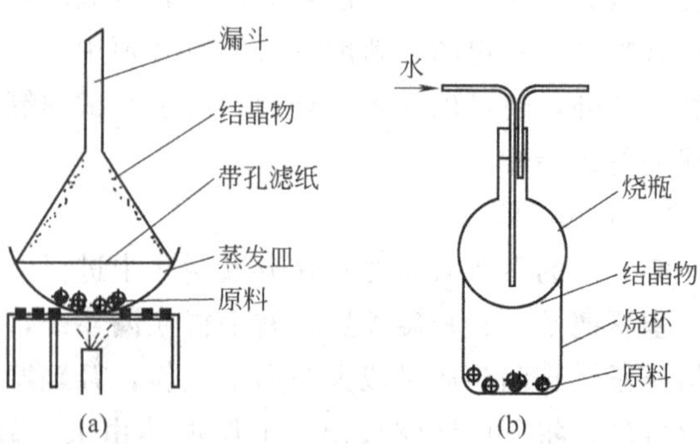

图 3-23 常压升华装置

华操作也可在常压下进行，如图 3-23 所示。在常压下，具有适宜升华蒸气压的有机物不多。在升华时，通入少量空气或惰性气体，可以加速蒸发，同时使物质蒸气离开加热面易于冷却。但通入过多的空气或其他气体，会造成升华产品的带出损失。

升华过程有点像蒸馏，但只有在熔点以下具有足够高蒸气压的固体物质，才可以用升华来提纯。升华能得到较高纯度的产物。与结晶相比，升华操作最大优点在于不使用任何溶剂，因此不会因转移物料而引起损失，纯化后的产品也不会包含溶剂。因为固体物质的蒸气压一般都很小，所以能用升华法提纯的物质不多，升华法应用范围受到限制。另外，升华操作一般时间长，损失较大。

十一、离子交换

离子交换法是利用离子交换树脂的交换作用实现物质分离的操作方法。由于该法具有设备简单、操作方便、成本低、易再生及可反复利用等优点，因此得到了越来越广泛的应用。

离子交换树脂又称离子交换剂，是人工合成的有机高分子聚合物，就其组成而言，它由交换剂本体（有机高聚物）和交换基团两部分组成。离子交换树脂有两类，即阳离子交换树脂和阴离子交换树脂。本体高聚物部分，常见的是苯乙烯和二乙烯苯聚合而成的苯乙烯-二乙烯苯共聚物，再经其他化学反应在聚合物上引上磺酸基（$—SO_3H$）、羧基（—COOH）等酸性交换基团即得不同类型的阳离子交换树脂。常把交换剂中的本体用 R 表示，酸性基团用 H 表示，阳离子交换树脂可表示为 H—R，它能以氢离子与溶液中的各种阳离子发生交换作用。类似的，阴离子交换树脂 R—OH，能与溶液中的各种阴离子进行离子交换。

实际操作时，让溶液通过装有离子交换树脂的离子交换柱，溶液中的离子就会与离子交换树脂中的活性基团发生交换反应，直到交换平衡为止。由于交换反应是可逆的，因此可通过酸碱再生，让离子交换树脂重新投入使用。

十二、色谱

色谱法是分离、提纯和鉴定有机化合物的重要方法，有着越来越广泛的用途。其基本原理是利用混合物中各组分在某一物质中的吸附或溶解性能（即分配）的不同，或其他亲和作用性能的差异，使混合液流经该物质时被反复地吸附或分配，从而将各组分分开。其中，流动的混合液称为流动相，固定的物质称为固定相（可以是固体或液体）。根据组分在固定相中的作用原理不同，可分为吸附色谱、分配色谱、离子交换色谱、排阻色谱等；根据操作条件不同，可分为柱色谱、纸色谱、薄层色谱、气相色谱及高效液相色谱等类型。本书主要介绍薄层色谱。

薄层色谱（thin layer chromatography，TLC），又称薄层层析，属于固-液吸附色谱。是近年来发展起来的一种微量、快速而简单的色谱法，它兼备了柱色谱和纸色谱的优点。其主要用途为：①用于小量样品（几十微克到几微克，甚至 0.01μg）的分离；②500mg 以下样品的精制；③利用薄层色谱观察原料斑点的逐步消失来判断化学反应是否完成。

如图 3-24 所示，薄层色谱是在被洗涤干净的玻璃板（10cm×3cm 左右）上均匀地涂一层吸附剂或支持剂，待干燥、活化后将样品溶液用管口平整的毛细管滴加于离薄层板一端约 1cm 处的起点线上，晾干或吹干后置薄层板于盛有展开剂的展开槽内，浸入深度为 0.5cm。待展开剂前沿离顶端约 1cm 附近时，将色谱板取出，干燥后喷以显色剂，或在紫外灯下显色。记下原点至主斑点中心及展开剂前沿的距离。

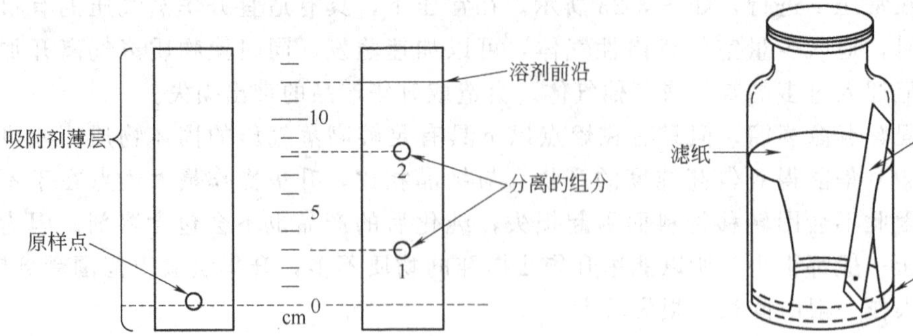

(a) 原版 (b) 已展开色谱板 (c) 薄层色谱展开器

$$R_f=\frac{\text{物质移动距离}}{\text{溶剂移动距离}}$$

$$R_f(\text{化合物 1})=\frac{3.0\text{cm}}{12\text{cm}}=0.25$$

$$R_f(\text{化合物 2})=\frac{8.4\text{cm}}{12\text{cm}}=0.70$$

图 3-24 薄层色谱

在给定条件（吸附剂、溶剂、薄层厚度及均匀度等）下，溶质前沿移动速度与溶剂前沿移动速率的比值（R_f）是该溶质的特征。R_f 值等于溶质从原点到斑点中心的距离除以溶剂前沿的距离。这一性质与气相色谱中的保留体积有同样的重要性。

薄层色谱分离混合物的能力，主要取决于溶剂（展开剂），通常通过实验来选择展开剂，展开剂的选择详见有关书籍。

十三、离心分离

离心分离是分离固-液混合物的重要方法，即可从液体中除去固体杂质，也可从溶液中收集固体物质。离心分离也可用于液-液分离和液-固分离。在精细化工实验中，反应后处理、原料提纯以及产品精制经常采用离心分离技术。

离心分离的操作是将盛有悬浮物料的离心管放在离心机中高速旋转，受离心力作用，沉淀聚集在管底，清液留在上层，从而达到固液分离。离心分离主要适用于分离少量物料，特别是沉淀微细难以过滤的物料。使用时将装有试样的离心管对称地放在离心机套管中，管底衬以棉花。操作时应缓慢加速，而且不能强制离心管停止旋转。离心分离后，用毛细吸管小心地将清液吸出。必要时可加入洗涤液洗涤，继续进行离心分离，直至达到分离要求为止。分离后的沉淀可直接在离心管中抽真空或加热干燥。

一般固体有机物的密度较小，离心分离时要求转速较高。目前已采用各种超速离心机，用于密度相差极小的液-液、液-固分离，并可用于分离和提纯病毒、DNA、核糖核酸和脂蛋白等。此外，各种大容量离心机，如规格为 4×250mL、4×400mL 的离心机，也已在实验室中得到广泛应用。

十四、吸收

气体吸收是依据气体混合物中各组分在特定液体（吸收剂）中溶解度的不同，实现气体混合物分离的操作。在实验中，主要用于实验尾气的吸收。比如，反应中产生了有毒有害或污染环境的气态物质，可以用吸收方法把该物质除去。

吸收剂的好坏对吸收效果影响很大，所选吸收剂必须有尽可能大的溶解度和好的选择性。常用的吸收剂有水、碱液、酸液、有机溶剂等。例如，含 HCl 的气体可用 NaOH 水溶液吸收除去 HCl。

带有尾气吸收的制备装置，如图 3-25 所示。其中，图 3-25(b) 的安全稳压装置也能回收反应产生的气体。

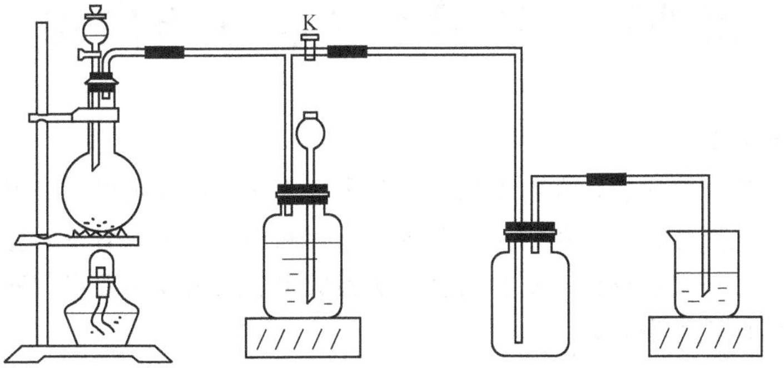

图 3-25　带有尾气吸收的制备装置

第四章　实验基本程序与内容

一、接受实验任务

为了确保实验进度与质量，在精细化工实验中，第一步应该是以任务书的形式给学生下达实验任务。学生接受任务后，明确实验名称、目标和内容，进而着手实验的准备工作。任务书应包括实验名称、实验目标、实验内容、实验成果、实验操作要点与安全注意事项等内容。实验任务书的样式见表 4-1。

表 4-1　实验任务书的样式

×××学院实验任务书			
×××系××～××学年____学期			
专业班级		实验人数	
实验时间		实验地点	
实验项目名称		实验性质	
指导老师			
实验目标	（具体描述要求学生通过实验达到的目标）		
实习内容	（具体描述学生要做的工作，便于监督检查指导）		
实验成果	（要求实验后上交的报告、论文或产品）		
特殊说明	（必要的劳动保护，安全环保注意事项等）		
实训中心主任签名：________ ____年____月____日		专业建设负责人签名：________ ____年____月____日	

注：本表一式三份，在实验一周前填好，一份交实训中心，一份交教务处，一份留指导老师。

二、收集相关资料

学生接收任务后，要根据任务书的要求，通过阅读教材和查找文献，获得实验原理、原辅材料特性、实验技术、仪器仪表等信息，为确定实验方案打下基础。

收集和研究资料对于拓宽知识面、提高实验质量均具有重要意义，教师要引导学生学会并善于查找文献资料。

三、确定实验方案

精细化工实验分验证性实验和设计性实验。前者的主要任务是验证和运用理论知识，同时训练基本实验技能；后者的主要任务是运用所掌握的知识与技能，并创造性地开展实验工作。设计性实验的关键是确定实验方案，确定实验方案的原则是经济、合理、可行、安全。确定实验方案的内容包括原料及工艺路线的选择、实验装置与流程选择、实验方案的设计等。

1. 原料与工艺路线选择

一个产品的生产可以选用不同的原料，也可以采用不同的工艺路线，原料及工艺路线的选择是确定实验方案的开始，是基础而重要的工作，它不但影响产品的经济性，而且影响实验结果甚至决定实验的成败。通常，价格低、来源广、无毒无害、无污染的物质是原料选择中优先考虑的对象。而路线短、反应条件温和、分离容易、副反应少、产品收率高、环境污染少的工艺路线是优先考虑的对象。在实验室中，应尽量避免高温、高压、高真空及需要特殊安全防护措施的工艺方案。

2. 试验方案设计

试验方案设计是指通过有效的组织，确定用较少实验工作得到较好的实验结果的实验方案，以节省人力、物力和时间。实验方案设计不涉及试验的具体操作步骤，主要是合理安排实验次数和各因素在不同实验中的水平。不同类型的实验，实验方案设计的重点可以不同。验证性实验侧重对工艺路线或实验方法的比较与选择；设计性实验侧重实验的组织。在精细化工产品的开发实验中，实验方案设计应用最多的是正交实验设计法。

(1) 实验方案设计中的基本概念

① 指标。在实验方案设计中，实验指标是用来衡量实验效果的参数或性质，由指标名称和指标数值两部分组成。在合成实验中，转化率、收率、产品的性能等常被用作实验指标。

② 因素。可能影响实验指标的实验条件称为因素。如反应物种类、纯度、配比，所用溶剂和催化剂的种类以及反应时间、温度、压力等都可能是实验的影响因素。只考察一个因素对实验指标的影响，称为单因素试验；考察两个以上因素对实验指标的影响称多因素试验。精细化工实验一般属于多因素实验。

③ 水平。因素在实验中所处状态或取值的变化，可能引起指标变化。通常把因素变化的各种不同状态或取值称为该因素的水平。比如，如果考察反应物浓度这一因素，那么反应物的不同浓度值就是浓度因素的不同水平。再如，当温度是被考察的因素时，如果实验安排在80℃、90℃、100℃下各进行一次，那么这三个温度值就是温度（因素）的三个不同水平。

④ 定量化。在实验指标中，有些指标是可以用数量表示，称为定量指标，如转化率、产率等。然而，有些指标不能直接用数值表示，如光滑度、色泽等，称为定性指标。对于定性指标，通过对评定结果打出分数或评出等级，就可以用数值来表示，这就是定性指标的定量化。

⑤ 实验组合（或称水平组合）。一次实验的基本条件是由所有因素的一个水平构成的。

比如，某实验取A试剂10g，B试剂5mL，温度80℃，构成一次实验基本条件。一次实验完成后，改变一个（或多个）因素的一个水平，就得到了另一个实验方案。

（2）正交实验设计　见本书第三篇。

3. 实验装置与流程选择

实验装置与流程的选择是以原料与工艺路线选择为基础的。实验装置与流程的选择应遵循科学性、实用性、经济性、安全性、先进性和预见性的原则，做到因地制宜。所选装置应该便于操作、易于调节控制。能使用简单装置就不用复杂的装置。在先进性方面，应作总体权衡，不能脱离实验目标而片面追求装置的先进性。从环保角度看，装置应该尽可能小，以减少物料消耗减少排放。

四、实验方案实施

实验方案实施是实验全过程的核心步骤。实验方案设计得再好，如果操作技术不好和经验不足，那么可能仍然得不到好的实验结果。实验操作中，学生必须按照实验方案要求的步骤，科学、规范、大胆而细心地操作，注意观察实验现象、忠实记录实验数据、分析处理实验中可能遇到的问题。实验操作中，要求尊重事实、尊重实验结果。

五、评估实验结果

1. 实验误差

实验操作中，需对多种现象进行测量和研究。由于实验方法和实验设备的不完善、周围环境的影响和操作者认识能力的限制，测量值与真值之间不可避免地存在着差异。这种差异在数值上表现为误差。误差一般分为绝对误差、相对误差，其来源主要有以下四个方面。

（1）仪器装置误差　仪器装置误差包括标准量具产生的误差和仪器仪表产生的误差。标准量具产生的误差，如标准砝码、标准电池、移液管、容量瓶等的量值本身隐含误差。仪器仪表产生的误差，如天平、压力表、真空表、温度计等仪器仪表在指示或显示时会产生误差。

（2）环境误差　测量时环境状态与规定状态不一致引起测量装置和被测物本身的变化，所造成的误差称为环境误差。温度、湿度、气压、电磁强度、照明强度、振动场强度等环境因素的变化都可能引起环境误差。例如，用玻璃温度计测量同一个反应温度时，在冬天测量和在夏天测量就存在差别，原因是温度计裸露在空气（环境）中的部分被冷却或加热程度不同，导致裸露在空气中的水银柱热胀冷缩程度不同。

（3）方法误差　由于测量的方法不完善而造成的误差。例如在容量分析中，如果被滴定的溶液中含有沉淀样品，由于沉淀对溶剂产生吸附作用，那么当滴定达到等当点附近，溶液一有变色又会马上消失，使得终点现象不明显，于是继续滴定就很容易造成过量。而如果在滴定前将沉淀物过滤除去，那么终点现象明显，分析结果就会更加准确。

（4）人员误差　由于测量者受分辨能力的限制，或因工作疲劳引起视觉器官的生理变化，或因固有习惯引起的读数误差，以及精神上的因素产生一时疏忽等所引起的读数误差。例如，读滴定管的刻度或旋光仪的刻度，每个人的读数可能不完全一样，这是由于个人的眼睛分辨力存在差异。又如，做实验时聊天、看书报等，常造成记错时间、看错读数等。

以上四种误差的来源，按误差的特点和性质又可重新划分为系统误差、随机误差和疏忽误差。必须注意的是各类误差之间在一定条件下可以相互转化。

2. 有效数字

（1）有效数字的概念　确定实验数据有效位数的正确方法是所取位数除了最后一位数字

为测量时的可疑数或估计数外，其余各位数字都是准确可靠的。通常，最后一位可疑数字上下可有一个单位的误差。这样的数字称有效数字。

在测量过程中，测量数据的有效数字位数应与所用仪器的精度相一致。

(2) 有效数字舍入规则　当有效位数确定以后，其后面多余的数字应予以舍去。保留的有效数字最末一位数字应按下面的舍入规则进行处理。

舍入规则是"四舍六入五留双"。当尾数≤4 时舍去；当尾数≥6 时进位；而当尾数恰为 5 时，则看保留下来的末位数是奇数还是偶数，是奇数时将 5 进位；是偶数时将 5 舍弃。

(3) 有效数字运算规则　加减法运算时，各运算数据以小数位数最少的数据为准，其余各数据可多取一位小数，但最后结果应与小数位数最少的数据位数相同。

乘法和除法的运算时，各运算数据以有效位数最少的数据为准，其余各数据要比有效位数最少的数据多取一位数字，而最后结果应与有效位数最少的数据位数相同。比如：

$$12.82\times0.045=0.5769\approx0.58$$

再如：

$$(0.07878\times10.00)\div18.08=0.04357\approx0.04$$

对数运算时，对数值的有效数字只由尾数部分的位数决定，首数部分为 10 的幂数，不是有效数字。比如，2345 为 4 位有效数字，其对数 lg2345＝3.3701，尾数部分仍保留 4 位，首数"3"不是有效数字。如果记成 lg2345＝3.370，则只有 3 位有效数字，与真数 2345 的有效数字位数不一致了。再如 pH 的计算，若 H^+ 的浓度 $c=4.9\times10^{-11}$ mol/L，则其有效数字为两位，因此，pH＝－lgc＝10.31，有效数字仍只有两位。同理，由 pH＝10.31 计算 H^+ 浓度时，$c=4.9\times10^{-11}$，而不能记成 4.898×10^{-11}。

3. 数据的表示

实验数据是实验的信息与结果的记录，要准确、简明、形象地表示出来，通常有三种方法，即列表、作图和经验公式。

(1) 列表表示法　列表法的优点是简易紧凑，便于比较。实验数据列表时，应注意以下几个方面。

表的名称与项目要简明，必要时可在表格下方加附注，以说明数据来源；编列的表号应写在表格之前；表中的项目应包括名称及单位，可采用符号表示；表中主项代表自变量，副项代表因变量。

数字的写法要求整齐、统一、正确。同一列的数字，小数点要上下对齐。要注意有效数字位数。如有效数为小数点后两位，而数字为零，则应写为 0.00。

(2) 作图表示法　作图法的优点是形象简明，便于直观。作图坐标一般有直角坐标、单对数坐标、双对数坐标、立体坐标、极坐标等。最常用的是直角坐标和对数坐标。

以直角坐标作图时，通常以横轴（X 轴）代表自变量，纵轴（Y 轴）代表因变量。分度一般采用 1，2，4 或 5 最方便，避免使用 3，6，7 等。坐标分度的起点不一定为零，以使图形占满整个坐标纸。一般坐标纸的最小分格相应于实验数据的精确度。

(3) 经验公式表示法　作图表示的数据曲线可进一步用一个方程式（经验公式）来模拟。方法是首先根据解析几何原理和经验，来推断经验公式的形式，如直线型、二次型、指数型、对数型，然后求取经验公式中的常数。求解的方法有图解法、选点法、平均法、最小二乘法等多种。图解法适用于直线型经验公式的求解；最小二乘法用于二次型经验公式的求解。

4. 实验评估指标

实验评估是实验中不可缺少的一个环节。实验评估中经常用到如下评估指标。

(1) 转化率 转化率指在化学反应体系中，参加反应的某种原料量占通入反应体系中该原料总量的百分数。转化率数值的大小反映该种原料在反应过程中的转化的程度。对有循环物料的反应过程，根据考察体系的不同，转化率又分为单程转化率和总转化率。

单程转化率是以反应器为研究对象的，其值等于参加反应的反应物量占通入反应器的反应物总量的百分数。

总转化率则以包括反应器和分离器的全循环体系为研究对象，其值等于参加反应的反应物量占通入循环体系的新鲜反应物量的百分数，即

$$\text{总转化率}=\frac{\text{参加反应的反应物量}}{\text{进入循环体系新鲜反应物量}}\times 100\%$$

从经济观点看，总希望提高单程转化率，但单程转化率提高后，往往使得反应过程的不利因素相应增多，如副反应比例增加、反应停留时间过长等。因此，合适的转化率要根据反应自身的特点及实际经验综合确定。

(2) 产率和收率 产率是指某一特定产物的实际产量占理论产量的百分数。由于反应物通常又有多种，计算产率时常按限制反应物参加反应的总量计算该产物理论产量。产率包括目标产物的产率和副产物的产率。目标产物的产率又称主产率或选择性。

收率是指某一特定产物的实际产量占限制反应物加入量的百分数；物理过程（如分离、精制等）的收率是指得到目标产品的质量占加入原料质量的百分数。

转化率、产率和收率之间的关系为：

$$\text{收率}=\text{转化率}\times\text{产率}$$

(3) 产品质量 产品质量包括产品外观、纯度、杂质含量等。它是工艺实验效果的具体体现。

(4) 原料消耗 原料消耗是成本核算的主要依据之一。它是指得到单位质量的产品所消耗的原、辅材料的量，又分为理论原料消耗和实际原料消耗。理论消耗以化学反应式为基础计算所得到的原材料的消耗量，用 $A_{\text{理}}$ 表示；实际消耗是在实际操作中，原辅材料的真实消耗量 $A_{\text{实}}$。由于副反应的存在以及多个环节中的原料损失，致使原料的实际消耗要大于理论消耗。通常把两者的差别用原料的利用率表示：

$$\text{原料利用率}=1-\text{原料损失率}=A_{\text{理}}/A_{\text{实}}\times 100\%$$

实验中，为了提高原料利用率，一方面要对工艺条件、设备装置等进行优化改进，另一方面要加强经济意识，谨慎操作，减少浪费。

(5) 技术与经济评价 技术和经济是相辅相成、密不可分的两个方面。只有在技术可靠、经济合理的前提下，新技术才有应用价值，产品才有市场竞争力。在实验中，反应物转化率、产品收率、产品质量等指标，仅体现了该项目的技术状况。对实验进行技术经济评估，还要考虑原料成本、设备费用、动力成本、附加值等经济指标。在实验研究阶段，由于原料消耗能够较准确地计算出来，因此产品成本是可以作粗略估算的，这样对附加值就能做到心中有数。

(6) 安全与环保评价 安全生产与保护环境是对化工生产的基本要求。在实验中，有时会涉及有毒有害、易燃易爆的物质，这时应采取必要的安全和环保措施来消除其危害。在实验研究阶段，应该充分考虑安全与环保措施。

六、撰写报告或论文

1. 实验报告

实验报告是实验总结的依据，是实验全部成果的集中体现。实验报告具有原始性、纪实性、试验性的特点。实验报告中应填入所有的原始数据和观察到的现象。实验报告具体包括以下内容。

① 标题。实验题目。

② 作者。写明实验者姓名、专业、班级及同组实验者姓名等。

③ 实验目的。写出本实验所要达到的教学目的。

④ 实验原理。实验的理论依据与实验采用的方法。

⑤ 实验装置、实验材料及流程。写出实验所用仪器、设备的规格和数量以及实验药品的数量、级别等。同时要画出实验装置及流程简图。

⑥ 实验过程。详细写出实验步骤和操作过程、分析方法，同时指出操作特点及注意事项。

⑦ 实验记录。以表格或其他格式记录实验的原始数据、现象等。

⑧ 实验结果。通过计算分析，将实验结果以表格、方程或图示等形式表达出来，并指出存在的问题及改进方法，最后作分析总结。

2. 科技论文

科技论文是以新理论、新技术、新设备、新发现为对象，通过判断、推理、论证等逻辑思维的方法以及分析、测定、验证等实验手段来表达科学研究中的发明和发现的文章。它具有科学性、学术性、指导性和创造性的特点。科技论文通常按如下格式撰写。

(1) 题名 (title, topic)　题名又称题目或标题。题名是以最恰当、最简明的词语反映论文中最重要的特定内容的逻辑组合。论文题目十分重要，必须用心斟酌选定。论文题目必须准确得体、简短精练。论文题目的外延和内涵应恰如其分。

(2) 作者姓名和单位 (author and department)　论文署名一是为了表明文责自负，二是记录作者的劳动成果，三是便于读者与作者的联系及文献检索。多作者论文按署名顺序确定为第一作者、第二作者等。注明作者所在单位同样是为了便于读者与作者的联系。

(3) 摘要 (abstract)　论文一般应有摘要，有些论文有外文摘要。它是对论文内容不加注释和评论的简短陈述。其作用是让读者在不阅读论文全文的情况下能获得必要的信息。

摘要应阐述以下内容：①研究的目的和重要性；②研究的主要内容；③获得的基本结论和研究成果，并突出论文的新见解；④结论或结果的意义。

摘要文字必须精练，内容也需充分概括。篇幅一般限制其字数不超过论文字数的 5%。例如对于 6000 字的一篇论文，其摘要不要超出 300 字。

摘要中应该做到不举例证、不讲过程、不用图表、不给化学结构式、不作自我评价等。

(4) 关键词 (key words)　关键词是主题词一类。关键词是建立读者与作者之间联系的桥梁，标明关键词能方便读者通过关键词检索。关键词与文章主题内容间应该具有尽可能高的关联度，能够让读者通过关键词联想到文章的中心思想，这样才能真正起到沟通作者与读者的桥梁关系。

通常，一篇论文的关键词为 3～5 个。

(5) 引言 (introduction)　引言又称前言，属于整篇论文的引论部分。其写作内容包括：研究的理由、目的、背景、前人的工作和知识空白，理论依据和实验基础，预期的结果及其在相关领域里的地位、作用和意义。

引言的文字要简短，内容要集中，措辞要精练。引言的篇幅无硬性的统一规定，需视论文篇幅的大小及论文内容的需要来确定。

(6) 正文 (main body)　正文是一篇论文的本论，乃论文的主体，作者的创造性成果在正文中应该得到充分的展示和论证，因此篇幅也最大。正文必须主题明确，内容充实，论据充分、可靠，层次分明、脉络清晰。

写作中正文可分成若干段落，即所谓逻辑段。每一逻辑段落又可能包含几个自然段。逻辑段落能冠以分标题或小标题。逻辑段落的划分，应视论文性质与内容而定。常见的划分方式有：①实验原材料和材料/实验方法/实验结果和分析；②理论分析/实验装置和方法/实验结果与分析。其中“实验结果和分析”部分是论文的关键部分，全文一切议论由此引发，一切推理由此导出，这部分需要列出实验数据和观察所得，并对实验误差加以分析和讨论。

其中“材料”部分，应给出诸如实验所用原料或材料的技术要求、数量、来源以及制备方法等诸方面的信息，有时甚至要指出所用试剂的理化学性质，避免使用商业名称，而应使用化学名称。“方法”部分，应介绍主要的实验过程。“结果”部分，通常用表格、图表示实验数据和结果。“讨论”部分，重点应该放在以下几个方面：①解释结果的原因及其因果关系的规律；②指出实验所得结果与前人所得结果之间存在的不同之处；③论述理论真伪或可能的应用；④指出例外情况和尚未解决的问题及解决的方向。

(7) 结论 (conclusion)　论文的结论应概括性阐述通过实验及研究得到的学术见解。结论应是整篇论文的结局，应该做到准确完整、简明精练。结论的写作一般应包括以下几个方面：①本文研究结果说明了什么问题；②对前人有关的看法做了哪些修正、补充、发展、证实或否定；③本文研究的不足之处或遗留未予解决的问题，以及对解决这些问题的可能的关键点和方向。

结论部分的写作要求措辞严谨，逻辑严密，不能模棱两可，不能含糊其辞或任意夸大。对尚不能完全肯定的结论注意留有余地。

(8) 致谢 (acknowledgment)　按照 GB 7713—87 的规定，致谢语可以放在正文后体现谢意。其对象包括：①国家科学基金、资助研究工作的奖学金基金、合同单位、资助和支持的企业、组织或个人；②协助完成研究工作和提供便利条件的组织或个人；③在研究工作中提出建议和提供帮助的人；④给予转载和引用权的资料、图片、文献、研究思想和设想的所有者；⑤其他应感谢的组织和人。

(9) 参考文献 (reference)　学术论文最后，一般应列出参考文献。其目的有三：①为了能反映出真实的科学依据；②为了体现严肃的科学态度，分清是自己的观点或成果还是别人的观点或成果；③为了对前人的科学成果表示尊重，也为了指明引用资料出处方便检索。

参考文献中，只需要将引用的最重要和关键的那些文献资料列出。中华人民共和国国家标准 GB 7714—87 中“文后参考文献著录规则”，对参考文献的标注方法做了规定。不同类型参考文献著录格式略有不同，请参照附录十，参考文献著录格式及示例。

七、教学模式建议

根据当前高职教学改革的要求、建议实验教学能创设工作环境，让学生得到真实的工作体验和经验，探索基于工作任务的项目教学模式改革，参见图 4-1。

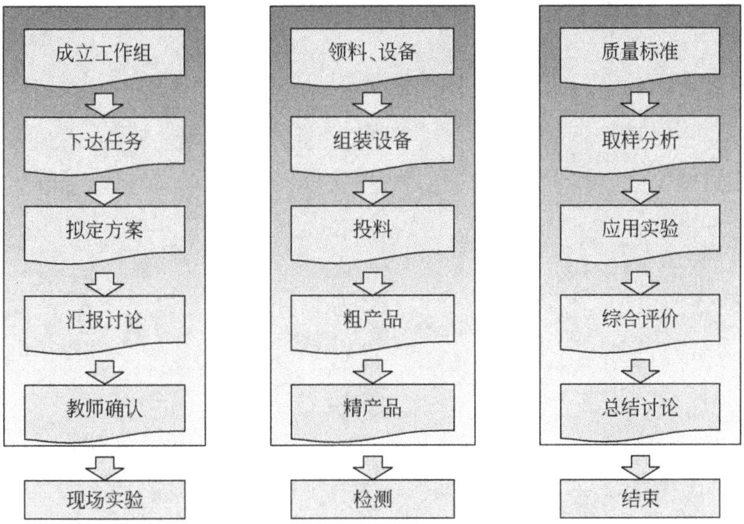

图 4-1　基于工作任务的项目教学模式

第二篇　精细化学品实验选编

【学习目标】

了解各类精细化学品的特点、性能、用途及发展趋势；理解各类精细化学品的制备原理；掌握各类精细化学品的实验室制备技术。通过学习，能够学会典型的精细合成方法，按照配方配制产品，也能根据产品性能的需要，适当调整配方。

第五章　农　　药

一、农药及其分类

农药（pesticide），是用来防治危害农林牧业生产的有害生物（害虫、害螨线虫、病原菌、杂草及鼠类）和调节植物生长的化学品。

农药的品种很多，分类的方法也各式各样。主要分类方法有：按防治对象分类、按成分和来源分类、按作用方式及毒理机制分类和按化学结构分类。其中，以按防治对象分类最为常用。

农药按防治对象分类，可分为杀虫剂、杀螨剂、杀菌剂、杀线虫剂、除草剂、植物生长调节剂、杀鼠剂、杀鸟剂、杀软体动物剂、杀卵剂、脱叶剂、干燥剂、种子处理剂等。

二、农药的应用

农药是农作物丰产丰收的重要保障，也是维持人类生存和发展必不可少的产品。随着世界人口的增长，农药的作用显得更加重要，归纳起来，农药的用途主要有以下几个方面。

（1）杀虫剂的应用　用来防治各种害虫的药剂，有的还可兼有杀螨作用，如敌敌畏、乐果、甲胺磷、杀虫脒、杀灭菊酯等农药。它们主要通过胃毒、触杀、熏蒸和内吸四种方式起到杀死害虫作用。

（2）杀螨剂的应用　专门防治螨类（即红蜘蛛）的药剂，如三氯杀螨砜、三氯杀螨醇和克螨特农药。杀螨剂有一定的选择性，对不同发育阶段的螨虫防治效果不一样，有的对卵和幼虫或幼螨的触杀作用较好，但对成螨的效果较差。

（3）杀菌剂的应用　用来防治植物病害的药剂，如波尔多液、代森锌、多菌灵、粉锈宁、克瘟灵等农药。主要起抑制病菌生长、保护农作物不受侵害和渗进作物体内消灭入侵病菌的作用。大多数杀菌剂主要是起保护作用，预防病害的发生和传播。

（4）除草剂的应用　专门用来防除农田杂草的药剂，如除草醚、杀草丹、氟乐灵、绿麦隆等农药。根据它们杀草作用，可分为触杀性除草剂和内吸性除草剂，前者只能用于防治由种子发芽的一年生杂草，后者可以杀死多年生杂草。有些除草剂在使用浓度过量时，草、苗都能杀死或会对作物造成药害。

（5）植物生长调节剂的应用　专门用来调节植物生长、发育的药剂，如赤霉素（九二零）、萘乙酸、矮壮素、乙烯剂等农药。这类农药具有与植物激素相类似的效应，可以促进或抑制植物的生长、发育，以满足生长的需要。

（6）杀线虫剂的应用　适用于防治蔬菜、草莓、烟草、果树、林木上的各种线虫。杀线虫剂由原来的有兼治作用的杀虫剂、杀菌剂发展成为一类药剂。目前的杀线虫剂几乎全部是土壤处理剂，多数兼有杀菌、杀土壤害虫的作用，有的还有除草作用。按化学结构分为四类，卤代烃类、二硫代氨基甲酸酯类、硫氰脂类和有机磷类。

（7）杀鼠剂的应用　杀鼠剂按作用方式分为胃毒剂和熏蒸剂；按来源分为无机杀鼠剂、有机杀鼠剂和天然植物杀鼠剂；按作用特点分为急性杀鼠剂（单剂量杀鼠剂）及慢性抗凝血剂（多剂量抗凝血剂）。

但是，农药是现有人类管理的所有具有潜在毒性的化合物中，被有意识地释放到环境中以实现其价值的物质。通过使用农药，人类虽然获得了更多的农业产出，减少了蚊蝇等家庭害虫的危害，并在公共卫生场所有效地控制了有害物的孳生，但获得这些利益的同时也伴随着对人类和环境的风险。因此，目前世界上经济发达的国家都对农药实行了严格的管理，以尽量减少农药对人类及环境的副作用。

三、农药的发展概况

早在3000多年以前，荷马在“奥德赛”中就提到过“硫黄避害”。这是最早使用农药的报道。1761年，硫酸铜被用来防治谷物腥黑穗病。最早的叶面杀菌剂也是硫黄和铜的悬浮液。1763年法国新闻报道推荐烟草和石灰粉防治蚜虫，这是世界上首次报道的杀虫剂，其主要有效成分是尼古丁。20世纪40年代初，合成和生产了最早的化学除草剂苯氧乙酸类化合物，标志着现代杂草的化学防治技术已经开始。20世纪40年代，相继出现了一大批各种不同结构类型的农药新品种，如DDT、六六六、毒杀酚、氯丹、艾氏剂、七氯等有机氯杀虫剂，还有毒死蜱、对硫磷（1946）、叔丁磷等有机磷杀虫剂，代森钠、代森锰、代森锌等杀菌剂。DDT是其中最著名的品种。

随着化学农药的大量使用，高残留农药的环境污染和残留问题引起了世界各国的广泛关注和重视。1970年，美国把农药登记审批工作由农业部划归为环保局管理，并对已登记的农药品种连年加以审查。据公布，1990年美国撤销登记、停止使用的农药品种就达31种，其中包括DDT、六六六、氟乙酰胺、毒杀酚等。鉴于此，一系列高效、低毒、选择性好的农药新品种相继被开发出来。

安全、高效、经济和使用方便的农药产品将成为农药市场的主流产品，易降解、低残留、高活性及对非靶际生物比较安全的绿色环保特性是农药发展的目标。未来几年，随着人们生活水平及环境意识的提高，高毒有机磷杀虫剂将逐步淡出市场，绿色农药将成为农民的新宠，绿色经营成为企业经营的新观念和新潮流。

（1）杀虫、杀螨剂品种发展　仿生农药如拟除虫菊酯类农药和沙蚕毒类农药的开发和应用，被认为是杀虫剂农药的一个新突破。有人把此类杀虫剂称为“第一代杀虫剂”。自1973年第一个对光稳定的氯菊酯被开发成功后，氰戊菊酯、氯氰菊酯、溴氰菊酯以及兼具杀螨活性的氟氰戊菊酯、氟胺氰戊菊酯、甲氰菊酯、氯氟氰菊酯、联苯菊酯和对鱼低毒的醚菊酯等十几个产品又不断被开发出来，从而形成了“第二代杀虫剂”。“第三代杀虫剂”包括噻嗪酮、灭幼脲、杀虫隆、伏虫隆、抑食肼、定虫隆、烯虫酯等产品。最近，被称为“第四代杀虫剂”的昆虫行为调节剂出现了，它包括信息素、拒食剂等。杀虫抗生素是杀虫剂的另一类别，已开发的品种有杀螨素（浏阳霉素）、齐墩螨素及由其经化学结构改造制取的伊维菌素等。

（2）杀菌剂品种发展　杀菌剂品种发展重点为杂环类杀菌剂。杂环类杀菌剂种类多，效果好，主要类别有吗啉类、哌嗪类、三唑类、吡唑类和嘧啶类等，主要品种有十三吗啉、嗪胺灵、丁赛特、甲嘧醇、抑霉唑、咪酰胺及三唑酮等。它们的结构都属于含氮杂环化合物，功效是防治因囊菌纲病菌、半知菌纲病菌引起的作物病害。其中以三唑类杀菌剂最为突出。三唑类杀菌剂属于麦角甾醇合成抑制剂，其特点是效能高，用量少，不易产生耐药性，因而发展特别快，今后将成为杀菌剂发展的重点之一。

具有杀菌活性的农用抗生素的此时开发也十分引人注目。它具有高效、高选择性、易降解等特点，因而发展十分迅速。主要产品有多氧霉素、有效霉素等。

（3）除草剂品种发展　除草剂是农药中品种发展最快的一类。除草剂有效地解决了农业生产中长期存在的草害问题。新近开发的除草剂品种具有活性高、选择性强、持效适中及易降解等特点。有代表性的是磺酰脲类和咪唑啉酮类除草剂。具体品种有绿磺隆、甲磺降、阔叶净、禾草灵、吡氟乙草灵等。新兴除草剂类别还包括除草抗生素，品种有双丙氨膦等。

（4）植物生长调节剂品种发展　植物生长调节剂的发展也十分引人注目。它在农业上的用途越来越广，类别也越来越多。其中较为突出的新兴品种有多效唑、矮壮素、三十烷醇、助壮素等。

（5）杀鼠剂品种发展　第二代抗凝血杀鼠剂的问世是杀鼠剂品种发展中重要里程碑。它们不仅杀鼠功效高，而且对那些针对第一代抗凝血杀鼠剂产生抗药性的鼠类也十分有效，主要品种有溴鼠隆等。

实验一　杀虫剂甲氧氯的制备

一、实验目标

1. 掌握芳香族亲电取代反应实验操作方法。
2. 掌握杀虫剂杀虫效果的检验方法。

二、产品特性与用途

甲氧氯是双晶型的化合物，英文名称为 methoxychlor，化学式 $C_{16}H_{15}Cl_3O_2$，相对分子质量为 345.65。它存在着两种不同的晶型，文献报道其熔点分别为 78℃和 92～94℃。按文献报道，甲氧氯可以用乙醇重结晶纯化，然而，实际上我们得到的往往是黏稠的油状物。由于甲氧氯的双晶特性，不可能诱发该油状物生成晶体物质，因此必须用红外光谱和核磁共振谱来鉴定产物。

它比 DDT［1,1,1-三氯-2,2-双（对氯苯基）乙烷］毒性低，其 LD_{50} 仅为 6000mg/kg，无致癌性，不在动物体内积累，用于防治水果、蔬菜、作物、花卉害虫、家畜体外寄生虫、粮食及室内害虫等，对蝇类有更大的毒性。美国金开德公司等企业经营此产品，商品名为 Marlate。

甲氧氯的杀虫效力可以用一罐子昆虫（如家蝇或果蝇）来实验，另外还准备一罐昆虫作对照，然后简单地观察两罐的结果即可。

三、实验原理

在本实验中，杀虫剂甲氧氯是用水合三氯乙醛与苯甲醚在浓硫酸作催化剂的情况下进行芳香族亲电取代反应制得的。

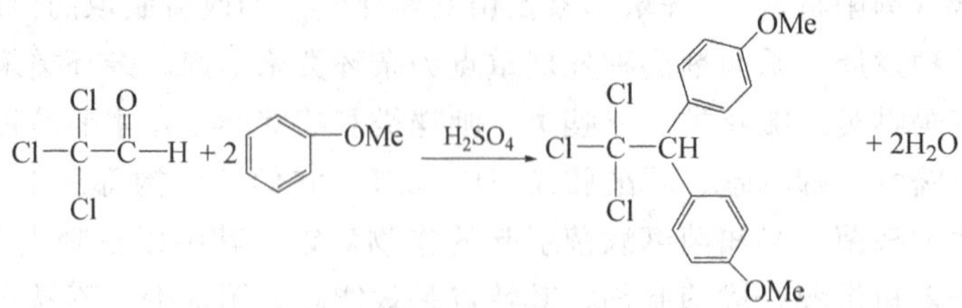

反应机理认为属一种改进的芳香族亲电取代反应：

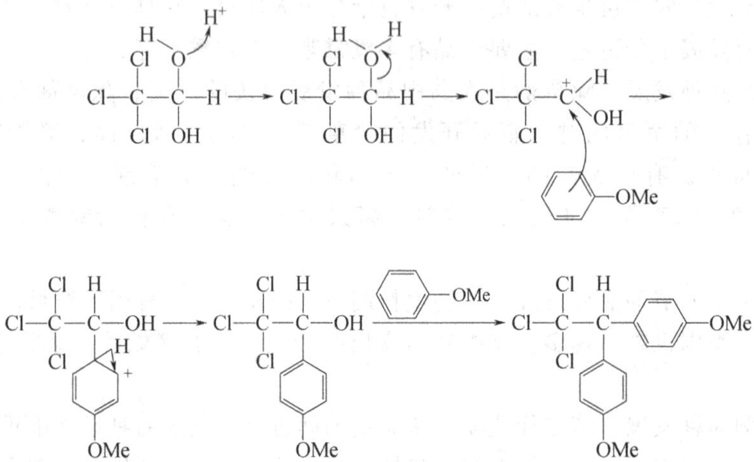

甲氧氯

四、主要仪器与试剂

电加热套及电动搅拌器等。

5.0g 苯甲醚、5.0g 三氯乙醛、5mL 冰醋酸、10mL 浓硫酸、30mL 乙醚、25mL 95%乙醇、2g 无水硫酸钠及冰等。

五、实验内容与操作步骤

(1) 甲氧氯的合成　在一个干燥的带回流冷凝器的 250mL 三口烧瓶中加入 5.0mL (0.046mol) 苯甲醚，搅拌下滴入 5.0g (0.034mol) 三氯乙醛溶于 5mL 冰醋酸的混合溶液。搅拌下再慢慢地加入 10mL (0.187mol) 浓 H_2SO_4 (如果溶液开始变黑，表明温度升得太高，酸加得太快)。加完 H_2SO_4 以后，保持常温继续搅拌 45min。约 20min 以后，反应物表面开始析出厚厚的软蜡状物。反应终了时，加入冰水使物料总体积在 100mL 左右。甲氧氯会以橡皮状或带有部分黏胶的粉状形式析出。倾出废水层，留下物料用温水洗涤 3～4 次 (每次 50mL，其间会产生一些泡沫)。排净水分，得到粗产物，计算收率。

(2) 甲氧氯的精制　粗产物用 15mL 乙醚溶解。乙醚溶液用一小团棉花过滤到一个干燥的备有瓶塞的 100mL 锥形瓶中。瓶中滤液用无水硫酸钠干燥。除去硫酸钠后，在通风橱中用水浴加热蒸去乙醚，得到甲氧氯产物。

甲氧氯重结晶采取下述步骤。

将甲氧氯产物溶于少量乙醚中，置于蒸馏装置中水浴加热，使体积减至原有体积的一半。乙醚挥发，冷凝成液体后收集回收。接着，在剩余物中加入 5mL 95%乙醇，再小心加热蒸馏，使体积减少到溶液看起来变得浑浊为止。然后，将此蒸馏瓶置于冰水浴中冷却。若有结晶析出，则用布氏漏斗过滤收集产物；若依然为黏稠物，则倒入烘干并称重的锥形瓶中，置于烘箱中恒温 90℃左右以除尽残存溶剂。最后，对最终产物称量，计算收率。

若需检验其杀虫效果，则留下一半最终产物，保存在贴有标签的瓶中，以备用。

(3) 甲氧氯杀虫剂杀虫效果的检验　把 3～4 只家蝇或 20 只果蝇放入玻璃罐内，轻轻旋上盖。在另一个对照玻璃罐中放入相同数量的家蝇或果蝇。用小刀取几颗或少许甲氧氯杀虫剂，投入其中一罐，记录投入的时间。对照罐中不需放入甲氧氯杀虫剂。注意观察，分别记录第一只家蝇死亡及全部家蝇死亡的时间。

六、实验记录与数据处理

(1) 实验记录　可参照表 5-1 的格式记录实验数据。

表 5-1　甲氧氯杀虫剂制备的实验记录

中间体及产品名称	性状	熔程/℃	产量/g
甲氧氯粗品			
甲氧氯精制品			

(2) 数据处理　计算甲氧氯粗品以及精制品收率。

① 甲氧氯粗品收率的计算。根据反应原理

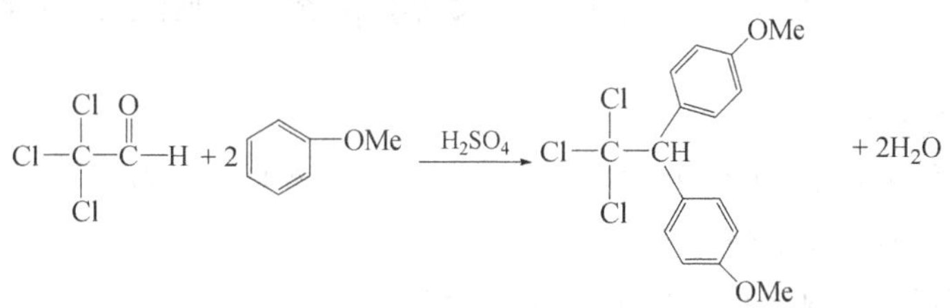

可知理论投料摩尔比：1mol　　2mol　　　　1mol

而实际投料摩尔比：　0.034mol　0.046mol

所以，三氯乙醛用量过量，而计算产物的收率应以不过量的原料，即苯甲醚的投料量为基准。

则理论上应得的甲氧氯粗品质量为：$\frac{0.046}{2}\times M_{甲氧氯}$，其中 $M_{甲氧氯}$ 表示甲氧氯的相对分子质量。

于是，甲氧氯粗品收率的计算方法为

$$Y_{甲氧氯粗品}=\frac{目的产物的质量}{理论上原料变为目的产物所应得的产品的质量}\times 100\%$$

$$=\frac{实验实得粗产物甲氧氯的质量}{\frac{苯甲醚的物质的量}{2}\times M_{甲氧氯}}\times 100\%$$

$$=\frac{实验实得粗产物甲氧氯的质量}{\frac{0.046}{2}\times 345.65}\times 100\%$$

② 甲氧氯精制品收率的计算。

$$Y_{\text{甲氧氯精品}}=\frac{\text{精制产品的质量}}{\text{粗制产品的质量}}\times100\%=\frac{\text{实验实得精制甲氧氯的质量}}{\text{粗产物甲氧氯的质量}}\times100\%$$

根据以上方法可分别计算出甲氧氯粗品以及甲氧氯精制品的收率，将数据记录在表5-2中。

表 5-2　甲氧氯杀虫剂收率

中间体及产品名称	收率/%
甲氧氯粗品	
甲氧氯精制品	

七、安全与环保

乙醚属易燃易爆的物质。实验过程中注意乙醚回收与使用安全。乙醚的沸点低（34.6℃）并且易挥发，出厂时间较久的乙醚因含有过氧化物导致加热过程中易爆炸。因而，在使用前须除去乙醚中的过氧化物。在蒸馏回收乙醚过程中，最后应保留 2～3mL 液体不要蒸干。

思　考　题

1. 为什么要用水浴加热蒸除乙醚，而不能用电炉直接加热？
2. 本实验中，什么实验仪器必须事先经过干燥处理？为什么？

实验二　植物生长调节剂 3-吲哚乙酸的合成

一、实验目标

1. 掌握利用 Fe/HCl 体系将—NO_2 氧化成—NH_2 的方法。
2. 掌握真空泵的使用方法。
3. 初步掌握氮气置换空气的操作方法。
4. 初步掌握压热釜的操作方法。

二、产品特性与用途

3-吲哚乙酸的英文名称为 3-Indoleacetic acid，化学式 $C_{10}H_9NO_2$，相对分子质量 175.19。

本品为无色结晶，见光后迅速氧化成红色而活性降低，应放在棕色瓶中贮藏。熔点 167～169℃，微溶于水、甲苯，易溶于乙酸乙酯。在酸性介质中不稳定，在无机酸作用下能迅速失去活性。其水溶液也不稳定，但其钠、钾盐比游离酸稳定。通常以粉剂或可湿性粉剂使用。

市售 3-吲哚乙酸为人工合成产品，其 LD_{50} = 150mg/kg（小白鼠腹腔注射）。3-吲哚乙酸可以经茎、叶和根系被植物吸收。它对植物生长有刺激作用，可影响细胞分裂、细胞伸长和细胞分化，也影响营养器官和生殖器官的生长、成熟和衰老，可促进植物生根，提高产量，是一种植物生根调节剂。当用于插枝生根的木本植物、草本植物时，可以加速根的形成；当用于处理甜菜种子时，可提高块茎产量与含糖率，也可以促进胡萝卜的生长。

植物体内含有微量的、对其生长和发育产生很大生理效应的一类物质，这类物质被称为生长素。在低浓度下，它就能够促进或抑制植物生长或影响植物形态。植物生长调节剂是具有与生长素同等效果的、能够调节植物生长发育的人工合成的一类化学品。植物生长调节剂有的能抑制植物生长，有的可促进植物生长，有的可使作物抗倒伏，有的可提高作物抗旱、抗寒、抗病、抗盐碱能力。按化学结构不同，可分为芳基脂肪酸类、脂肪酸、环烷酸类、卤代苯氧脂肪酸类及季铵盐类等植物生长调节剂；按生理活性不同，可分为发芽调节剂、生根调节剂、开花调节剂、结实调节剂、落叶调节剂等。

吲哚乙酸由于见光容易分解，在植物体内容易被吲哚乙酸氧化酶分解，并且价格较贵，所以在生产上应用受到限制，主要用于组织培养、诱导愈伤组织和根的形成。

三、实验原理

（1）邻甲苯胺的合成

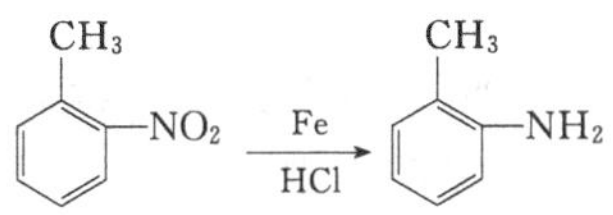

（2）*N*-甲酰基邻甲苯胺的合成

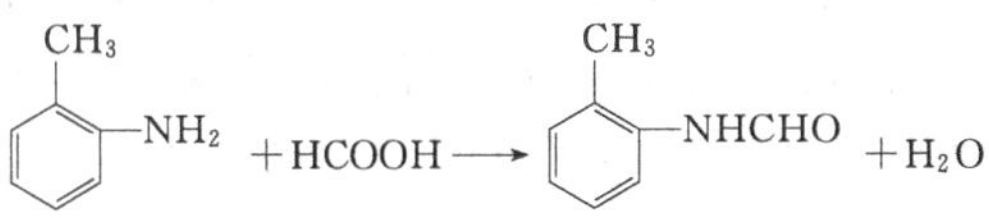

（3）吲哚的合成

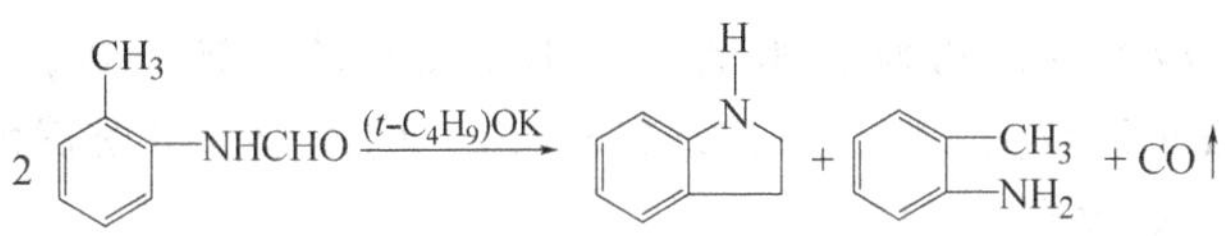

（4）3-吲哚乙酸的合成

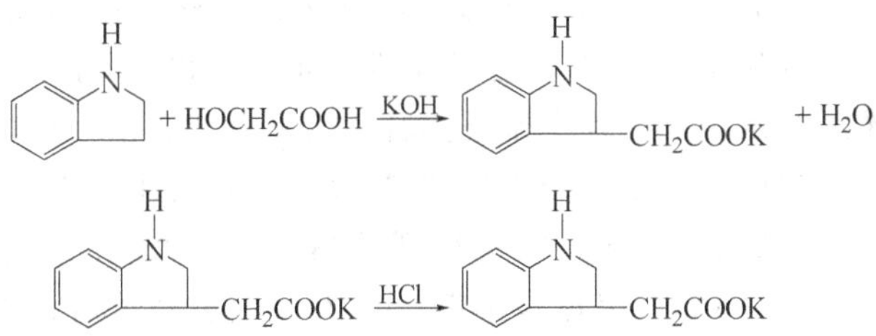

3-吲哚乙酸

四、主要仪器与试剂

三口烧瓶、四口烧瓶气阱、真空泵、1L 压热釜、电加热套、电动搅拌器、水蒸气蒸馏装置及减压抽滤装置等。

30g 铁粉、2.5mL 盐酸、27g 邻硝基甲苯、428g 邻甲苯胺、201.5g 90%甲酸、100mL 石蜡油、300mL 叔丁醇、14.5g 金属钾、34g *N*-甲酰基邻甲苯胺、10g 无水硫酸钠、90g 85%氢氧化钾、117g 吲哚、120g 70%羟基乙酸水溶液及氮气、碳酸钠、食盐、苯、氢氧化钾、锌粉、乙醚、5%稀盐酸及 5%碳酸钠溶液等。

五、实验内容与操作步骤

（1）邻甲苯胺的合成　将 30g 铁粉、225mL 水和 2.5mL 盐酸加入四口烧瓶中，加热至 70℃，搅拌并让其酸蚀 1～2h。其目的是把铁粉溶解在稀盐酸中，以便生成具有氧化性的

Fe^{2+}。搅拌并分多次加入共27g（0.2mol）邻硝基甲苯，维持温度为80～90℃。邻硝基甲苯加完后，升温至95℃，产物应完全溶于稀盐酸。将还原反应物用碳酸钠中和，进行水蒸气蒸馏。将馏出液移入分液漏斗中，加入食盐振荡使食盐完全溶解。用苯萃取4次，每次用量50mL。苯的萃取液用片状氢氧化钾干燥。蒸出苯以后，向残余物中加入少量锌粉进行蒸馏，其目的是利用锌粉的还原性，防止邻甲苯胺被空气氧化。收集198～200℃的馏分即为邻甲苯胺，约得17.5g。还原反应结束后烧瓶内壁留下一层黑色金属氧化膜，很难洗去。用稀盐酸加热回流2h左右即可洗净。称量产品，计算收率。

（2）*N*-甲酰基邻甲苯胺的合成　将21.4g（0.2mol）邻甲苯胺和10.1g（0.21mol）90%甲酸混合物加入四口烧瓶中，加热至回流，保温3h，静置过夜。真空蒸馏，收集沸点为173～175℃（3322Pa）的馏分，得到浅黄色*N*-甲酰基邻甲苯胺约20g，熔点55～58℃。称量，计算收率。

（3）吲哚的合成　在1L的三口烧瓶上装上回流冷凝器和氮气通入管。冷凝器的上口接通至两个由500mL吸滤瓶连接而成的气阱，其中第一个是空的，第二个盛有100mL石蜡油，第二个吸滤瓶的进气管稍稍伸入石蜡液面下。在三口烧瓶中放入300mL叔丁醇，用氮气赶尽空气。分批加入14.5g（0.375mol）金属钾，加热至全部溶解。加入34g（0.25mol）*N*-甲酰基邻甲苯胺，并使之溶解。取下回流冷凝器，改为蒸馏装置。用一个吸滤瓶作为接收瓶，并接至前面操作中使用过的气阱，以隔绝空气。蒸馏出过量的醇。剩余物加热至350～360℃，保持20～30min，在氮气氛中冷却。加入150mL水使剩余物分解。用水蒸气蒸馏，蒸出吲哚。馏出物用乙醚提取，加入冷的5%稀盐酸，振荡使邻甲苯胺盐化。倾出水层，用5%稀碳酸钠溶液洗涤。再倾去水层，用10g无水硫酸钠干燥。用水浴蒸馏除去乙醚。之后减压蒸馏，收集沸点为142～144℃（3588Pa）的馏分，得淡黄色吲哚约11.5g，熔点52～53℃。称量，计算收率。

（4）3-吲哚乙酸的合成　在1L压热釜中加入90g（1.37mol）85%氢氧化钾和117g（1mol）吲哚，加入120g（1.1mol）70%羟基乙酸水溶液，密闭压热釜，用氮气置换空气。在250℃下反应22h。然后降温至50℃，打开釜盖，加入333mL水后加热到100℃，保持30min，以溶解粗吲哚乙酸钾盐，之后冷却至室温。把反应液倒出，用水洗涤高压釜，并加水调至体积为1000mL。然后用200mL乙醚萃取吲哚，回收待用。水相钾盐用浓盐酸酸化，蒸发部分水，冷却至10℃结晶，过滤。收集得到的晶体，冷水洗涤，干燥，得到浅黄色吲哚乙酸粗品，熔点约163～165℃。用热水溶解，加入活性炭脱色后，进行重结晶操作，得到几乎无色的针状物，即为产品，熔点164～166℃（分解），产品放于棕色瓶中贮藏。称量产品，计算收率。

六、实验记录与数据处理

（1）实验记录　可参照表5-3的格式记录实验数据。

表5-3　植物生长调节剂3-吲哚乙酸的合成的实验记录

中间体及产品名称	性　状	熔程/℃	沸程/℃	折射率	产量/g
邻甲苯胺					
N-甲酰基邻甲苯胺					
吲哚					
3-吲哚乙酸					

(2) 数据处理　中间体及产品的收率计算方法可参照“实验一　杀虫剂甲氧氯的制备”中相关内容，将处理结果记录在表5-4中。

表5-4　植物生长调节剂3-吲哚乙酸合成的收率

中间体及产品名称	收率/%
邻甲苯胺	
N-甲酰基邻甲苯胺	
吲哚	
3-吲哚乙酸	

七、安全与环保

邻甲苯胺、*N*-甲酰基邻甲苯胺等药品具有一定毒性，实验产生的废水应经处理后集中排放。

思　考　题

1. 邻甲苯胺的馏出液移入分液漏斗后，为什么要加入食盐？
2. 在精制吲哚的过程中为什么要先去除乙醚再进行减压蒸馏？

实验三　除草醚的合成

一、实验目标

1. 初步掌握氯气钢瓶的使用方法。
2. 掌握尾气吸收的方法。
3. 理解除草醚的合成原理。

二、产品特性与用途

除草剂可以节省人力，对增产和节能效果显著。目前，常用的除草剂包括氮杂环化合物，如莠去津；羧酸衍生物，如2,4-滴（2,4-二氯苯氧基乙酸）；酰胺化合物，如敌稗；二硝基苯胺类化合物，如氟乐灵；取代脲类化合物，如利谷隆；氨基甲酸酯类化合物，如灭草灵；芳香醚类化合物，如除草醚等。

除草醚英文名称为2,4-Dichloro-1-(4-nitrophenoxy) benzene，化学式$C_{12}H_7Cl_2NO_3$，相对分子质量为284.19。

除草醚为奶油色针状结晶，熔点70～71℃，不溶于水，溶于乙醇、甲苯等有机溶剂；对金属无腐蚀性；毒性低，对白鼠口服LD_{50}为2630mg/kg。在芽前对土壤处理后残效可保持一个月。它属于输导型触杀剂，常用于水田、旱地、菜地以及茶园和苗圃的除草，对一年生杂草如稗草、牦草、三棱草等的防除效果达90%以上。但除草醚由于易使动物胚胎致畸，所以属于淘汰产品之列。

三、实验原理

(1) 2,4-二氯苯酚的合成

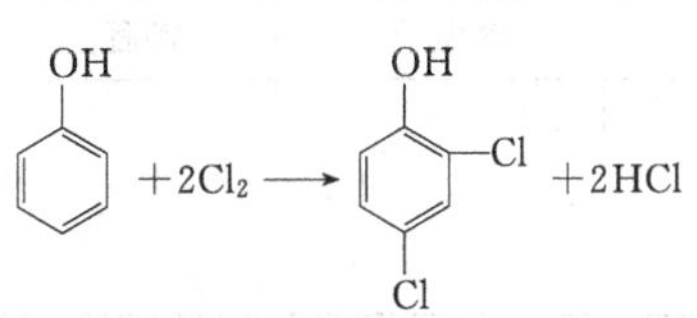

(2) 对硝基氯苯的合成

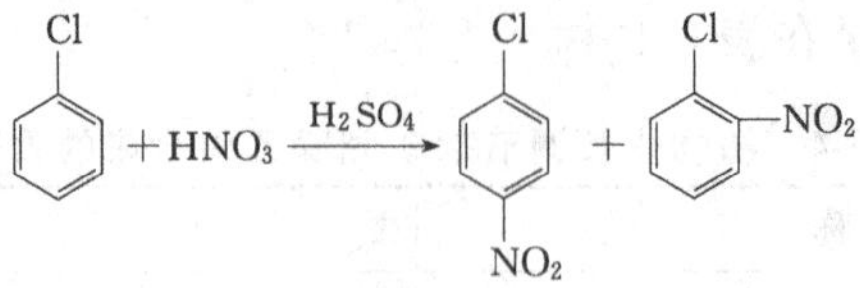

(3) 除草醚的合成

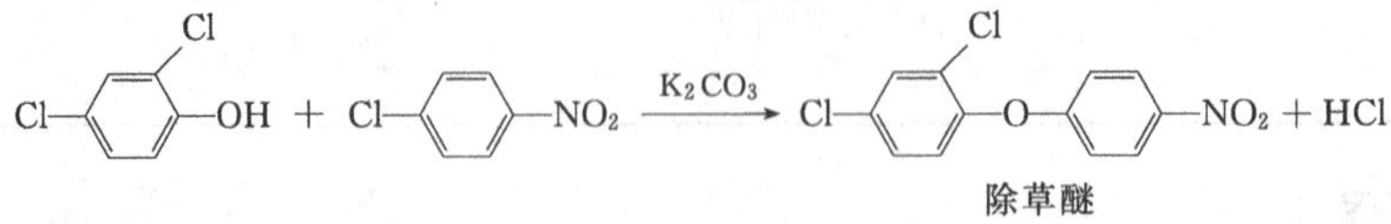

四、主要仪器与试剂

氯气钢瓶、电加热套、电动搅拌器、水蒸气蒸馏装置及减压蒸馏装置等。

氯气、95%乙醇、50.0g 苯酚、15.0g 发烟硝酸、22.5g 氯苯、66.7g 对硝基氯苯、44.5g 碳酸钾、73.6g 2,4-二氯苯酚及 144mL 三氯苯等。

五、实验内容与操作步骤

(1) 2,4-二氯苯酚的合成　在烧瓶中加入 50g (0.531mol) 苯酚，加热使其熔化。将氯气发生装置与氯化装置的导气管连接好，进行氯化反应。通氯气时防止氯气泄漏。检查的方法是：在气体易泄漏的导管连接处，用打开盖的氨水来检验。如果漏气，那么肉眼可看到白烟现象。这是因为氯气与氨气生成白色小颗粒氯化铵。尾气用碱液吸收。操作时注意用一根连接三角漏斗的乳胶管把尾气导出，但漏斗面绝不能浸在碱液下，防止液体倒吸。在 2.5～3h 内，氯化液增重约 36g，达到氯化终点。有条件的实验室可使用气相色谱跟踪分析，根据原料转化程度控制反应时间更为科学。反应结束后，将反应物料蒸馏，收集 210～214℃馏分。收集液冷却结晶，可得到 60～70g 2,4-二氯苯酚，熔点 40℃。称量，计算收率。

(2) 对硝基氯苯的合成　将 15g (0.357mol) 发烟硝酸缓缓加入含有 22.5g (0.2mol) 氯苯的 250mL 烧杯中，用冷水冷却，并放置 24h。倒入冰中即有对硝基氯苯结晶和邻硝基氯苯油状物析出。用倾析法分出结晶，用乙醇重结晶。得到淡黄色对硝基氯苯结晶，约为 21g，熔点 85℃，沸点 242℃。称量，计算收率。

(3) 除草醚的合成　在四口烧瓶中加入 66.7g (0.423mol) 对硝基氯苯、44.5g (0.449mol) 碳酸钾、73.6g (0.452mol) 2,4-二氯苯酚及 144mL 三氯苯，搅拌，加热，减压脱水，升温至 208～210℃保温 2h。再进行水蒸气蒸馏，三氯苯能与水形成共沸物，从而先被蒸馏出去；随后未反应的对硝基氯苯也会同水蒸气一道被蒸馏出去，直至无油状物馏出为止。倾出四口瓶中剩余物，分出油层。对油层用等体积热水洗 2～3 次，冷却、结晶、过滤、干燥，得到黄色除草醚成品约 113g，熔点 65℃。称量产品，计算收率。

六、实验记录与数据处理

(1) 实验记录　可参照表 5-5 的格式记录实验数据。

表 5-5　除草醚合成的实验记录

中间体及产品名称	性　状	熔程/℃	沸程/℃	折射率	产量/g
2,4-二氯苯酚 对硝基氯苯 除草醚					

（2）数据处理　中间体及产品的收率计算方法可参照“实验一　杀虫剂甲氧氯的制备”中相关内容，将处理结果记录在表 5-6 中。

表 5-6　除草醚合成的收率

中间体及产品名称	收率/%
2,4-二氯苯酚	
对硝基氯苯	
除草醚	

七、安全与环保

取用发烟硝酸时应使用一次性手套，防止皮肤被灼伤。

思　考　题

1. 试写出用 2,4-二氯苯酚和对硝基氯苯在 K^+ 存在的条件下生成除草醚的反应过程。
2. 精制除草醚时除了采用水蒸气蒸馏去除杂质外，还可以采用什么方法？

第六章　染　　料

一、染料及其分类

染料是一类有色的有机化合物，可溶于水或溶剂，形成溶液，或能在液体中均匀分散，能使纤维或其他物质获得牢固而鲜明的颜色。染料必须对被染的基质有亲和力，能被吸附或溶解于基质中，从而最终使被染的基质具有均匀的颜色。染料在应用中总是配成溶液或悬浮液。染料的颜色、染色牢度等基本属性与染料的分子结构有关。

染料按用途可分为羊毛用染料、纤维素纤维用染料、合成纤维用染料；按用法可分为酸性染料、碱性染料、直接染料、媒染染料、冰染染料、还原染料、硫化染料、活性染料、分散染料、功能性染料、阴离子染料等；按结构可分为偶氮染料、蒽醌染料、靛族染料、二苯乙烯染料、三苯甲烷染料、苯乙烯基染料、呫吨染料等。

(1) 酸性染料和碱性染料　酸性染料（acid dye）是在酸性介质中染色的一类染料。酸性染料色谱齐全，主要用于羊毛和蚕丝染色，也用于皮革、造纸、墨水等方面着色，但对纤维素纤维着色力差。

碱性染料（basic dye）是在水溶液中能直接离解生成阳离子或者与酸形成盐后间接生成阳离子的一类染料。碱性染料可溶于水。使用时需先用媒染剂在纤维上打底后再染色，颜色浓艳。但是耐晒牢度和耐洗牢度差。主要用于棉、羊毛和蚕丝的染色，用于纸张着色和打字色带、色淀及照相材料的制造等。

(2) 直接染料　在纤维素纤维或蛋白质纤维染色时，不需媒染剂而能直接上色的一类染料称为直接染料（direct dye）。它染色方便，色谱齐全，价格低廉，因而广泛用于各种纤维素纤维、蛋白质纤维及其混纺织物的染色。联苯胺直接染料是直接染料中最重要的一类，其中直接黑 38，不仅用于棉织物染色，还能用于羊毛、丝绸、皮革等染色，染色性能均很好。但联苯胺因易引发产生膀胱癌，所以自 1971 年以来，世界各国已先后停止生产。

(3) 媒染染料　如果酸性染料不能满足耐洗牢度要求，那么在对颜色的鲜度要求不高时，可以使用媒染染料染色。媒染染料染色的方法是将纤维分别用钴、铬、铝等的金属化合物处理，使媒染剂固定在纤维上，然后用可与钴、铬、铝生成螯合物的染料液体处理，使染料与金属在纤维内形成不溶性的螯合物，从而进行染色。这类借钴、铬、铝等的金属化合物固定在纤维上的染料，称为媒染染料（mordant dye），例如媒染黑。

(4) 冰染染料　冰染染料（ice dye）是使重氮组分（色基）及偶合组分（色酚）在纤维上反应，生成不溶性的偶氮染料而染色的一类染料。因为重氮化和偶合两过程常用冰冷却，所以被称为冰染染料。为了便于使用，色基往往被制成稳定的重氮盐，称为色盐，溶于水后即可用作显色。冰染染料色泽鲜艳、牢度好、适用范围广、色谱齐全和价格低廉，广泛用于纤维素纤维、丝、毛、聚酯、尼龙和醋酸纤维等染色。但是冰染染料应用过程较复杂，而且大部分重氮盐不稳定。但是在发展了稳定重氮盐以后，这个问题得到了部分解决。

（5）还原染料　还原染料（vat dye）是指先还原而后染色的一类染料。一般还原染料不溶于水，但在碱溶液中它们分子中的羰基还原为隐色体的可溶性盐，被棉纤维等吸收后再经氧化，恢复为原来的不溶性染料。稠环醌是还原染料中最重要的一类，用于染色和印花，色泽鲜艳，且具有较全面的牢度。

（6）硫化染料　硫化染料（sulfur dye）是不定型结构的化合物，确切的发色体尚未弄清楚，用于棉织物染色已有一百多年历史。硫化染料和还原染料相似，不溶于水，应用时首先必须还原成可溶形态，还原剂是硫化钠，纤维被染色后在空气中氧化而显色。这类染料中最重要的品种是硫化黑、硫化黑 T。

（7）活性染料　活性染料（reaction dye）是英国卜内门公司在 1956 年发明的，它适用于棉和其他纤维素纤维的染色。活性染料主要用于纤维素纤维染色，也用于羊毛、尼龙等织物染色。它具有色泽鲜艳、色谱齐全、匀染性能和湿牢度好、工艺适应性强、使用简便、成本较低等特点。近十年在其他染料用量相对下降的情况下，活性染料用量却呈不断上升的趋势。

（8）分散染料　分散染料（disperse dye）是一类以分散体系形式进行染色的染料。分散染料分子较小，分子结构中不含离子基团，在大量分散剂作用下能分散成均匀而稳定的微小颗粒，容易渗透进高分子纤维中。主要用于各种合成纤维和混纺纤维织物的染色和印花。

（9）功能染料　近年来，由于新技术发展对染料提出了某些特殊的要求，因而发展了功能染料。主要有近红外吸收染料、液晶显示染料、激光染料、压热敏染料、有机光导材料用染料、pH 指示染料、光敏染料以及光变染料等。

二、染料的应用

染料主要用于纺织纤维的染色。比如天然纤维棉、毛、丝、麻等，化学纤维涤纶、腈纶、锦纶、维纶等。也广泛用于橡胶制品、塑料制品、油脂、油墨、墨水、照相器材、印刷、造纸、医药、食品等方面，同时也可用于皮革、纸张、高分子材料或食物的上色。

近年来，还应用于细胞的染色、阐明蛋白质结构、探索酶的活性等方面。

三、染料发展概况

染料工业随纺织工业的发展而发展。纺织工业对增加染色的鲜艳度和牢度的要求，导致了活性染料的发明；合成纤维的发展，促使了分散染料和阳离子染料开发。1987 年以来，染料新品种的研发主要集中在活性染料、分散染料、阳离子染料、酸性染料和其他水溶性染料上。随着科技进步和生产发展，非纺织用染料所占比例不断提高。目前世界各国采用相转移催化技术以及有机电解合成等新技术用于染料的新品开发，同时不断促进生产设备的现代化，从而保证产品的质量，减少污染，保护环境。

在世界染料的生产中，英国、瑞士、德国、法国等一些西欧国家在品种、质量上占有较大优势，并占据高档染料较大市场。我国染料产量居世界前列，年生产能力 10 万吨左右，大类齐全，能生产的品种有 490 多个，产品基本能满足国内印染行业的需要，并出口十几个国家和地区。但生产水平与先进国家相比还有很大差距，主要是品种不全，质量较差，工艺陈旧，装备落后，在科研方面投入不够，特别是在三废处理上还有待大力改进。

在颜料生产中，我国发展较快，但同样存在剂型少、缺乏鲜艳色彩品种等问题。美国杜邦公司在颜料的研发方面一直处于领先地位，最近又开发了联氮蒽酮型的红色和紫色有机颜料，性能很好。

实验四 甲基橙的制备

一、实验目标

1. 理解由重氮化、偶合反应制备甲基橙的原理。
2. 掌握由重氮化、偶合反应制备甲基橙的方法。
3. 熟悉低温操作和重结晶的操作。

二、产品特性与用途

甲基橙为橙黄色鳞状晶体。英文名称为 methyl orange，化学式 $C_{14}H_{14}N_3O_3SNa$，相对分子质量为 327.33。它微溶于水，不溶于乙醇，是一种酸碱指示剂。它是由对氨基苯磺酸重氮盐与 *N*,*N*-二甲基苯胺在弱酸性介质中经偶合反应得到的。

偶合反应首先得到亮红色的酸性甲基橙，称为酸性黄。在碱存在下，酸性黄可转变为橙黄色的钠盐，即甲基橙。

三、实验原理

(1) 重氮化反应

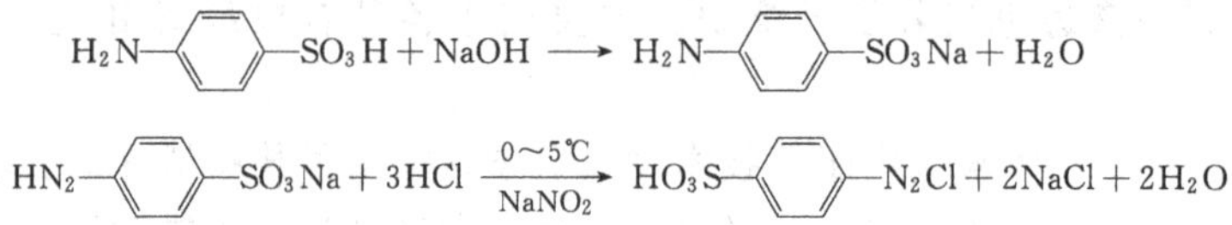

(2) 偶合反应

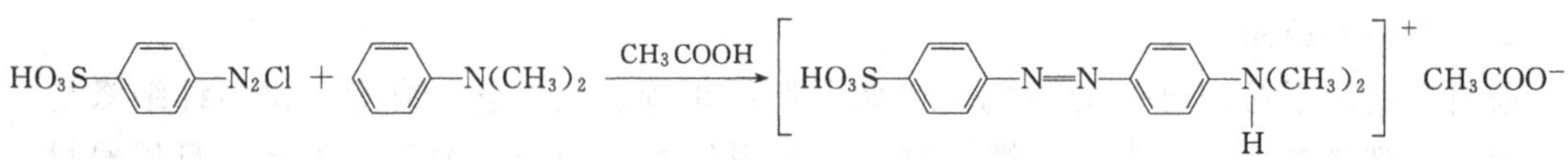

(3) 甲基橙醋酸黄（酸性黄）

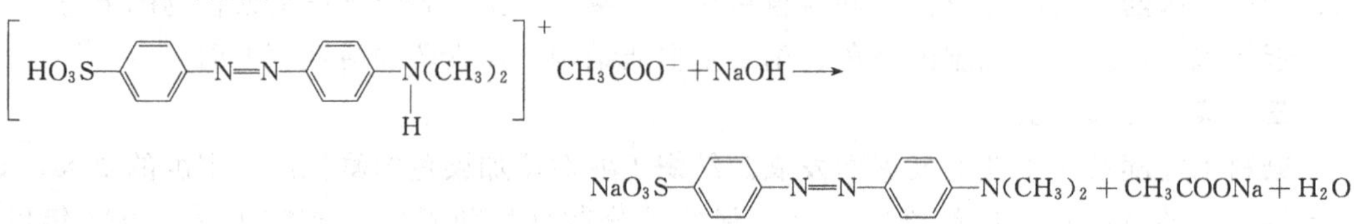

(4) 甲基橙在 pH 值不同时分子结构的变化

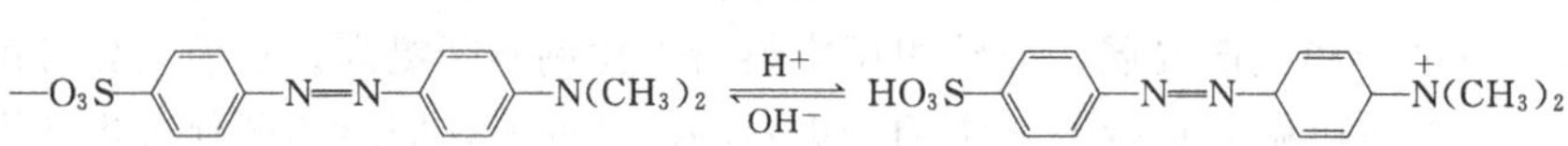

pH>4.4（黄色）　　pH<3.1（红色）

四、主要仪器与试剂

烧杯及减压抽滤装置等。

对氨基苯磺酸、亚硝酸钠、氢氧化钠溶液（$\omega=0.01$）、氢氧化钠溶液（$\omega=0.05$）、浓盐酸、冰醋酸、*N*,*N*-二甲基苯胺、氯化钠、尿素、无水乙醇、乙醚、饱和氯化钠溶液、蒸馏水及冰块等。

五、实验内容与操作步骤

(1) 重氮盐的制备　在 250mL 烧杯中放入 1%氢氧化钠 20mL 和 2.1g（0.01mol）粉状对氨基苯磺酸晶体，温热使后者完全溶解。对氨基苯磺酸是两性化合物，但其酸性比碱性强，故能与碱作用而生成盐，这时溶液应呈碱性（用石蕊试纸检验），否则需补加 1～2mL 氢氧化钠溶液。然后冷却至室温；另溶 0.8g（0.012mol）亚硝酸钠于 6mL 水中并加入上述烧杯中，在冰盐浴中冷却至 5℃以下。在另一烧杯中放入 3mL 浓盐酸和 10mL 冰水，也放入冰盐浴中冷却至 5℃以下。

将对氨基苯磺酸钠与亚硝酸钠的混合液在搅拌下慢慢倒入冰冷的盐酸溶液中，用刚果红试纸检验，始终保持反应液为酸性，并且控制反应温度在 5℃以下。

将反应混合物在冰盐浴中放置 15min，以保证反应全部完成。对氨基苯磺酸的重氮盐常在此时析出，这是因为重氮盐在水中可电离，形成内盐，在低温下难溶于水而形成细小的晶体析出。用碘化钾淀粉试纸检验溶液中是否有过量的亚硝酸。若碘化钾淀粉试纸变蓝，则表明亚硝酸过量，可加入少量尿素分解。

（2）偶合反应　将 1.3mL（0.01mol）*N*,*N*-二甲基苯胺与 1mL 冰醋酸混合，搅拌下将此溶液加到上述重氮盐溶液中。加完后搅拌反应 10min。然后缓慢加入 25mL 5%氢氧化钠溶液直至反应液变为橙色。若反应物中尚存 *N*,*N*-二甲基苯胺的醋酸盐，在加入氢氧化钠后，就有 *N*,*N*-二甲基苯胺析出，影响产物的纯度。将橙色溶液在沸水浴上加热 5min，冷却至室温，再于冰盐水中冷却，使甲基橙晶体析出完全。抽滤，依次用水、乙醇、乙醚洗涤晶体，压干，得甲基橙粗品。

（3）盐析、抽滤　将烧杯从冰盐水浴中取出，恢复至室温。加入 5g 氯化钠，搅拌并放入沸水浴中加热使其全部溶解。冷至室温后置于冰水浴中冷却。待甲基橙晶体完全析出后，抽滤。用少量饱和氯化钠水溶液洗涤烧杯和滤饼，压紧抽干。

若想得到较纯的产品，可将滤饼连同滤纸移到装有 75mL 1%氢氧化钠沸水的烧杯中，加热并不断搅拌使其溶解。取出滤纸后把溶液冷至室温后在冰水浴中继续冷却。待结晶完全析出后抽滤，再用乙醇、乙醚洗涤，压紧。重结晶操作应迅速，否则由于湿的产物在空气中受光的照射后颜色会很快加深，所以一般会得到紫红色的粗产物。用乙醇、乙醚洗涤的目的是使产品迅速干燥。产品在 50℃以下晾干，得鲜艳橙色的鳞片状甲基橙晶体，产量约 2.5g。称量产品，计算收率。

（4）检验变色效果　把少许甲基橙晶体溶于水，加几滴盐酸，随后用稀氢氧化钠溶液中和碱化，观察溶液颜色变化。

六、实验记录与数据处理

（1）实验记录　碘化钾淀粉试纸若变蓝，则说明亚硝酸钠过量。此时加______ g 尿素搅拌后，碘化钾淀粉试纸刚好变成蓝色。

粗产物：______ g；外观：______；纯度______%。

精制产物：______ g；外观：______；纯度______%。

加盐酸后甲基橙溶液颜色：由______色变为______色。

加氢氧化钠后甲基橙溶液颜色：由______色变为______色。

（2）数据处理　中间体及产物的收率计算方法可参照“实验一　杀虫剂甲氧氯的制备”中相关内容。

甲基橙粗品的收率：______%；甲基橙精制产物的收率：______%。

思　考　题

1. 对氨基苯磺酸重氮化时，为什么要把反应温度控制在 0～5℃？

2. 在本实验中，偶合反应是在什么介质中进行的？为什么？

实验五　活性艳红 X-3B 的制备

一、实验目标

1. 理解活性染料的反应原理。

2. 掌握 X 型活性染料的合成方法。

二、产品特性与用途

活性艳红 X-3B 的英文名称为 reactive brilliant red X-3B，是枣红色粉末，溶于水呈现出蓝光红色。遇铁对色光无影响，遇铜色光稍暗。可用于棉、麻、黏胶纤维以及蚕丝、羊毛、锦纶的染色；可用于丝绸印花，能与直接染料、酸性染料同印。能与活性金黄 X-G、活性蓝 X-R 组成三原色，拼染多种中至深色的颜色，如橄榄绿、草绿、墨绿等，色泽丰满。

三、实验原理

活性染料又称反应性染料，其分子中含有能和纤维素纤维发生反应的基团。按活性基团可分为 X 型、K 型、KN 型、M 型、KD 型等。有关活性染料的类型、结构、用途和染色条件见表 6-1。

表 6-1　活性染料介绍

类别	X 型	K 型	KN 型	M 型	KD、KE、KP 型	毛用活性染料
反应基团	二氯三嗪型	一氯三嗪型	β-硫酸酯乙基砜型	混合型	双三嗪型	乙基砜型
用途	棉纱、棉布、丝绒、丝绸染色	棉布的印花、轧染	棉布的卷染、轧卷和染色	棉布的染色、印花	棉布的染色	羊毛、丝绸、锦纶染色
染色条件	室温	蒸气焙烘	40～60℃	60～80℃	60～90℃	90～100℃
碱剂	碳酸钠	碳酸氢钠	磷酸三钠、泡花碱	碳酸钠	碳酸钠	氨水

活性艳红 X-3B 为二氯三嗪型（即 X 型）活性染料。构造发色体的母体染料一般按酸性染料的合成方法合成；活性基团的引进一般由母体染料和三聚氯氰缩合得到。若以氨基萘酚磺酸作为偶合组分，则为了避免发生副反应，一般先将氨基萘酚磺酸和三聚氯氰缩合，然后再进行偶合反应，这样可使偶合反应完全发生在羟基的邻位上。其反应方程式如下。

（1）缩合

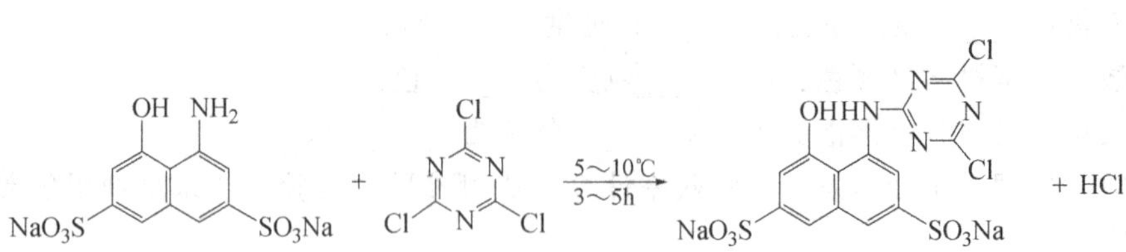

H酸　　　　三聚氯氰

（2）重氮化

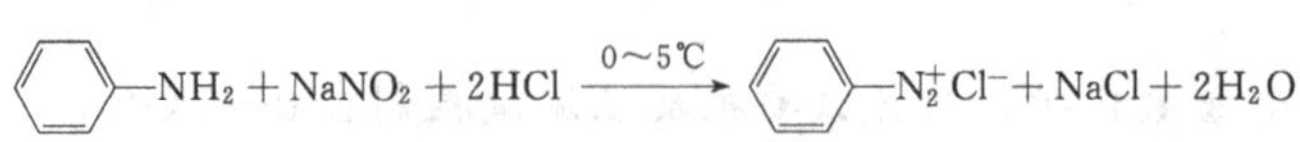

（3）偶合

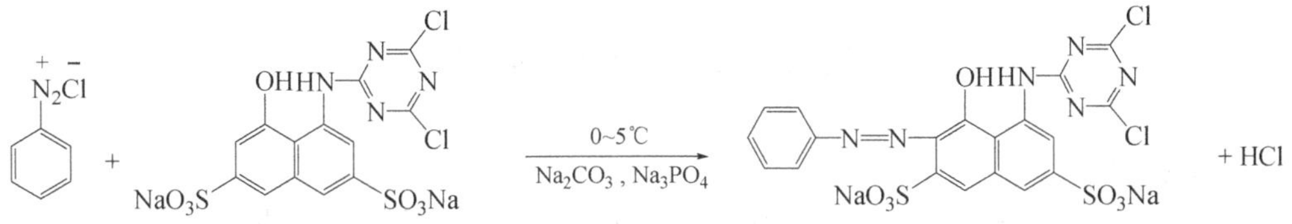

活性艳红 X-3B

四、主要仪器与试剂

抽滤装置、烧杯、电动搅拌器等。

H 酸、苯胺、三聚氯氰、30%盐酸、亚硝酸钠、碳酸钠、20%磷酸三钠水溶液、20%碳酸钠水溶液、尿素、磷酸二氢钠、磷酸氢二钠及氯化钠等。

五、实验内容与操作步骤

（1）缩合反应　在装有电动搅拌器、滴液漏斗和温度计的 250mL 的四口烧瓶中加入 30g 碎冰、25mL 冰水和 5.6g（0.03mol）三聚氯氰，在 0℃搅拌 20min，然后在 1h 内中加入 H 酸溶液［10.2g（0.03mol）H 酸和 1.6g 碳酸钠溶解在 68mL 水中］，加完后在 8～10℃搅拌 1h，过滤，得黄棕色澄清缩合液。

（2）重氮化反应　在 250mL 烧杯中加入 10mL 水、36g 碎冰、7.4mL 30%盐酸、2.8g（0.03mol）苯胺，不断搅拌，在 0～5℃时于 15min 内加入 2.1g（0.03mol）亚硝酸钠（配成 30%溶液），加完后在 0～5℃搅拌 10min，得淡黄色澄清重氮液。

（3）偶合反应　在 500mL 烧杯中加入上述缩合液和 20g 碎冰，在 0℃时一次加入重氮液，再用 20%磷酸三钠溶液调节 pH 至 4.8～5.1。反应温度控制在 0～5℃，继续搅拌 1h。用 20%碳酸钠溶液调节 pH 至 6.8～7。加完后搅拌 3h。此时溶液总体积约 310mL，然后按体积的 25%加入食盐盐析，搅拌 1h，过滤。滤饼中加入滤饼质量 2%的磷酸氢二钠水溶液和 1%的磷酸二氢钠水溶液，搅匀，过滤，在 85℃以下干燥。称量产品，计算收率。

六、实验记录与数据处理

（1）实验记录　可参照表 6-2 的格式记录实验数据。

表 6-2　活性艳红 X-3B 的制备的实验记录

中间体及产品名称	性　　状	产量/g
活性艳红 X-3B		

（2）数据处理　中间体及产品的收率计算方法可参照“实验一　杀虫剂甲氧氯的制备”中相关内容，将数据记录在表 6-3 中。

表 6-3　活性艳红 X-3B 的制备收率

中间体及产品名称	收率/%
活性艳红 X-3B	

七、安全与环保

三聚氯氰遇空气中的水分会逐渐水解放出氯化氢气体，用后必须盖好瓶盖。

思　考　题

1. X 型与 K 型活性染料的区别在哪里？

2. 活性染料主要有哪几种活性基团及相应型号？

实验六 染色实验

一、实验目标

1. 通过几种典型染料对几种不同类型的纤维进行染色实验，比较获得不同染料的特点。

2. 了解染色机理。

二、实验原理

1. 几种染料的染色机理

(1) 酸性染料染色 酸性染料适于羊毛、尼龙和丝的染色。由于酸性染料中的磺酸基带有负电荷，所以能使染料分子在溶液中成为阴离子。而被染的丝、毛和尼龙等结构中所含的氨基，既能够和这类纤维中存在的羧基上的氯离子结合成正离子，又能吸收酸性染浴中的氢离子而成为正离子，因而这种染色方式可以看做是纤维正离子与染料负离子的两种离子之间通过离子键的结合而染色的。二号橙是一种典型的酸性染料。

(2) 直接染料的染色 直接染料适用于棉、黏胶纤维等纤维素的染色。直接染料最大特点是能很好用于酸性染料或碱性染料不易染色的棉纤维上染色。直接染料能与纤维素分子之间形成范德华力，并且能和纤维分子上的羟基形成氢键，因此直接染料染色机理是物理吸附作用。刚果红是容易买到的直接染料。

(3) 瓮染染料染色 瓮染染料本身不溶于水，但它在碱性溶液中被连二亚硫酸钠（保险粉）还原后，即成为水溶性的胶体钠盐，这种还原状态下的胶体钠盐能被纤维所吸附。吸附后在空气中氧化，又重新生成水不溶性染料，达到染色目的。由于在碱性较强的染浴中进行染色，故这种方法主要被用于耐碱性强的纤维素纤维染色。靛蓝是一种典型的瓮染染料。

(4) 偶氮染料染色 偶氮染料又称萘酚染料。萘酚 AS（苯胺偶氮酚）在氢氧化钠水溶液中被纤维所吸附，若再与芳香族重氮盐反应，则能在纤维上生成不溶于水的偶氮染料，因而达到染色目的。这种染色方法主要用于纤维素纤维的染色。

(5) 油溶性染料染色 油溶性染料能使聚乙烯和石蜡着色。其染色是靠染料分子溶解在被染物中的结果，因此染料与被染物的结合能力很弱。用溶剂提取，染色物就会去掉颜色。但由于以离子形式存在的染料，如酸性染料，不能溶解在非极性的烃类分子中，故不能使高级烃这样的油性物着色。

(6) 活性染料染色 活性染料对纤维素纤维的染色过程包括吸附、扩散、固着、后处理等阶段。染料先配成溶液，在无机盐存在下被吸附在纤维表面，然后扩散渗透到纤维内部，为了使活性染料与纤维素纤维上的伯羟基发生化学反应，需要加碱，并在一定温度下进行固色。固色时，常用的碱为碳酸钠或碳酸氢钠，固色温度决定于活性基的反应活泼性。活性基活泼性高的的染料，如 X 型染料，可以在 30℃左右染色；而活性基活泼性中、低程度的染料，如 K 型染料和 KN 型染料，则需在 70℃以上染色。

在碱存在下，活性染料的活性基与纤维发生化学反应而固色的。但是，由于固色同时部分染料分子会发生水解，失去与纤维反应能力，仍存在于纤维表面，因而必须通过皂煮、清洗等后处理过程以除去浮色。

浸染方法对活性基活泼性高的活性染料有利。活性基活泼性不够高的染料，使用浸染方法，只有在较强碱性和较高温度下才能达到固色效果。因为碱在水溶液中易使染料分子发生水解，从而降低固色率。例如 K 型活性染料，用浸染方法染色，即使温度较高，与纤维的作用速度也仍然较慢，并且固色率不高。

轧染方法在配制染液时要求浓度高，染料和碱一起混合，并加入尿素作为助染剂。织物经轧染液连续浸轧，烘干或堆置，然后进行汽蒸固色，再经皂煮洗去浮色。K 型活性染料对织物染色可以采用轧染方法。轧染液中碱用碳酸氢钠，以便在烘干过程中碳酸氢钠分解生成碳酸钠，使 pH 提高到 10～11，以促进染料与纤维的反应。但是，烘干阶段应注意控制好温度，防止烘干速度过快，否则造成染料水解量增加。在配制轧染液时，为了防止染料在织物上发生泳移，可加入适量的海藻酸钠。

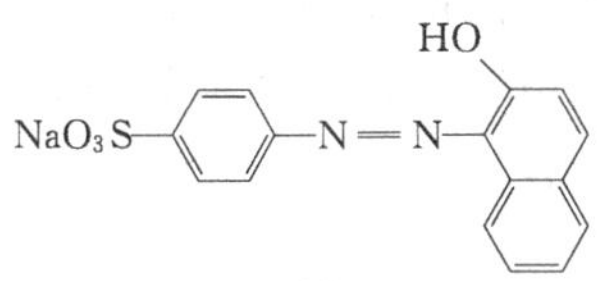
二号橙

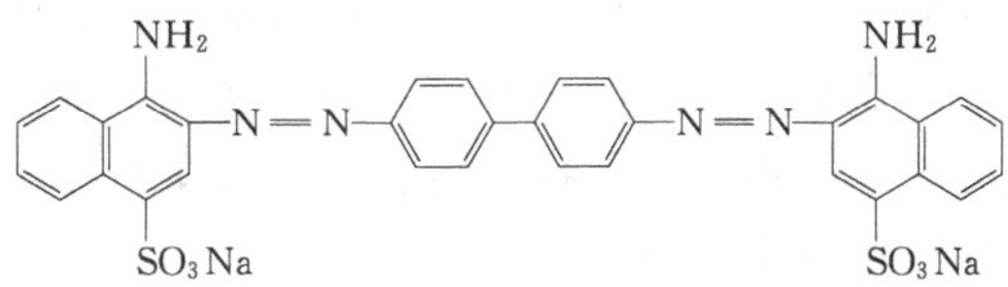
刚果红

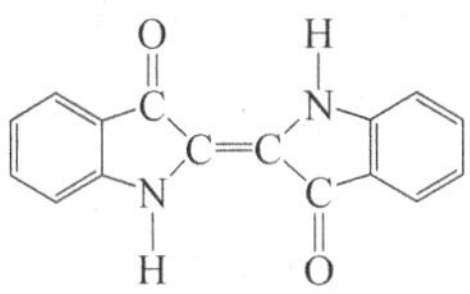
靛蓝

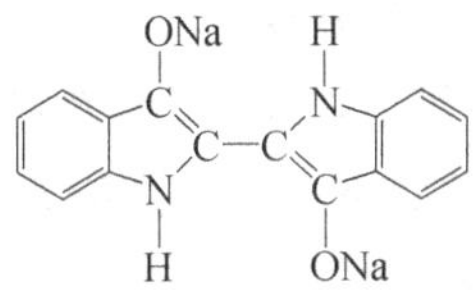
靛白（靛蓝的胶体钠盐）

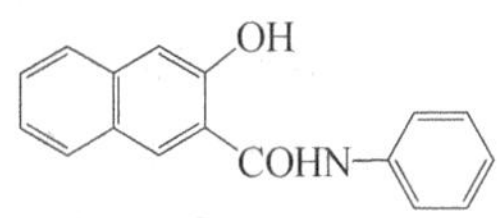
萘酚 AS

2. 商品染料的质量评价

商品染料的质量评价包括两方面：一是物化指标；二是染色牢度指标。

（1）物化指标　物化指标包括商品染料中的染料含量，杂染料含量、水分含量、其他杂质或其他助剂的含量如无机盐、填充剂等含量；此外，还包括染料的细度、分散度、染料在水中的溶解度等指标，以及染料在某特定的溶剂中的最大吸收波长（λ_{max}）和染料的色度值等指标。

（2）染色牢度指标　染料在纤维织物上或其他被染物质上所表现的各项牢度质量指标，是衡量染料质量的重要指标。主要包括耐光牢度，耐洗牢度，耐漂白牢度，耐酸、耐碱牢度，耐缩绒牢度，耐升华牢度，耐气候牢度，耐汗渍牢度，耐摩擦牢度等，其中以耐光牢度和耐洗牢度两项指标最为重要。

① 耐光牢度。染色织物的耐光牢度是按 1986 年 12 月 1 日起实施的国家标准《耐光和耐气候色牢度蓝色羊毛标准》（GB 730—88）评定的。蓝色标准样是按规定深度的 8 种染料染在羊毛哔叽织物上而制成的，共分 8 级，代表 8 种耐光牢度等级。在测试染料的耐光牢度之前，首先将此染料按一定的“标准深度”选染在一种纤维织物上，然后与“蓝色标准”染样一起进行曝晒，最后评级。每个颜色在纤维织物上有一个“标准深度”的染样，如所染得的染样与“标准深度”染样浓淡一致，称为 1/1 深度，若用染得 1/1 染样染料深度的 1/9 或 1/25 量所染得的染样，则他们的染样分别为 1/9 或 1/25，后两者的染样的耐光牢度也不一定相同，往往是淡色的比浓色的低。

染色织物的耐光牢度测试方法基本上有两种：一是把染样和蓝色标准染样同时放在日光下曝晒，然后按褪色级别来评定；二是把染样和蓝色标准染样同时放在耐晒机中用人工光源在比较固定的条件下连续进行曝晒，这种测试方法比较简单，省时而且环境可以控制。但是由于所采用的人工光源和控制的条件与自然条件不可能完全一致，再加上耐光机本身所控制的条件也会有误差，所以所测得评定的结果与直接在日光下的会有偏差。

② 耐洗牢度。染色织物的耐洗牢度测试方法按1985年10月1日起实施的《纺织品耐洗色牢度实验方法》(GB 3921—82) 进行。

染色牢度的评级除耐光牢度外，其他牢度指标一般都采用与标准《染色牢度褪色样卡》(GB 250—64) 和标准《染色牢度沾色样卡》(GB 251—64) 相比较的方法而评定的。它们都由灰色标样制成，分5个等级，分别代表原样与试后样相对变化程度和标准白色纺织品实验前后相对的沾色程度。

每一个染料品种有各自的质量标准，包括物化指标和牢度指标两个大项。染料品种的质量标准以及质量标准中各项指标的测试方法，若有国家标准则按国家标准，没有国家标准则用行业标准，没有行业标准则制订并执行企业标准。另外，染料生产厂家应把染料的染色性能、应用方法、染色牢度等技术资料，并以染色样本介绍给客户。

三、主要仪器与试剂

烧杯（100mL、250mL各一只）、试管及玻璃棒等。

0.5%二号橙水溶液、0.5%刚果红水溶液、0.5%靛蓝水溶液、0.5%萘酚AS或0.5% β-萘酚水溶液、0.5%对硝基苯胺水溶液、0.5%活性艳红X-3B水溶液、0.1g油溶性偶氮染料4-偶氮苯-2-偶氮萘酚、0.5%乙酸水溶液、5%硫酸钠水溶液、0.5%碳酸钠水溶液、5%碳酸钠水溶液、5%连二亚硫酸钠（保险粉）水溶液、5%氢氧化钠水溶液、5%盐酸水溶液、5%亚硝酸钠水溶液、5%交联剂EH水溶液、三水合醋酸钠晶体、元明粉、95%乙醇溶液、无水乙醇、冰块、蒸馏水、中性洗涤剂及肥皂水溶液等。

5cm×5cm羊毛、丝、尼龙、棉、聚丙烯腈（腈纶）、聚酯（涤纶）等布料片及5cm×5cm聚乙烯薄膜等。

四、实验内容与操作步骤

(1) 用酸性染料染色　取5mL 0.5%二号橙染料溶液放入250mL烧杯中，加水60mL后充分搅拌，再加入5mL 0.5%乙酸溶液和3mL 5%硫酸钠溶液后，加热至40～50℃。将大小为5cm×5cm的羊毛、丝、尼龙、棉、腈纶、涤纶等布料放入染缸内，为了不使布料浮出染液，可用两根玻璃棒操作。与此同时，在保持染液微沸的程度下，加热40～50min。当水分被蒸发减少时，应及时补足减少的量。

羊毛、丝、尼龙、棉、聚丙烯腈（腈纶）、聚酯（涤纶）等纤维布料，买来前可能上过浆，因此在染色前要把布上的浆去掉。染棉布前，应将棉布在2%碳酸钠溶液中煮沸2h，再经水洗；对其他纤维的织物染色，之前需要在60～70℃（羊毛在40℃左右）的中性洗涤剂溶液中洗涤20～30min。

染色完成后，先用自来水认真冲洗染布、压干水分，再用中性洗涤剂洗、压干水分，最后用水洗。把布夹在滤纸中间用力挤压去水，展平干燥，按照染色好坏的顺序贴在记录本上。

(2) 用直接染料染色　用5mL 0.5%刚果红染料溶液，加至250mL烧杯中，加水50mL后充分搅拌。再加入5mL 0.5%碳酸钠溶液和6mL 5%硫酸钠溶液后，加热至40～50℃。将约为5cm×5cm大小的羊毛、丝、尼龙、棉、腈纶、涤纶等布片放进染浴中，用玻璃棒进行布片的染色操作，在微沸的状态下加热30～40min，同时补充被蒸发的水分。染色完成后，进行洗涤、干燥等处理。

(3) 用瓮染染料染色　取5mL 0.5%靛蓝水溶液加入250mL烧杯中，加入几滴乙醇混合成糊状。再加 5%氢氧化钠溶液 10mL 和连二亚硫酸钠 0.6g，混合均匀后加入约 70mL 经过煮沸除去氧的 70℃左右的水。缓缓地搅拌后静置 20～30min，靛蓝此时被还原成黄色溶液。再向其中加入煮沸后冷却至 50～60℃的水 70mL。放入事前在热水中润湿过、拧过水、大小约 5cm×5cm 的棉布，进行 30 分钟左右染色后，取出挤去水分，使之在空气中氧化，显色，水洗，用中性洗涤剂洗后进行干燥。

(4) 用偶氮染料染色　取 5mL 0.5%萘酚 AS（或β-萘酚）放入 100mL 烧杯中，加入几滴乙醇搅拌成糊状，向其中加入 7mL 5%氢氧化钠溶液和 50mL 水，加热后使其溶解，放置冷到 20～30℃，放入事前在热水中润湿、拧干、大小约 5cm×5cm 左右的棉布，浸泡 20min 后取出拧干。

另外取 5mL 0.5%对硝基苯胺水溶液放入 250mL 的烧杯中，加入 5%盐酸 10mL 和水 30mL，加热溶解。冷却后加入 20g 左右的碎冰，将 5mL 5%亚硝酸钠溶液一次加入进行重氮化反应。10min 后，加入结晶醋酸钠 2g，调节溶液的 pH 为 4 左右，然后把溶液稀释至约 100mL，得到重氮盐的溶液。

把按上述方法处理过的棉布放入上述重氮盐的溶液中，20min 左右显色。然后用沸腾的肥皂水溶液处理棉布 3～5min，之后水洗、干燥。

使用β-萘酚时可以省去用沸腾肥皂水处理这一步。

(5) 用油溶性染料染色　在带有回流冷凝器的圆底烧瓶中加入约 0.1g 油溶性偶氮染料 4-偶氮苯-2-偶氮萘酚，再向其中加入 20mL 无水乙醇，加热使染料溶解。将适量的聚乙烯薄膜投入其中，在接近乙醇沸点的温度下加热 10～20min。取出薄膜，用肥皂水认真洗涤，再经水洗、干燥。

另外把聚乙烯薄膜用二号橙溶液进行同样处理，观察是否着色。

(6) 用活性染料染色　取 5mL 0.5%活性艳红 X-3B 水溶液加入 250mL 烧杯中，加水 50mL 后充分搅拌，再加入 1.5g 元明粉，加热至 30～35℃。放入事先准备好的大小约 5cm×5cm 左右的棉布（该棉布先在热水中润湿，后拧干）进行染色，将其浸泡 30min 后取出拧干。

在另一只 250mL 烧杯中加入 5mL 0.5%活性艳红 X-3B 水溶液，加水 50mL 后充分搅拌，加入 5%碳酸钠水溶液，调节溶液的 pH 为 10～11，把溶液加热至 40～45℃固色，保持约 20min，同时补充被蒸发的水分。然后取出，挤干水分，再用肥皂水漂洗、压干，再用 10mL 5%交联剂 EH 溶液浸润、压干，最后进行干燥处理。

五、实验记录与数据处理

将染色实验结果如实记录下来并进行比较，记录表参见表 6-4。

表 6-4　染色实验记录

纤维种类	染料类型与颜色						
	二号橙	刚果红	靛蓝	萘酚 AS	β-萘酚	4-偶氮苯-2-偶氮萘酚	活性艳红 X-3B
棉							
羊毛							
丝							
尼龙							
腈纶							
锦纶							
聚乙烯膜							

六、安全与环保

基于实验本身的性质，手、衣服、实验台等容易被弄脏，需要特别加以注意。染色后水洗染过的布时，可以将布连同存放染液的烧杯一同放入水槽中，用玻璃棒进行水洗，在洗不出颜色后继续再洗一会儿。另外注意，酸性染料会牢牢地粘在手上，做实验时最好带乳胶手套。

七、说明

① 由于活性艳红 X-3B 与棉纤维结合的化学键不够强，因而使用活性艳红 X-3B 对棉布染色，并且采用浸染时，在碱用量不足、温度不够高、时间比较短的情况下，染色过的纱经过一段时间后就易生酸性水解作用，产生断键现象，大量染料从棉纤维上脱落下来。当采用交联剂 EH 处理后，染料从棉纤维上脱落的现象可减轻。交联剂 EH 是已二胺与环氧氯丙烷的缩合物，外观为淡棕色黏稠液体，含固量 35%～40%。它的化学结构式为：

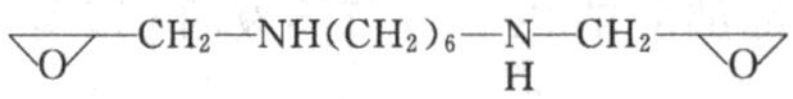

② 活性染料的染色和直接染料一样，主要依靠染料对纤维的亲和力上染的。但是，活性染料的亲和力一般比直接染料小得多。活性染料的上染率在 40%～50%。在浸染时加元明粉或工业食盐促染，可以增进上色深度，提高上染率，降低污水的色度。促染剂浓度增加有利于上染率增加，也有利于改善固色效果，但如果浓度过高，会使溶解度低的活性染料沉淀析出，同时也会加重后处理的负担。因此，促染剂的浓度应根据染色浴比、染色深度、续缸情况、染料的溶解度以及染料的亲和力等因素来决定，用量一般为 20～40g/L。

思　考　题

根据染色机理推测，哪些染料染色牢度强？哪些染料染色牢度低？

第七章 涂 料

一、涂料及其分类

涂料（coating）是指涂装在物体表面，经固化后形成薄膜，起到保护、装饰、标识及其他特殊作用（如防污、除静电、吸收或反射辐射、散热、吸声、导磁等）的材料。

涂料组成按其功能划分，可归纳为成膜物质、颜料、溶剂和助剂等。成膜物质能够黏附于物体的表面形成连续的膜，是涂料的基础，简称基料。颜料通常都是固体粉末，它始终留在涂膜中，起着色、增厚和改善性能等作用。溶剂起溶解和稀释作用，以降低成膜物质的黏稠度，便于施工，得到均匀而连续的涂膜。

涂料按介质不同，可分为溶剂型涂料、水性涂料和粉末涂料；按用途不同，可分为建筑用涂料、船舶用涂料、电气绝缘用涂料、汽车用涂料等；按作用不同，可分为打底涂料、防锈涂料、防火涂料和防腐涂料等；按漆膜外观不同，可分为有光涂料、半光涂料、无光涂料、皱纹涂料、锤纹涂料等；按成膜物质不同，可分为油性涂料、油基涂料、酚醛树脂涂料、沥青涂料、醇酸树脂涂料、氨基树脂涂料、纤维素涂料、乙烯树脂涂料、丙烯酸树脂涂料、聚酯树脂涂料、环氧树脂涂料、聚氨酯树脂涂料、有机硅树脂涂料、橡胶涂料十四类。目前，按成膜物质分类是广泛使用的分类方法。

二、涂料的作用

涂料的作用主要有以下几方面。

（1）保护作用　涂料在物体表面形成干燥固化的薄膜，可保护金属、木材等材料不受水分、气体、微生物、紫外线等的侵蚀，延长使用寿命，同时防止材料磨损。

（2）装饰作用　给物体一个美丽的涂层，给人以美感，可改善人类的生活环境。

（3）色彩、标识作用　在国际上用涂料的色彩作标志已逐渐标准化。不同的机械设备，不同的化学品、危险品的容器及管道，交通运输的车辆等都用色彩涂料作标识。

（4）特殊作用　特种涂料有其独特的作用。如导电涂料、绝缘涂料、防火涂料、防腐蚀涂料、保温涂料、抗紫外线涂料、吸收或反辐射涂料等。

由于涂料的种类和作用不同，所以有广泛的用途。目前，各种涂料已在工业、国防及人们的日常生活中得到极为广泛的应用。

三、涂料的发展概况

从涂料发展史看，涂料过去称为“油漆”，但随着涂料的发展，以合成树脂代替油脂，以水代替有机溶剂，已经成为涂料工业发展的两个主要方向。因此，用“涂料”这一概念更加合理。目前，以合成树脂为成膜物质的涂料已占主导地位，合成树脂一般都是高分子化合物，主要通过加聚反应或缩聚反应制得。水性涂料是以水为主要挥发成分的涂料，主要包括水溶性涂料和水乳胶涂料两种。前者的树脂溶解于水后能成为均匀的胶状液体，后者的树脂是以微细的粒子分散在水中形成乳胶液。它大大节约了有机溶剂，降低了成本，改善了施工条件，所以其应用范围正在迅速扩大，发展前景广阔。

为适应社会发展的需求，涂料品种将向多样化、系列化和高质量发展，建筑用涂料、家庭用涂料和汽车用涂料将是涂料的重要消费领域；为适应航空、航天发展需要，抗紫外耐热涂料也将得到重点发展；同时为减少对石油的依赖，无机涂料的开发和应用也将会不断扩大。

此外，提高、更新涂料生产技术和施工技术，大幅度降低能源和原材料的消耗也是涂料工业的重要发展方向。

在建筑涂料方面，20 世纪四五十年代“白灰”早已成为过去，用了多年的“106 涂料”，因其遮盖力低、耐水性差、不耐擦洗、易粉化等缺点已逐步被淘汰。“仿瓷涂料”施工难度大、技术要求高、速度慢、侧看光度不一致等原因也受人冷落。“多彩喷塑涂料”由于含二甲苯等有机溶剂，危害人体健康，不符合环保要求，短暂的辉煌后，也销声匿迹。乳胶涂料继之而起，但由于一些低劣配方的流传，而使得一批低劣产品冲击市场，不但损害了消费者的利益，同时也阻碍了我国建筑涂料的发展进程。来自英国、日本、德国、美国等外国产品纷纷进入我国市场，各种品牌的外国乳胶涂料随处可见，其产品的系列化、经营化让人惊叹。

我国的建筑涂料工业，近几年来虽然有较大的发展，作为室内外装饰重要材料，近几年来品种逐渐趋向齐全，产销量已跃居世界前列。但和世界先进国家相比较，无论在品种、质量、档次、质感、耐候性、耐污染性等诸多面都存在较大的差距。而我国的建筑装修装饰材料行业正步入发展黄金期，行家们分析，这一发展的黄金期将持续 20 年以上。建筑装饰涂料在整个装饰装修材料中占有相当大的比重，其中高品质涂料的需求量日益扩大。

实验七　醇酸树脂的制备

一、实验目标

1. 理解缩聚反应的原理。

2. 掌握醇酸树脂的合成方法。

二、产品特性与用途

醇酸树脂是指由多元醇、多元酸与脂肪酸合成的聚酯。在干燥性、附着力、光泽、硬度、保光性、耐候性等方面性能优异，它不但可制成清漆、磁漆、底漆、腻子等，还可与其他涂料成分合用，从而改善它们的性能。

醇酸树脂按性能特点可分为干性油醇酸树脂和不干性油醇酸树脂两大类。按其含油多少即油度又可分为短、中、长、特长油度四种。醇酸树脂中油的种类和油度决定着醇酸树脂的用途。本实验所制为中油度醇酸树脂。

三、实验原理

醇酸树脂是指以多元醇、多元酸与脂肪酸为原料制成的树脂。邻苯二甲酸酐和甘油以等物质的量反应时，反应到后期会发生凝胶化，形成网状交联结构的树脂。若加入脂肪酸或植物油，使甘油先变成甘油一酸酯，因为是二官能团化合物，再与苯酐反应就是线形缩聚了，不会出现凝胶化。

合成醇酸树脂通常先将植物油与甘油在碱性催化剂存在下进行醇解反应，以生成甘油一酸酯。其过程如下：

$$
\begin{array}{l}CH_2OOCR\\ |\\ CHOOCR'\\ |\\ CH_2OOCR''\end{array}
+
\begin{array}{l}\ \ CH_2OH\\ \ \ |\\ 2CHOH\\ \ \ |\\ \ \ CH_2OH\end{array}
\xrightarrow{LiOH}
\begin{array}{l}CH_2OH\\ |\\ CHOH\\ |\\ CH_2OOCR\end{array}
+
\begin{array}{l}CH_2OH\\ |\\ CHOOCR'\\ |\\ CH_2OH\end{array}
+
\begin{array}{l}CH_2OH\\ |\\ CHOH\\ |\\ CH_2OOCR''\end{array}
$$

然后加入苯酐进行缩聚反应，同时脱去水，最后生成醇酸树脂。醇酸树脂结构式如下：

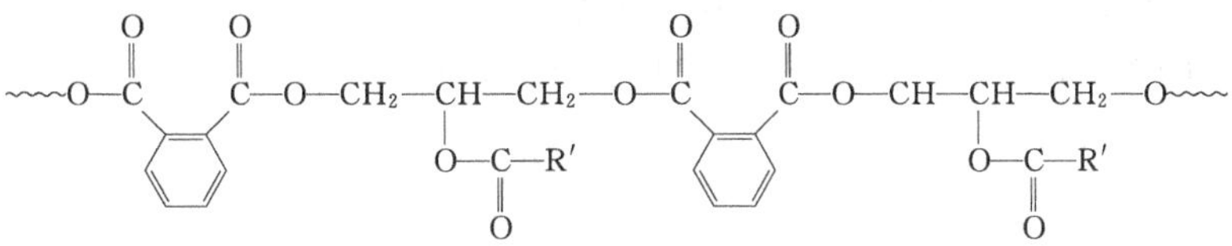

四、主要仪器与试剂

四口烧瓶、球形冷凝管、温度计、分水器、电热套、电动搅拌装置。

亚麻油、甘油、苯酐、氢氧化锂、二甲苯、甲苯、乙醇（95%）、氢氧化钾、溶剂汽油。

五、实验内容与操作步骤

（1）亚麻油醇解

① 在装有电动搅拌装置、温度计、球形冷凝管的250mL四口烧瓶中加入84g亚麻油和26.5g甘油。

② 加热至120℃，然后加入0.1g氢氧化锂，继续加热至240℃，保持醇解30min。

③ 取样测定反应物的醇溶性。

醇解终点的测定：取0.5mL醇解物加入5mL 95%乙醇，剧烈振荡后放入25℃水浴中，若透明说明已到终点，浑浊则需继续反应。

④ 到达终点后降温至200℃以下，四口烧瓶中物料可直接用于下一步酯化。

（2）酯化反应

① 在醇解反应中用到的四口烧瓶与球形冷凝管之间，加装一个分水器，分水器中装满二甲苯（到达支管口为止）。

② 从侧口将53g苯酐分批加入四口烧瓶中，温度保持在180～200℃，约在30min内加完。

③ 在四口烧瓶中加入8g回流二甲苯，缓慢升温至230～240℃，回流2～3h。

④ 取样测定酸值，酸值小于20时为反应终点；冷却，加入150g溶剂汽油稀释，得棕色醇酸树脂溶液，装瓶备用。

酸值测定：取样2～3g，（精确至0.1mg），溶于30mL甲苯-乙醇的混合液中（甲苯：乙醇=2：1），加入4滴酚酞指示剂，用氢氧化钾-乙醇标准溶液滴定。

六、实验记录与数据处理

（1）实验记录　测定酸值时样品的质量：________g；氢氧化钾-乙醇标准溶液的体积：________mL。所得醇酸树脂溶液的外观：______________________________。

（2）数据处理　计算酸值：

$$\text{酸值} = \frac{c_{\mathrm{KOH}} \times M_{\mathrm{KOH}}}{m_{\text{样品}}} \times V_{\mathrm{KOH}}$$

式中　c_{KOH}——氢氧化钾-乙醇标准溶液的浓度，mol/L；

M_{KOH}——氢氧化钾的摩尔质量，取56.1g/ mol；

$m_{\text{样品}}$——样品的质量，g；

V_{KOH}——KOH溶液的体积，mL。

七、安全与环保

1. 本实验必须严格注意安全操作，防止着火。

2. 各升温阶段必须缓慢均匀，防止冲料。

3. 加苯酐时不要太快，注意是否有泡沫升起，防止溢出。

4. 加二甲苯时必须熄火，并注意不要加到烧瓶的外面。

思 考 题

1. 缩聚反应有什么特点?

2. 本实验为什么要分成两步，即先醇解后酯化?

3. 本实验中二甲苯的作用是什么?

实验八 苯丙乳液的制备

一、实验目标

1. 理解乳液聚合原理。

2. 掌握苯丙乳液的合成方法。

二、产品特性与用途

苯丙乳液是苯乙烯、丙烯酸酯类、丙烯酸类的多元共聚物的简称，是一大类容易制备、性能优良、应用广泛且符合环保要求的聚合物乳液。苯丙乳液对颜料的粘接能力强，耐水性、耐碱性、耐光性和耐候性较好，施工性能优良。

三、实验原理

单体是形成聚合物的基础，决定乳液产品的物理、化学及机械性能。合成苯丙乳液的共聚单体中，苯乙烯、甲基丙烯酸甲酯为硬单体，赋予乳胶膜内聚力而使其具有一定的硬度、耐磨性和结构强度；丙烯酸丁酯、丙烯酸乙酯等为软单体，赋予乳胶膜一定的柔韧性和耐久性；丙烯酸为功能性单体，可提高附着力、润湿性和乳液的稳定性，还使乳液具有一定的反应特性，如亲水性和交联性等。除了丙烯酸以外，功能性单体还有丙烯酰胺、*N*-羟甲基丙烯酰胺、丙烯腈等。

本实验用苯乙烯、甲基丙烯酸甲酯、丙烯酸丁酯、丙烯酸进行四元乳液共聚，合成苯丙乳液。用过硫酸钾作为聚合引发剂，采用阴离子型十二烷基硫酸钠和非离子型 OP-10 混合乳化剂。聚合工艺采用单体预乳化法，并连续滴加预乳化单体和引发剂溶液。

四、主要仪器与试剂

四口瓶、球形冷凝管、滴液漏斗（两支）、Y 形管、电动搅拌装置、温度计、恒温水浴。

苯乙烯、甲基丙烯酸甲酯、丙烯酸丁酯、丙烯酸、OP-10、十二烷基硫酸钠、碳酸氢钠、过硫酸钾、氨水。

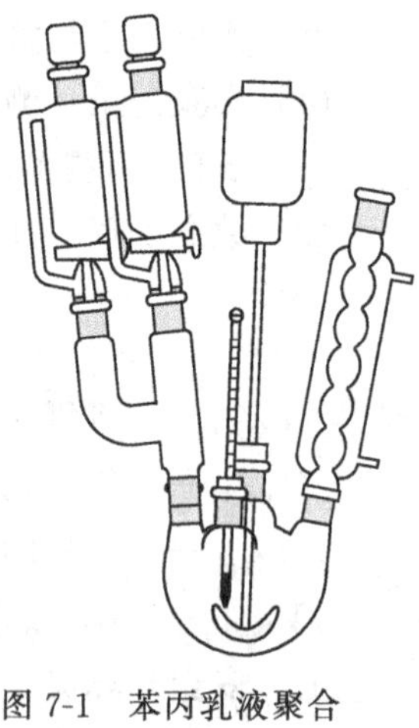

图 7-1 苯丙乳液聚合反应装置

五、实验内容与操作步骤

(1) 单体预乳化 在 500mL 圆底烧瓶中，加入 100mL 水、1.5g 碳酸氢钠、3.4g 十二烷基硫酸钠、3.4g OP-10、搅拌溶解后再依次加入 2.7g (2.7mL) 丙烯酸、12.7g (13.2mL) 甲基丙烯酸甲酯、27.5g (31.1mL) 丙烯酸丁酯、28.3g (31.4mL) 苯乙烯，室温下搅拌乳化 30min。

(2) 聚合

① 称取 1.5g 过硫酸钾于锥形瓶中，用 30mL 水溶解配成引发剂溶液，置于冰箱中备用。

② 在如图 7-1 所示装置中，在四口瓶中加入 40mL 单体预乳化液，搅拌并升温至 78℃后滴加 8mL 引发剂溶液，约 20min 滴完。

③ 同时分别滴加剩余的单体预乳化液和 14mL 引发剂溶液，2.5h 内滴完。

④ 在 30min 内滴完剩余的 8mL 引发剂溶液。

⑤ 缓慢升温至 90℃，保温反应 1h。

⑥ 冷却反应液至 60℃，加氨水调 pH 至 8，出料。

（3）性能测定

① 固含量测定。准确称量干净的称量瓶，加入约 2g（准确至 1mg）乳液，再准确称量后，于 110℃烘箱中烘约 2h，取出放入干燥器中冷却至室温后再准确称量。

② 化学稳定性测定。在 20mL 的刻度试管中，加入 16mL 乳液，再加 4mL 5% $CaCl_2$ 溶液，摇匀，静置 48h，若不出现凝胶，且无分层现象，则化学稳定性合格。若有分层现象，量取上层清液和下层沉淀高度，清液和沉淀高度越高，则钙离子稳定性越差。

六、实验记录与数据处理

（1）实验记录　苯丙乳液外观：________________________。称量瓶质量：________g；烘干前（称量瓶＋样品）的质量：________g；烘干后（称量瓶＋样品）的质量：________g。是否出现絮凝、破乳现象：________________。

（2）数据处理

$$固含量=\frac{干燥后样品质量}{干燥前样品质量}\times 100\%$$

七、安全与环保

丙烯酸为有刺激性辛辣气味的无色液体，有腐蚀性，酸性较强，实验时注意正确操作。

思　考　题

1. 在乳液聚合过程中，为什么要控制单体和引发剂的滴加速度？
2. 影响乳液稳定的因素有哪些？如何控制？
3. 以苯丙乳液为原料，制订一乳酸涂料的配方。

实验九　涂料的调制

一、实验目标

1. 通过醇酸清漆的制备，学会油性涂料的调制方法。
2. 通过聚醋酸乙烯乳胶的制备，学会水性涂料的调制方法。
3. 了解醇酸树脂系列涂料和聚醋酸乙烯系列乳胶涂料的性质、特点和用途。

二、产品特性与用途

（1）醇酸清漆　醇酸树脂清漆由中或长油度醇酸树脂溶于适当溶剂（如二甲苯），加入催干剂制得。醇酸树脂清漆干燥很快，漆膜光亮坚硬，耐候性、耐油性都很好；但因分子中还有残留的羟基和羧基，所以耐水性不如酚醛树脂桐油清漆。主要用作家具漆及作色漆的罩光，也可用作一般性的电绝缘漆。

（2）聚醋酸乙烯乳胶 聚醋酸乙烯乳胶涂料为乳白色黏稠液体，可加入各色色浆配成不同颜色的涂料。该涂料以水为溶剂，所以具有安全无毒、施工方便的特点，易喷涂、刷涂和滚涂，干燥快、保色性好、透气性好，但光泽较差。主要用于建筑物的内外墙涂饰。

三、实验原理

（1）醇酸清漆的配制原理 醇酸树脂一般情况下主要是线形聚合物，但由于所用的油如亚麻油、桐油等的脂肪酸根中含有许多不饱和双键，当涂成薄膜后与空气中的氧发生反应，逐渐转化成固态的漆膜，这个过程称为漆膜的干燥。其机理比较复杂，主要是氧在邻近双键的—CH_2—处被吸收，形成氢过氧化物，这些氢过氧化物再发生引发聚合，使分子间交联，最终形成网状结构的干燥漆膜。这个过程在空气中进行得相当缓慢，但某些金属如钴、锰、铅、钙、锆等的有机酸皂类化合物对此过程有催化加速的作用，这类物质称作催干剂。

醇酸清漆主要由醇酸树脂，溶剂如甲苯、二甲苯、溶剂汽油以及多种催干剂组成。

（2）聚醋酸乙烯乳胶涂料的配制原理 传统涂料（油漆）都要使用易挥发的有机溶剂，例如汽油、甲苯、二甲苯、酯等，以帮助形成漆膜。这不仅浪费资源，污染环境，而且给生产和施工场所带来危险性，如火灾和爆炸。而乳胶涂料的出现是涂料工业的重大革新。它以水为分散介质，克服了使用有机溶剂的许多缺点，因而得到了迅速发展。

通过乳液聚合得到聚合物乳液，其中聚合物以微胶粒的状态分散在水中。当涂刷在物体表面时，随着水分的挥发，微胶粒互相挤压形成连续而干燥的涂膜。这是乳胶涂料的基础。另外，还要配入颜料、填料以及各种助剂，如成膜剂、颜料分散剂、增稠剂、消泡剂等，经过高速搅拌、均质而成乳胶涂料。

四、主要仪器与试剂

烧杯、漆刷、胶合板或木板、量筒、电热干燥箱、高速均质搅拌机、搪瓷或塑料杯、水泥或石棉样板。

亚麻油醇酸树脂（50%）、溶剂汽油、环烷酸钴、环烷酸锌、环烷酸钙。

聚醋酸乙烯酯乳液、六偏磷酸钠、丙二醇、钛白粉、滑石粉、碳酸钙、磷酸三丁酯。

五、实验内容与操作步骤

（1）醇酸清漆的配制

① 配制。将 84g 亚麻油醇酸树脂（50%）、0.45g 4%环烷酸钴、0.35g 3%环烷酸锌、2.4g 2%环烷酸钙和 12.8g 溶剂汽油放入烧杯内，搅拌、调匀。注意调配清漆时必须仔细搅匀，但搅拌不能太剧烈，防止混入大量空气。

② 测定干燥时间。用漆刷均匀涂刷三合板样板，观察漆膜干燥情况，用手指轻按漆膜直至无指纹为止，即为表干时间。注意涂刷样板时要涂得均匀，不能太厚，以免影响漆膜的干燥。

（2）聚醋酸乙烯乳胶涂料的配制

① 涂料的配制。把 20g 去离子水、5g 10%六偏磷酸钠水溶液以及 2.5g 丙二醇加入搪瓷杯中，开动高速均质搅拌机，逐渐加入 18g 钛白粉、8g 滑石粉和 6g 碳酸钙，搅拌分散均匀后加入 0.3g 磷酸三丁酯，继续快速搅拌 10min，然后在慢速搅拌下加入 40g 聚醋酸乙烯酯乳液，直至搅匀为止，即得白色涂料。

② 测定干燥时间。用漆刷均匀涂刷水泥样板，观察干燥情况，记录表干时间。

六、实验记录与数据处理

醇酸清漆外观：______________________；表干时间：__________ h。聚醋酸乙烯乳胶涂料外观：______________________；表干时间：__________ h。

七、安全与环保

调制醇酸清漆的实验场所必须杜绝火源。

思　考　题

1. 调配醇酸清漆时为什么同时加入多种催干剂？

2. 试说出聚醋酸乙烯乳胶涂料配方中各种原料所起的作用。

3. 通过查阅标准，了解全面评价涂料质量的内容。

实验十　聚乙烯醇-水玻璃内墙涂料的制备

一、实验目标

1. 了解内墙涂料的基本知识。

2. 掌握聚乙烯醇-水玻璃内墙涂料的制备方法和实验技术。

二、产品特性与用途

这是一类以聚乙烯醇和水玻璃为基料的内墙涂料，这类涂料制法简单，原料易得，价格低廉，无毒无味，而且有阻燃作用。使用这类涂料时操作方便，施工中干燥快，大量用于住宅和公共场所的内墙涂装。

三、实验原理

该内墙涂料的制备是利用表面活性剂的乳化作用，在激烈搅拌下将聚乙烯醇和水玻璃充分混合并高度分散在水中，形成乳胶液；然后加入其他成分搅匀，成为产品。将涂料涂敷在墙面上，待水分挥发之后，可形成一层光洁的、包含有填充料和其他成分并起装饰和保护作用的涂膜。

四、主要仪器与药品

1. 主要仪器

三口烧瓶、滴液漏斗、电动搅拌装置、温度计、恒温水浴锅等。

2. 主要药品

聚乙烯醇（1799）、水玻璃（模数＝3 即 $Na_2O \cdot 3SiO_2$）、乳化剂 BL、钛白粉（约 300 目）、立德粉（约 30 目）、滑石粉（约 300 目）、轻质碳酸钙（约 300 目）、铬黄或铬绿。

五、实验内容与操作步骤

（1）溶解和乳化　在装有搅拌器、滴液漏斗和温度计的三口烧瓶中加入 7g 聚乙烯醇和 128mL 水，开动搅拌，逐渐加热升温到 90℃。直到聚乙烯醇完全溶解；冷却至 50℃，加入 0.5～1.0g 乳化剂 BL，搅拌 0.5h；降温至 30℃，慢慢滴加 10g 水玻璃；滴加完毕后，升温至 40℃，继续搅拌 0.5～1.0h，形成乳白色的胶体溶液，停止加热。

（2）填料和颜料　搅拌下慢慢加入 5g 钛白粉、8g 立德粉、8g 滑石粉、32g 轻质碳酸钙和适量铬黄或铬绿颜料；充分搅拌均匀，即得成品。

（3）涂装　将平整的墙面清洗干净，用漆刷涂刷 1～2 遍即可在墙上形成美观的涂层。

六、实验记录与数据处理

产品外观：________________________________。

七、思考题

1. 简述该涂料中各成分所起的作用。

2. 通过文献检索，分析改进该涂料性能的途径。

第八章　颜　　料

一、颜料及其类型

颜料（pigment）属于重要的精细化工产品，广义地说，凡是不溶于水、油等介质，但能够分散在其中的有色小颗粒状物质可称为颜料。颜料能选择性吸收或全部吸收可见光，因此，可以显示出一定的颜色。工业生产中，要求颜料具有适当的遮盖力和着色力、高的分散性、鲜明的颜色以及良好的光稳定性等。

颜料的颜色是由于颜料对白光选择性吸收的结果。颜料选择吸收某种色光，就呈现其互补色光的颜色。颜色有色相（色调）、明度（亮度）、纯度（饱和度）三要素，颜色三要素决定颜色的特征。颜料的质量由色光、遮盖力、着色力、吸油量、分散度、耐光性、酸碱度、水渗性、石蜡渗性、耐酸性、耐碱性、耐有机溶剂性、含水量、水溶盐含量、纯度、相对密度等指标衡量。

根据来源不同，颜料可分为天然颜料和合成颜料两类。天然颜料包括矿物性（无机）颜料和动植物性（有机）颜料。例如朱砂（HgS）、雄黄（AsS）等为矿物性颜料，藤黄（从海藤树中提取的黄色颜料）、胭脂虫红（从胭脂虫中提取的红色颜料）等为动植物性的颜料。合成颜料可分为无机颜料和有机颜料。无机颜料主要包括炭黑，以及铁、钡、锌、镉、铅等金属氧化物和盐；有机颜料从结构类型看，主要有偶氮颜料和缩合稠环类颜料，偶氮颜料包括不溶性偶氮颜料、偶氮色淀颜料、缩合偶氮颜料等，缩合稠环类颜料包括酞菁类颜料、喹吖啶酮颜料、二噁嗪颜料等。

颜料与染料的不同，主要在于它们的可溶性而不在于化学成分。染料在使用时，通常是先溶于水或其他基质，而后再转化成不溶性的带有颜色的物质；颜料在使用时，通常既不溶于水也不溶于其他基质，而是分散在基质中呈现一定的颜色。

含铅、镉、汞、砷等成分的颜料，有较强的毒性，生产及使用时应加以注意。

二、颜料的应用

颜料是表面涂装的重要组成之一，主要用于涂料、油墨、塑料、橡胶、皮革、造纸、陶瓷、纺织、建筑、工艺美术及化妆品等方面着色。

在涂料中，颜料的作用不仅仅是提供颜色，而且对涂料的耐久性也有显著贡献。

据统计，在国内市场消费的有机颜料中，油墨消耗的约占55%，涂料消耗的约占17%，塑料制品消耗的约占18%。

三、颜料的发展概况

在数千年以前，就有人类应用颜料的记载。红丹、银朱、铅白、铁红、炭黑等，都是很古老的无机颜料品种。工业化生产从1704年开始，首先生产出铁蓝。1800年又制得氧化锌，1818年开始生产铅铬黄，1828年出现了群青，1874年开始了锌钡白的生产，1916年已有生产钛白的加工厂。到了近代，有机颜料的合成得到了蓬勃的发展。

我国在1949年以前，无机颜料的生产仅限于铁蓝、铬黄、红丹等少数品种，且工艺落后，设备简陋，产量很低。到了20世纪60年代，中国出现了生产钛白、氧化锌、氧化铁、锌钡白、红丹、铬黄等现代化企业。到了20世纪90年代，我国生产的颜料在品种、产量和质量等方面，都能满足国内需求，并有部分产品进入国际市场。

近年来，由于我国油墨、涂料、塑料制品等有机颜料下游行业以及有机颜料出口市场快速发展，带动了国内有机颜料工业的持续、高速发展。据不完全统计，2002年我国有机颜料产量已达8万吨左右，国内市场及出口比例大致各占53%和47%，消费量分别约为4.2万吨和3.8万吨。2002年国内市场消费有机颜料共计4.85万吨，国产及进口产品分别占86%和14%。但在出口的有机颜料中，50%左右是由外商独资及合资企业出口的，也就是说，国内企业年出口有机颜料量不足2万吨。目前我国有机颜料工业尚处于向规模化发展的过渡时期，具体表现在：单元生产装置规模在逐渐扩大；三废治理水平在不断提高；一些先进设备在重点生产企业得以运用；工艺控制及质量检测设备在向现代化迈进；企业的管理体系正逐步走向系统化；中间体的生产已基本形成规模化和高质量化。

目前有机颜料用主要中间体品种不仅能满足内需，还大量出口。有两个有机颜料的中间体需要引起重视，即巴比妥酸和苯腈及其对位衍生物，预计在今后5～10年内，前者有可能取代3,3′-二氯联苯胺，后者是吡咯并吡咯二酮（DPP）型有机颜料的主要中间体。

实验十一　氧化铁红的制备

一、实验目标

1. 理解氧化铁红的制备原理。
2. 掌握马弗炉的操作使用方法。
3. 掌握研磨、过滤、洗涤等实验室常见的操作。

二、产品特性与用途

氧化铁红简称铁红，成分为 Fe_2O_3，橙红色或深紫红色粉末。密度 $5\sim5.25g/cm^3$。不溶于水及油，溶于热浓酸。有优良的耐光、耐热、耐碱性能，遮盖力和着色力都很大。

氧化铁红为无机红色颜料，普遍用于油漆、橡胶、涂料、塑料等着色；氧化铁红也是高级精磨材料，用于精密的五金仪器、光学玻璃等制造中的抛光。

三、实验原理

氧化铁红的制备方法有多种，所使用的原料也各不相同。本实验以绿矾（$FeSO_4\cdot7H_2O$）为原料，以水作为溶剂和洗涤剂制备氧化铁红。首先绿矾被加热脱去结晶水，再经氧化还原反应生成氧化铁，最后经水洗、过滤、烘干、粉碎得到产品。有关化学反应方程式如下：

$$FeSO_4\cdot7H_2O \xrightarrow{\triangle} FeSO_4+7H_2O$$

$$2FeSO_4 \xrightarrow{焙烧} Fe_2O_3+SO_2\uparrow+SO_3\uparrow$$

四、主要仪器与试剂

马弗炉、电热恒温干燥箱、200mL烧杯两个、托盘天平、蒸发皿、研钵、坩埚、酒精灯以及铁架台等。

绿矾，工业级；10% $BaCl_2$ 溶液，A. R.。

五、实验内容与操作步骤

氧化铁红的制备操作流程见图8-1。

脱水 → 焙烧 → 研磨 → 浮选 → 水洗 → 干燥 → 研磨

图8-1　氧化铁红的制备操作流程

（1）脱水　取硫酸亚铁晶体（绿矾）15g于蒸发皿中，在酒精灯上加热至晶体呈白色粉末状，绿矾即脱去了结晶水。

（2）焙烧　将已脱去结晶水的硫酸亚铁转移至坩埚中，放入马弗炉中焙烧。马弗炉的温度控制在800℃，焙烧时间为30min。取出坩埚放在干燥器中自然冷却至室温。硫酸亚铁经焙烧后，生成紫棕色的氧化铁。

（3）研磨　将冷却后的半成品在研钵中研磨成细粉末。

（4）浮选　将氧化铁粉末放入烧杯中，加适量的水（约30mL），搅拌均匀。用手摇荡烧杯，将含有细颗粒的上层液体倒入另一个烧杯中。如此反复操作，待下层的粗粒和杂质中不再有细粒上浮时，即表明细末氧化铁已完全被浮选出去。

（5）水洗　将盛有氧化铁细末的悬浮液的烧杯静置一段时间，待氧化铁完全沉淀并且水层变清时，小心倾倒出清水。再加入适量的去离子水（约50mL），搅拌均匀后静置澄清，小心倾倒出上层清液。如此反复操作几次。在倾倒出的上层清液中，滴入几滴10%的$BaCl_2$溶液，若不出现浑浊，则表明此时已经洗净，氧化铁中不再含有SO_4^{2-}，水洗可以结束。

（6）干燥　将洗涤过的氧化铁色泥，放入电热恒温干燥箱中干燥，温度控制在150℃左右，至水分完全蒸发后取出，降至室温。

（7）研磨　将烘干后的氧化铁用研钵研磨成粉末，即为氧化铁红颜料。称量得氧化铁红的实际产量，计算收率。

六、实验记录与数据处理

氧化铁红的收率可按下式计算：

$$\text{收率}=\frac{\text{实际产量}}{\text{理论产量}}\times 100\%$$

理论产量（g）可按下式计算：

$$\text{理论产量}=\frac{M_1 wm}{2M_2}$$

式中　M_1——氧化铁的摩尔质量，g/mol，可取157.7；

w——绿矾的有效含量，工业绿矾可取0.95；

M_2——绿矾的摩尔质量，g/mol，可取277.8；

m——原料绿矾的质量，g。

七、安全与环保

氧化铁红为非危险品，应存放于干燥处，防止受潮。硫酸亚铁在马弗炉中焙烧，属高温操作，应注意安全。在焙烧过程中，有SO_2和SO_3刺激性气体产生，应注意室内通风。

思　考　题

1. 本实验中，哪些操作可能导致产品的流失，使收率下降？

2. 利用铁屑与硝酸反应生成硝酸铁，再经焙烧也可制备氧化铁红，试写出有关化学反应式。

实验十二　大红粉颜料的制备

一、实验目标

1. 理解有机颜料合成中重氮化反应和偶合反应的反应机理。

2. 掌握有机颜料制备中过滤、洗涤、干燥等常见的操作。

二、产品特性与用途

大红粉的化学名称为苯基偶氮-2-羟基-3-萘甲酰苯胺，化学式 $C_{23}H_{17}N_3O_2$，结构式为

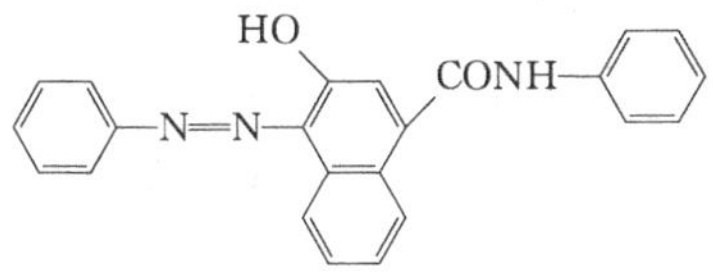

大红粉为桃红色粉末，是重要的红色有机偶氮颜料，具有着色力和遮盖力强、耐晒、耐酸、耐碱等优点。主要用于红色磁漆着色，也适用于乳胶制品、皮革、漆布水彩、油画以及印泥、油墨、文教用品和化妆品着色。

三、实验原理

在较低的温度下和强酸的水溶液中，苯胺与亚硝酸发生重氮化反应，生成重氮苯盐。因为重氮盐不稳定，温度稍高会分解，所以重氮化反应一般在较低的温度下进行，一般为 0～5℃。亚硝酸不稳定，容易分解，实验室常用亚硝酸钠的强酸溶液代替亚硝酸。在碱性条件下，重氮盐与色酚 AS 发生偶合反应，生成苯基偶氮-2-羟基-3-萘甲酰苯胺，即大红粉颜料。重氮盐与色酚 AS 偶合时，一般在稀碱溶液中进行。因为在碱中，酚转变成苯氧负离子，该离子是比羟基还强的致活基，更容易发生亲电取代反应。生成的苯基偶氮-2-羟基-3-萘甲酰苯胺再经过酸化、过滤、洗涤、干燥，即得较纯的产品。有关化学反应方程式如下：

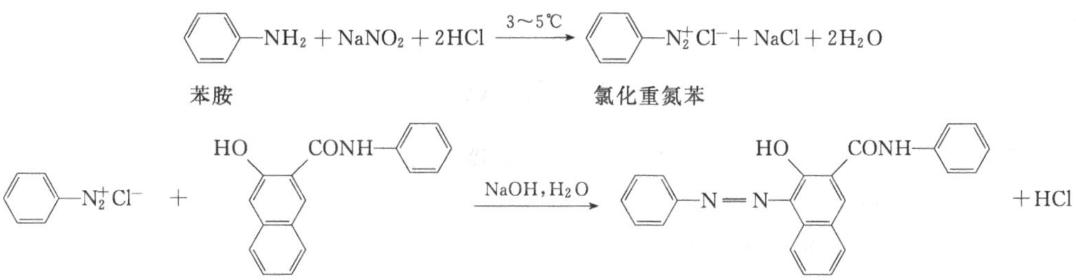

四、主要仪器与试剂

电热恒温干燥箱、冰水浴、恒温水浴锅、电动搅拌器、布氏漏斗、抽滤瓶以及蒸发皿等。

苯胺，AR；亚硝酸钠，AR；盐酸，AR；氢氧化钠，AR。

色酚 AS，CP。俗名纳夫妥 AS。米黄色粉末。有毒！熔点 243～244℃。溶于烧碱溶液、热硝基苯，微溶于乙醇，不溶于水和纯碱溶液，是不溶性偶氮染料的重要偶合组分。主要用于棉纤维织物染色和印花的打底剂，又用作有机染料的中间体。

五、实验内容与操作步骤

实验过程包括重氮化反应、偶合反应及粗品的酸化、过滤、洗涤、干燥等后处理过程。

（1）重氮化反应　在 100mL 烧杯中加入 20mL 蒸馏水，在冰水浴中降温至 3～5℃，然后加入 6.4mL 37%浓盐酸，再加入 2.5g 苯胺，并搅拌溶解。称 1.9g 亚硝酸钠，放于 10mL 蒸馏水中溶解。在搅拌下，将亚硝酸钠溶液慢慢加入到苯胺溶液中，并在 3～5℃下反应 30min，生成氯化重氮苯。

(2) 偶合反应 在200mL烧杯中，加入30mL蒸馏水，投入1.6g氢氧化钠，搅拌溶解。将氢氧化钠溶液升温到80℃，搅拌下加入7.2g色酚AS，搅拌至完全溶解。再加入80mL蒸馏水稀释，保持温度为38～39℃。在搅拌下，将重氮化反应得到的氯化重氮苯溶液，缓缓加入到上述色酚AS的溶液中，偶合反应30min。得到物料用于后处理过程。

(3) 后处理过程 偶合反应得到的物料，用盐酸调节溶液pH为7，升温至90℃以上，保温1h，再进行抽滤。抽滤过程中用蒸馏水洗涤滤饼2～3次。滤饼转移到蒸发皿中，置于干燥箱中，控温在80℃左右干燥，至水分完全蒸发。称重，计算收率。

六、实验记录与数据处理

大红粉的收率可按下式计算：

$$收率=\frac{实际产量}{理论产量}\times 100\%$$

理论产量(g)可按下式计算：

$$理论产量=\frac{M_1 wm}{M_2}$$

式中 M_1——苯基偶氮-2-羟基-3-萘甲酰苯胺的摩尔质量，g/mol，可取367.0；

w——苯胺的有效含量，分析纯可取0.990～0.995；

M_2——苯胺的摩尔质量，g/mol，可取93.0；

m——原料苯胺的质量，g。

七、安全与环保

苯胺有一定的毒性，实验时应保持室内通风。含有苯胺的废液应集中处理，不能随意丢弃。

思 考 题

1. 苯胺的重氮化反应为什么要在3～5℃的低温下进行？
2. 偶合反应为什么在碱性条件下进行？
3. 滤饼在干燥箱中的干燥温度能否更高，为什么？

第九章 试剂与高纯物

一、试剂与高纯物及其分类

试剂（reagent），又称化学试剂。是科研、教学、工业生产中进行化学实验、材料分析及精细化工合成所必需的化学品。我国化学试剂的等级有高纯、光谱纯、基准、分光纯、优级纯、分析纯和化学纯等七种。

高纯物（high pure substance）是为某些特定领域需要而生产的纯度很高的一类化学品。高纯物按主要成分含量不同，一般分为A、B、C三级。A级分为A_1、A_2两个亚级；B级分为B_3、B_4、B_5、B_6四个亚级；C级为超纯物质，分为C_7、C_8、C_9、C_{10}四个亚级。高纯物质分类情况见表9-1。

表9-1 高纯物质的分类

亚 级	标 签 颜 色	主要组成含量/%	杂质含量/%
A_1	棕	99.9	10^{-1}
A_2	灰	99.99	10^{-2}
B_3	蓝	99.999	10^{-3}
B_4	浅蓝	99.9999	10^{-4}
B_5	墨绿	99.99999	10^{-5}
B_6	浅绿	99.999999	10^{-6}
C_7	红	99.9999999	10^{-7}
C_8	玫瑰	99.99999999	10^{-8}
C_9	橙	99.999999999	10^{-9}
C_{10}	浅黄	99.9999999999	10^{-10}

高纯物纯度表示还有其他方法，如按用途对纯度要求，可表示为光谱纯、电子纯、高纯、超高纯等。另外，纯度也可用“多少个9”，如纯度为“5个9”，就表示主要成分含量为99.999%，简称“5N”。

二、试剂与高纯物的应用

试剂与高纯物在科学研究及实验中有着重要而广泛的应用。各种试剂的用途如下。

（1）优级纯　优级纯也称一级品或保证试剂，用代号GR表示。纯度最高，适用于精密分析和科学研究工作。

（2）分析纯　分析纯也称二级品或分析试剂，用代号AR表示。纯度要求比优级纯略低，适用于一般理化分析和研究工作。

（3）化学纯　化学纯也称三级品，用代号CP表示。纯度要求比分析纯的低，适用于工业生产和学校教学中一般分析工作和化学实验。

（4）实验试剂　实验试剂也称四级品，用代号LR表示。供一般化学实验和有机化工合成用。

（5）基准试剂　基准试剂是纯度高、杂质少、稳定性好、化学组分恒定的化合物。在基准试剂中有容量分析、pH测定、热值测定等分类。每一分类中均有第一基准和工作基准之分。凡第一基准都必须由国家计量科学院检定，生产单位则利用第一基准作为工作基准产品的测定标准。目前，商业经营的基准试剂主要是指容量分析类中的容量分析工作基准[含量范围为99.95%～100.05%（质量滴定)]，可用于配制标准溶液或用于标定溶液浓度。

(6) 高纯物质　技术进步对高纯物质的需求越来越多，目前，高纯物质在电导率的测定、半导体材料制备等领域有广泛用途。

三、试剂与高纯物的发展概况

"高纯物质"这一名词，早在20世纪30年代已出现，荧光粉是最早使用的高纯物质。第二次世界大战爆发后，由于战争的迫切需要，把高纯物质的研究提到重要日程。首先是原子能的研究需要一系列高纯物质；其次，制造半导体器件的主要材料锗、硅，也需要很高的纯度，否则，严重影响这些半导体材料的性能。美国、前苏联等国家都投入了大量的人力物力从事高纯物质的制备、分析测试以及应用方面的研究工作，使高纯物质的研究有了较大的进展。

1952年高纯物质的研究进入了重要的发展时期。首先，由于有了"区域熔融"和"气相色谱"两种崭新的提纯方法，可把许多物质提纯到前所未有的超高纯度。另外，"高效微粒空气过滤器"的使用，确保提纯过程中极少受空气尘埃等微粒的污染。这些关键技术的应用，使高纯物质的研究和生产飞速向前发展。

中国的高纯物质的研究起始于1958年。同国际上的情况一样，也是在半导体研究工作的推动下，开始研究并推向其他科学领域和工业生产中。

目前，试剂工业已经进入了发展的新时期，仪器分析及各种色谱试剂、生化试剂、电子工业用化学品、诊断试剂等已经大大超过了常规的化学试剂。总趋势将是常规化学试剂的需求量将持续下降，而高纯试剂和仪器分析试剂将迅速增加。

实验十三　高纯硫酸锌的制备

一、实验目标

1. 理解离子交换法提纯试剂的原理，掌握其操作方法。

2. 掌握离子交换树脂预处理、再生及转型的方法。

二、产品特性与用途

(1) 产品特性　硫酸锌，通常与水结合成$ZnSO_4 \cdot 7H_2O$，俗称皓矾。无色斜方晶体，密度1.957g/cm^3（25℃），易溶于水。加热到280℃失去结晶水而成无水物，密度3.54 g/cm^3（25℃），在740℃分解为氧化锌。

(2) 产品用途　利用重结晶、萃取及离子交换等方法，可将普通硫酸锌分离提纯为高纯硫酸锌，其纯度要求在99.9999%以上。高纯硫酸锌是制取高纯硫化锌（ZnS）的主要原料。高纯硫化锌是制备荧光粉的重要原料，其纯度要求极高，要求每克硫化锌中，Fe^{3+}，Co^{3+}，Ni^{2+}，Cu^{2+}等杂离子的质量不超过10^{-8}～10^{-7}g，否则会影响彩色荧光粉的质量。

三、实验原理

本实验采用离子交换法制备高纯硫酸锌。

在普通硫酸锌溶液中，添加适量的α-亚硝基-β-萘酚磺酸盐（简称亚硝基R盐）络合剂。该络合剂可以与溶液中的Fe^{3+}，Co^{3+}，Ni^{2+}，Cu^{2+}等杂离子络合，形成稳定的络离子存在于溶液中；该络合剂却难与Zn^{2+}络合，锌仍以Zn^{2+}的形式存在于溶液中。亚硝基R盐通常选用1-亚硝基-2-萘酚-3,6-二磺酸钠，其结构式为：

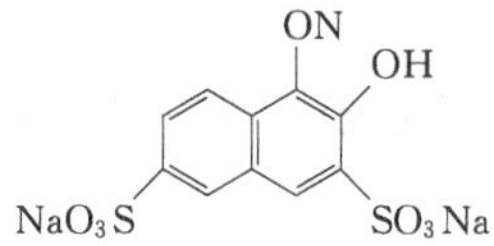

将添加络合剂的硫酸锌溶液通过阴离子交换树脂，利用阴离子交换树脂吸附络离子的特性，就可以把硫酸锌溶液中杂离子除去。阴离子交换树脂的选择也会影响提纯效果。D301及D302树脂都属于大孔弱碱性苯乙烯系阴离子交换树脂，可用作上述络合阴离子的离子交换树脂。本实验选用D302树脂。

四、主要仪器与试剂

(1) 主要仪器　离子交换柱，可用玻璃管自制。取直径为2cm，长为40cm的玻璃管，两端用带孔的橡皮塞封闭，并连上导管。下管口处垫上棉花，以防止树脂泄漏。

分液漏斗、蒸发皿、酒精灯及其他实验室常规仪器。

(2) 主要药品　硫氰酸钠，AR；氢氧化钠，AR；硫酸，AR；硫酸锌，AR；1% $FeCl_3$溶液；1% $BaCl_2$溶液。

D302树脂，工业品，苯乙烯系阴离子交换树脂，交换基团为$—N(CH_3)_2$，用于水处理、抗生素提取及含铬废水处理。

1-亚硝基-2-萘酚-3,6-二磺酸钠，AR，化学式$C_{10}H_5NNa_2O_8S_2$，相对分子质量377.27。金黄色结晶或结晶性粉末。在100g水中的溶解度，冷时为2.5g，热时为10g，微溶于甲醇和乙醇。其中性溶液和酸性溶液均呈浅黄色，其碱性溶液呈橙黄色。由R盐经亚硝化而制得。

五、实验内容与操作步骤

(1) 离子交换树脂的预处理　用去离子水清洗D302树脂，直至排出水清晰、无色为止。用浓度为4%的氢氧化钠溶液（体积约为树脂的5倍）浸泡树脂2h，之后将氢氧化钠溶液放出、排尽，再用去离子水洗至pH=6.5～7.5。用浓度为10%的硫酸溶液（体积约为树脂的5倍），浸泡树脂一夜，之后放出酸液、排尽，再用去离子水洗至pH=6.5左右。将处理过树脂装入直径2cm、长40cm的玻璃管中，树脂使用量约125mL。

(2) 高纯硫酸锌制备　称取硫酸锌晶体20g，加120mL去离子水溶解。取1%的亚硝基R盐溶液3mL加入到硫酸锌溶液中，搅拌均匀。将上述溶液从阴离子交换柱的顶部流入，控制流速为5mL/min，从交换柱流出的溶液即为高纯硫酸锌溶液。将高纯硫酸锌溶液倒入洁净的蒸发皿中，用酒精灯加热蒸发。控制蒸发的时间，以自由水分蒸发完毕但不失去结晶水为宜。称量，计算收率。

(3) 树脂再生　先用去离子水淋洗树脂，直到交换柱内无$ZnSO_4$溶液为止（可用$BaCl_2$溶液检测有无SO_4^{2-}）。将5% NaSCN溶液用NaOH溶液调至pH=12，用此溶液淋洗树脂控制流速为3mL/min，洗至树脂无绿色，亚硝基R盐溶液完全流出为止。然后再用去离子水洗至中性，pH值为6.5左右（可用1%的Fe^{3+}检验有无SCN^-）。

(4) 树脂转型　用8%的Na_2SO_4溶液淋洗树脂，控制流速为3mL/min，洗至树脂流出液无SCN^-为止（可用1%的Fe^{3+}检验，至无血红色为止）。然后用去离子水洗至中性，并用$BaCl_2$溶液检测，至无SO_4^{2-}为止。树脂复原，可再用来进行交换反应。

六、实验记录与数据处理

产品高纯硫酸锌的收率可按下式计算：

$$收率=\frac{产品量}{原料量}\times 100\%$$

七、安全与环保

硫氰酸钠有一定的毒性，使用时应注意安全。树脂再生所产生的硫氰酸钠废液应回收统一处理。

思　考　题

1. 阴离子交换树脂预处理过程中，与其结合的阴离子是如何变化的？
2. 为什么要对树脂进行再生和转型，在此过程中，与其结合的阴离子是如何变化的？

实验十四　试剂苯磺酸钠的制备

一、实验目标

1. 理解苯磺酸钠的制备原理，掌握其制备方法。
2. 理解重结晶原理，学会重结晶操作。

二、产品特性与用途

苯磺酸钠，白色结晶或粉末。极易溶于水，微溶于乙醇。熔点460℃（分解）。

苯磺酸钠作为试剂，主要用于有机合成，制备苯酚和间苯二酚等。

三、实验原理

原料苯与浓硫酸在80℃下发生磺化反应，生成苯磺酸。用浓硫酸为磺化剂时，磺化反应是一个可逆反应，反应方程式为：

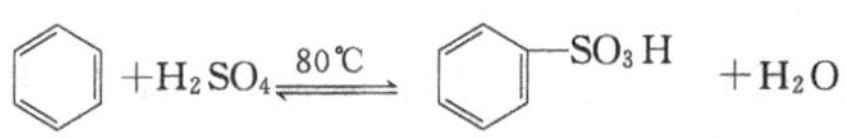

将含有苯磺酸的溶液，用NaCl盐析，同时生成苯磺酸钠结晶。反应方程式为：

过滤、洗涤含有结晶的溶液，得苯磺酸钠的粗品。将苯磺酸钠的粗品溶于热的乙醇中，滤去杂质，冷却后析出纯度较高的苯磺酸钠结晶。

四、主要仪器与试剂

水浴锅、冰水浴、砂芯漏斗、抽滤瓶以及托盘天平等。

苯，A. R.；浓硫酸，A. R.；95%乙醇，A. R.；20%氯化钠溶液，A. R.。

五、实验内容与操作步骤

(1) 苯磺酸钠制备　在锥形瓶中先加入6mL苯，然后再慢慢加入8mL浓硫酸，并振荡混合均匀。塞上带有玻璃管的橡皮塞，放入水浴锅加热至80℃（可用大烧杯代替水浴锅），保温反应20min。反应结束后，将产物倒入盛有40mL的20%氯化钠溶液的小烧杯中，在冰水浴中冷却并同时搅拌。苯磺酸钠呈结晶析出。用砂芯漏斗抽滤析出的结晶，并用少量的乙醇洗涤，干燥，得苯磺酸钠粗品，称重。

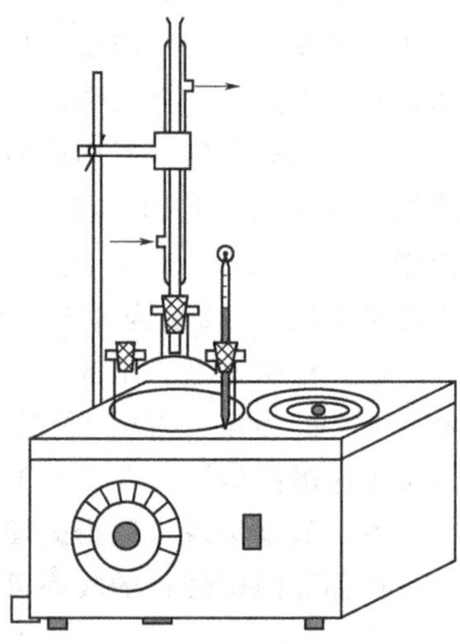

图9-1　苯磺酸钠的精制装置

(2) 苯磺酸钠精制　在500mL烧瓶中，加入10g苯磺酸钠粗品，再加入160mL 95%的乙醇及沸石，如图9-1所示。将烧瓶固定在水浴锅内，并装上回流冷凝管，接通冷凝水。加热使溶液沸腾，直到苯磺酸钠不再溶解，加乙醇 10mL，停止加热。加入 0.5g 活性炭，加热煮沸 6min 脱色。趁热过滤溶液，让滤液自然冷却。若无结晶析出，可用玻璃棒摩擦器壁，促使结晶析出。再用冰水浴冷却 10min，使结晶完全析出。抽滤，并用少量的乙醇洗涤结晶。将结晶转移到表面皿上，烘干。称量，得苯磺酸钠精品量。

六、实验记录与数据处理

本实验包括化学反应过程和苯磺酸钠重结晶过程，因此，需分别计算这两个过程的收率。

化学反应的收率等于实际产量与理论产量的比值，即

$$\text{化学反应的收率}=\frac{\text{实际产量}}{\text{理论产量}}\times 100\%$$

化学反应的实际产量为苯磺酸钠粗品质量。理论产量（g）可按下式计算：

$$\text{理论产量}=\frac{M_1wm}{M_2}$$

式中　M_1——苯磺酸钠的摩尔质量，g/mol，可取 180.0；

w——苯的有效含量，分析纯可取 0.990～0.995；

M_2——苯的摩尔质量，g/mol，可取 78.0；

m——原料苯的质量，g。

苯磺酸钠重结晶的收率等于苯磺酸钠精品量除以苯磺酸钠粗品量，即

$$\text{苯磺酸钠重结晶的收率}=\frac{\text{苯磺酸钠精品量}}{\text{苯磺酸钠粗品量}}\times 100\%$$

而整个过程的总收率等于化学反应收率与苯磺酸钠重结晶收率的乘积。

七、安全与环保

浓硫酸有强酸性、强腐蚀性，使用时应注意安全。苯具有一定的毒性，含苯的废液应回收统一处理。

思　考　题

1. 本实验中浓硫酸过量的目的是什么？
2. 什么样的试剂可以采用重结晶的方法提纯？

实验十五　光谱纯二氧化钛的制备

一、实验目标

1. 了解二氧化钛的性质及用途。
2. 理解相转移法制备光谱纯超细二氧化钛的原理，掌握其制备方法。

二、产品特性与用途

（1）产品特性　二氧化钛，俗名钛白或钛白粉。白色无定型粉末。不溶于水、盐酸、硝酸或稀硫酸，溶于浓硫酸和氢氟酸。熔点 1850℃。自然界中的金红石、锐钛矿和板钛矿，是二氧化钛的三种变体。二氧化钛的化学性质相当稳定，在一般情况下不与大部分化学试剂发生作用。二氧化钛是一种重要的白色颜料和瓷器釉药。商品有两种：一种是金红石型二氧化钛，耐光性非常强，用于室外涂料的制备；另一种是锐钛型二氧化钛，耐光性较差，用于室内涂料的制备。

(2) 产品用途 在冶金工业中，二氧化钛用于制金属钛、钛铁合金、硬质合金等；在电机工业中，用于制绝缘体、电焊条、电瓷等；也用于橡胶、造纸、人造纤维等工业。光谱纯二氧化钛用于分析测试中作光谱、光度分析的标准试剂。

三、实验原理

传统二氧化钛的生产多采用氯化法或气相水解法。它们对材料的耐腐蚀性要求很高。本实验采用相转移法制备高纯超细二氧化钛，纯度高，分散性好。

本实验以 $TiCl_4$、正辛醇和 $(NH_4)_2CO_3$ 为原料，首先配制成 $TiCl_4$ 正辛醇溶液，再让 Ti (Ⅳ) 从正辛醇的有机相转移到含饱和 $(NH_4)_2CO_3$ 的水相，并发生水解反应生成 $Ti(OH)_4$ 沉淀，经过滤、洗涤、干燥、焙烧而制得。其主要反应方程式如下。

$$TiCl_4 + xROH \longrightarrow Ti(OR)_xCl_{4-x} + xHCl$$

$$Ti(OR)_xCl_{4-x} + 4H_2O \longrightarrow Ti(OH)_4 + xROH + (4-x)HCl$$

$$2HCl + (NH_4)_2CO_3 \longrightarrow 2NH_4Cl + H_2O + CO_2\uparrow$$

总反应方程式为：

$$TiCl_4 + 2(NH_4)_2CO_3 + 2H_2O \longrightarrow Ti(OH)_4\downarrow + 4NH_4Cl + 2CO_2\uparrow$$

最后 $Ti(OH)_4$ 焙烧即得二氧化钛。

四、主要仪器与试剂

电热恒温干燥箱、马弗炉、布氏漏斗、抽滤瓶、水泵、坩埚以及研钵等。

四氯化钛，A. R.；正辛醇，A. R.；碳酸铵，A. R.。

五、实验内容与操作步骤

用 50mL 洁净的小烧杯（已干燥）称量 10.0g $TiCl_4$，用量筒（已干燥）量取 25mL 正辛醇，倒入小烧杯中，搅拌均匀。称取碳酸铵晶体 15g，于 100mL 烧杯中用蒸馏水配制成饱和溶液，待用。将小烧杯中的 $TiCl_4$ 正辛醇溶液缓缓倒入碳酸铵饱和溶液中，同时搅拌。此时有 $Ti(OH)_4$ 沉淀生成，并且有二氧化碳气体产生。将含有 $Ti(OH)_4$ 沉淀的混合液抽滤，用蒸馏水洗涤滤饼 3～5 次。将滤饼转移到洁净的坩埚中，并在厢式干燥器中于 100℃ 下干燥 1h。取出坩埚，放入马弗炉中，在 800℃ 下焙烧 2～3h。焙烧完毕后，取出坩埚，在室内稍微降温后，放至干燥器中，冷却到室温。将坩埚内的二氧化钛在研钵里研磨、粉碎，得到产品。称量。

六、实验记录与数据处理

二氧化钛的收率可按下式计算：

$$收率 = \frac{实际产量}{理论产量} \times 100\%$$

理论产量（g）可按下式计算：

$$理论产量 = \frac{M_1 w m}{M_2}$$

式中 M_1——二氧化钛的摩尔质量，g/mol，可取 79.9；

w——四氯化钛的有效含量，分析纯可取 0.990～0.995；

M_2——四氯化钛的摩尔质量，g/mol，可取 189.9；

m——原料四氯化钛的质量，g。

七、安全与环保

在马弗炉中的焙烧过程属高温操作，应注意安全。

思　考　题

1. 二氧化钛有哪些主要性质和用途？
2. 试说明相转移法制备二氧化钛的原理。

第十章　信息用化学品

一、信息用化学品及其分类

信息用化学品（information chemicals）是为把信息记录与复印、图案的形成与显示等信息信号，用某种介质以某种形式表现出来的过程中所使用的化学品的总称。包括电影、照相、医用、幻灯及投影用感光材料，冲洗套药、磁、光记录材料，光纤维通讯用辅助材料及其专用化学制剂。

从使用要求看信息用化学品，包括永久性成像材料化学品和暂时性成像材料化学品。永久性成像材料主要包括记录、复印、复制、印刷材料和图像形成材料。从成像体系的方式看，信息用化学品包括发（消）色记录材料用化学品、微泡记录材料用化学品、浮雕记录材料用化学品及电致显示材料用化学品。从成像体系的原理和技术看，信息用化学品包括感光材料化学品、冲洗加工化学品、热感材料化学品、电感应材料化学品、磁感应材料化学品、光感应制版化学品和液晶等，其中感光材料化学品、冲洗加工化学品是信息化学品中的最大类别。液晶属于电子信息化学品，是信息化学品中有发展前途的一个类别。

感光材料化学品有十多个类别，主要有明胶、卤化银、稳定剂、防灰雾剂、光学增感剂、超增感剂、防氧化剂、表面活性剂、坚膜剂、紫外线吸收剂、防腐剂、消泡剂、内防光晕染料、遮盖力剂、毛面剂、抗折痕剂、防青铜色剂、成色剂等。冲洗加工化学品主要有显影剂及定影液配方中的卤化银溶剂、防污剂、防硫剂、坚膜剂等。

二、信息用化学品的应用

当今的世界正处在信息时代，信息在经济发展和社会进步中的作用越来越大，影响也越来越广泛。因此，信息化学品正在发挥越来越大的作用。

从信息化学品在信息技术中的功能看，不同的信息化学品有着不同的用途。

信息检测与传感化学品可以从外部环境中提取所需的化学、电、磁、光、热及机械等方面的信息，并将其转化成适当的便于进一步处理的信息形式。比如，广泛使用的陶瓷材料及半导体材料。

信息传输化学品担负着传递信息的重任。比如光学纤维，可以说光学纤维的出现实现了信息传递的一场革命。它不仅信息容量大、质量轻、占有的空间小，而且抗电磁干扰小、串话少、保密性强。

信息存储化学品具有实时记录信息的作用。比如电光晶体（$LiNbO_3$：Fe 等），但在灵敏度和存取速度上还需要提高。目前，主要使用磁存储和半导体存储。

信息运算及处理化学品用于对记录的信息进行处理，以满足信息加工的需要。比如非线性晶体（$Bi_{12}SiO_{20}$等）可用来制作空间光学调制器。

电子化学品主要用在集成电路、印刷电路板和液晶显示器。这类化学品种类很多，对纯度的要求极高，目前，我国主要靠进口。

三、信息用化学品的发展概况

进入 20 世纪 90 年代后，随着“信息高速公路”的发展，信息产业越来越受到人们的重视，发展速度之快，几乎超过人们的预料。与其相配套的世界信息化学品（主要指电子化学品）平均年增长率也保持在8%以上，是化工行业中发展最快的部门之一。预计到2010年，世界电子化学品的市场规模超过348亿美元。

目前，电子化学品的品种已达上万种，具有质量要求高、用量少、对生产及使用环境洁净度要求高和产品更新换代快等特点。电子化学品质量的好坏，直接影响到电子产品质量的优劣，随着新一代电子技术的出现，新一代信息化学品也将产生并与之适应。

我国十分重视电子化学品的研制、开发和生产，目前生产的产品已能够部分满足我国信息产业的需求，其中超净高纯试剂，BV-Ⅲ级试剂已达到国外Semi-c7质量标准，适合于0.8～1.2μm工艺，已形成500t/a规模的生产能力，MOS级试剂已开发生产出20多个品种，年产量超过4000t；光刻胶每年生产100t左右，紫外线负胶已国产化，紫外线正胶可满足2μm的工艺要求，电子束胶可提供少量产品；环氧模塑料已有3000t/a的生产能力，可满足0.8μm工艺要求，现在正在研制0.35μm工艺要求的封装材料。但特种电子气体，有30多个品种主要由美国、法国和日本等国家的公司提供，国内只生产少量品种。

未来我国信息化学品产业的发展，除了应重视和强化发展面广量大的各种超净、高纯试剂、光刻胶以及塑封材料以外，更要重视比较薄弱的电子用各种特种气体的开发和生产。此外，几类有发展潜力的新型信息化学品，如新型光致抗蚀剂、新型电子塑封材料、彩色等离子甲板显示屏专用光刻系列浆料、印制电路板用新型基板材料BT树脂等也应受到关注，预计这些新型电子化学品将有较大的发展空间。

实验十六 油溶性青398成色剂的合成

一、实验目标

1. 了解油溶性青398成色剂的用途及合成原理。
2. 巩固蒸馏、洗涤、热过滤、重结晶等实验操作技术。

二、产品特性与用途

（1）产品特性 油溶性青398成色剂英文名为oil-soluble cyan coupler 398。本品为白色粉状结晶，熔点148～152℃；易溶于丙酮、氯仿、乙酸乙酯等有机溶剂，微溶于冷石油醚、乙腈，不溶于水。储运条件为避光，干燥。与显影剂生成染料的吸收峰$\lambda_{max}=650nm$。

化学式：$C_{27}H_{37}Cl_2NO_3$

结构式：

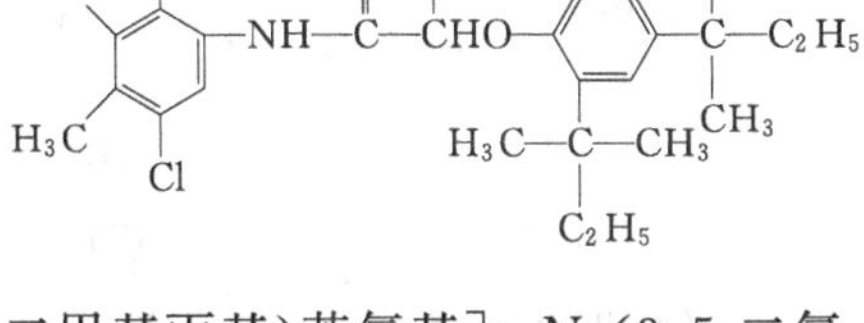

命名：2-[2,4-双（1,1-二甲基丙基)苯氧基］-*N*-(3,5-二氯-2-羟基-4-甲苯基）-丁酰胺。

（2）产品用途 本品属于感光材料化学品，主要用于制造油溶性彩色胶片、彩色相纸。在多层彩色胶片（正片）的感红层中，经显影加工后生成青色影像。

三、实验原理

（1）氯化反应

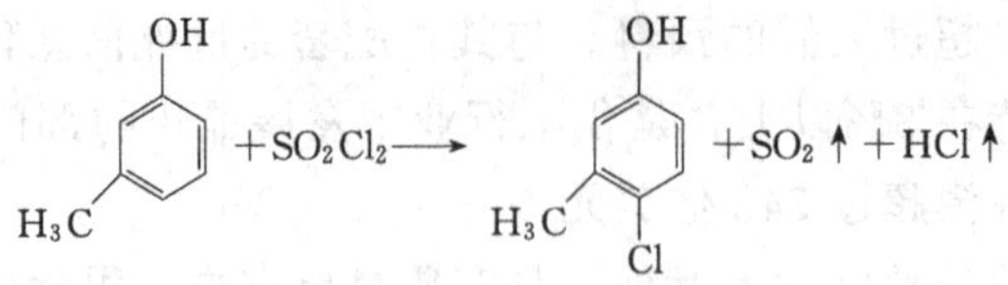

(2) 硝化反应

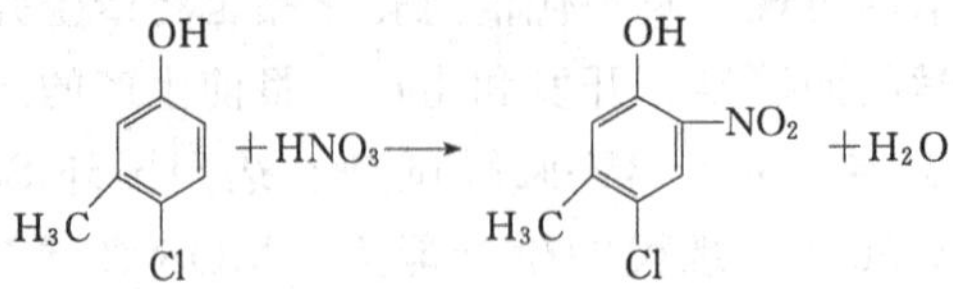

(3) 还原反应

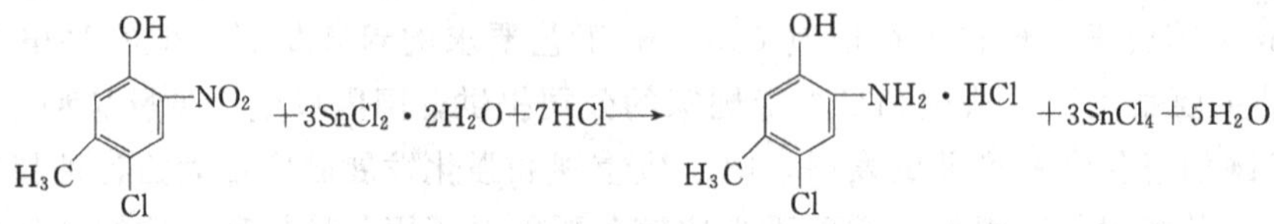

(4) 乙酰化、氯化、水解及胺盐的制备

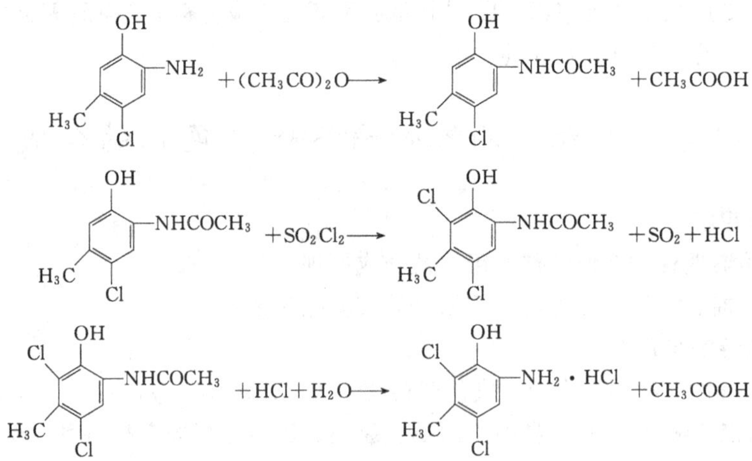

(5) 2,4-二叔戊基苯氧异丁酰氯的合成

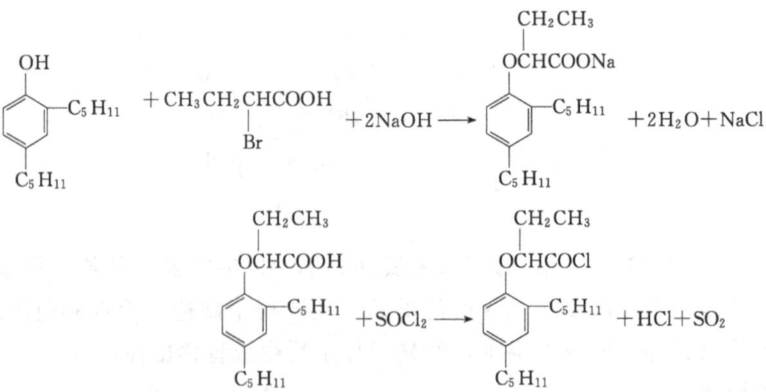

(6) 成色剂的合成

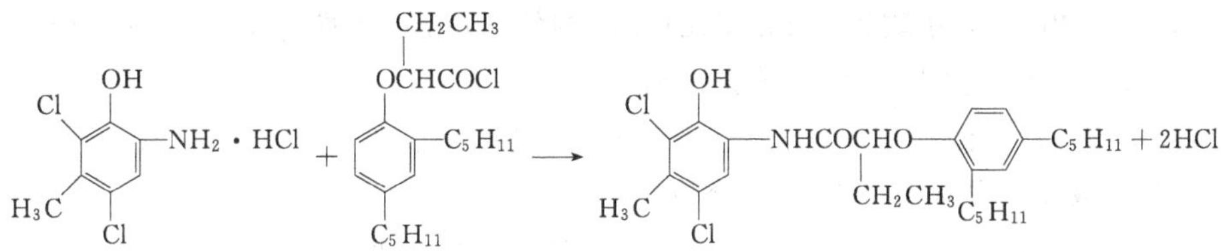

四、主要仪器与试剂

（1）主要仪器　四口瓶两只、三口瓶、滴液漏斗两个、电动搅拌装置两套、温度计、分液漏斗、气体吸收装置一套、减压蒸馏装置一套、回流冷凝管、恒温水浴锅。

（2）主要试剂　间甲酚、硫酰氯、乙酐、冰醋酸、发烟硝酸、碳酸氢钠、碳酸钠、乙醇、氯化亚锡、2,4-二叔戊基苯酚、α-溴丁酸、浓盐酸、丙酮、吡啶、石油醚。

五、实验内容与操作步骤

（1）氯化反应

① 在装有电动搅拌装置、滴液漏斗、气体吸收装置和温度计的 500mL 四口烧瓶中，加入 157.5mL（1.504mol）间甲酚，在不断搅拌下于 2h 内滴加 222.5g（2.23mol）硫酰氯，温度控制在 22～26℃。

② 滴加完后，缓慢升温至 100℃，保温 10h。降温至 40℃，加入 10％碳酸钠水溶液约 50mL，中和至呈中性。

③ 将物料转移到分液漏斗中，静置分层，分出的油层分别用 300mL 蒸馏水洗涤两次；减压蒸馏，收集沸点为 130～138℃（6665Pa）的馏分，得无色透明液体 4-氯-5-甲基苯酚（凝固点 48～52℃）。

（2）硝化反应

① 在装有电动搅拌装置、滴液漏斗和温度计的 500mL 三口烧瓶中，加入 216mL 冰醋酸、54mL 水、114g(0.800mol) 4-氯-5-甲基苯酚，开动搅拌，用冰盐浴冷却至－5℃。

② 在－5～0℃下，于 1.5h 内滴加 60mL 发烟硝酸，然后缓慢升温至 30℃，反应 4h。

③ 反应结束后，过滤，水洗至呈中性，干燥，得到粗品。乙醇重结晶，得产品 2-硝基-4-氯-5-甲基苯酚（熔点 131～133℃）。

（3）还原反应

① 在装有电动搅拌装置、滴液漏斗、回流冷凝管和温度计的 500mL 四口烧瓶中，加入上述产品 2-硝基-4-氯-5-甲基苯酚 23.5g 和 50mL 水，开动搅拌并加热至 90℃。

② 在 1h 内滴加 113g 氯化亚锡溶解在 110mL 浓盐酸中的溶液，再在 90～95℃下反应 2h。

③ 将上述反应液趁热过滤，滤液冷却后加入 25mL 浓盐酸；冷却至 10℃，析出结晶，过滤；将滤饼用水加热溶解，过滤，滤液冷却后用碳酸氢钠调 pH＝6～7；过滤，水洗，干燥，得到白色（或淡黄色）粉末 2-氨基-4-氯-5-甲基苯酚（熔点 138～142℃）。

（4）乙酰化、氯化、水解及胺盐的制备

① 在装有电动搅拌装置、回流冷凝管和温度计的 500mL 三口烧瓶中，加入上述产品 2-氨基-4-氯-5-甲基苯酚 20.5g 和 82mL 冰醋酸，搅拌下加入 27.2mL 乙酐；反应混合物自行升温至 55℃，保温反应 1h。

② 冷却至 20℃，加入 11.3mL 硫酰氯，反应混合物变为暗红色溶液，继续搅拌反应 1h。

③ 加入由 102mL 浓盐酸和 51mL 乙醇配成的约 153mL 酸性乙醇，回流反应 1.5h，析出白色晶体 3,5-二氯-2-羟基-4-甲基苯胺盐酸盐。

④ 冷却至 5℃，过滤，用丙酮洗涤，干燥，得到产品。

(5) 2,4-二叔戊基苯氧异丁酰氯的合成

① 在装有滴液漏斗、回流冷凝管和温度计的 500mL 三口瓶中，加入 150mL 乙醇和 50g 氢氧化钠，回流 0.5h；稍冷片刻，加入 58.5g（约 0.25mol）2,4-二叔戊基苯酚，回流 0.5h。

② 降温至 20℃，滴加 53.4g α-溴丁酸（约 0.32mol）的乙醇溶液，控制反应温度不超过 25℃，加完后回流 6h。

③ 将反应液倒入水中，用盐酸酸化，过滤并析出沉淀；干燥，用 60～90℃的石油醚进行重结晶，得到白色的 2,4-二叔戊基苯氧异丁酸（熔点 98～100℃）。

④ 在装有回流冷凝管和气体吸收装置的 250mL 三口烧瓶中加入 2,4-二叔戊基苯氧异丁酸 16g（约 0.05mol），再加入硫酰氯 18g（约 0.15mol），升温回流 12h；除去硫酰氯，得到 2,4-二叔戊基苯氧异丁酰氯。

(6) 成色剂的合成

① 在装有电动搅拌装置、滴液漏斗、回流冷凝管和温度计的 250mL 四口烧瓶中，加入 5.5mL 吡啶和 61.3mL 丙酮，开动搅拌，加入 7g 3,5-二氯-2-羟基-4-甲基苯胺盐酸盐，回流 5min。

② 慢慢加入 11.4g 2,4-二叔戊基苯氧异丁酰氯，回流反应 2h。

③ 将反应物加入酸性冰水中，析出青 398 成色剂粗品；过滤，水洗至呈中性；干燥，得产品；产品可用石油醚（沸程为 90～120℃）进行重结晶。

六、实验记录与数据处理

实验中，请参照表 10-1，做好记录和数据处理工作。

表 10-1　油溶性青 398 成色剂合成实验记录

中间体及产品名称	性　状	熔程/℃	产量/g	收率/%
4-氯-5-甲基苯酚				
2-硝基-4-氯-5-甲基苯酚				
2-氨基-4-氯-5-甲基苯酚				
3,5-二氯-2-羟基-4-甲基苯胺盐酸盐				
2,4-二叔戊基苯氧异丁酰氯				
油溶性青 398 成色剂				

七、安全与环保

1. 实验宜在通风橱内进行。

2. 间甲酚、硫酰氯、发烟硝酸等均有腐蚀性，操作时注意勿与皮肤直接接触。

3. 丙酮和石油醚都易挥发、易燃，操作时不要接触明火。

4. 吡啶有极难闻的气味，不要与皮肤接触，否则气味难以消除。

5. 注意洗涤用溶剂（乙醇、丙酮、石油醚等）的回收利用，不要直接倒入下水道内。

6. 硝化反应是强烈的放热反应，4-氯-5-甲基苯酚属于易被硝化和被氧化的活泼芳烃衍生物，所以硝化过程会放出大量热，如果不及时移出，将使反应温度迅速上升，引起多硝化、氧化等副反应的发生，造成硝酸分解，产生大量红棕色二氧化氮气体，甚至发生爆炸事故。因此，为使硝化反应顺利进行，必须严格控制反应在规定的温度范围内进行。

思　考　题

1. 氯化反应中，硫酰氯为什么过量？
2. 氯化反应中减压蒸馏时，能否在冷凝管内通自来水？为什么？
3. 还原反应中将滤液调 pH=6～7 的目的是什么？

实验十七　增感剂 3,3′-二乙基-9-甲基硫碳菁碘盐的合成

一、实验目标

1. 了解增感剂 3,3′-二乙基-9-甲基硫碳菁碘盐的合成原理。
2. 巩固蒸馏、洗涤、干燥、萃取和重结晶等实验操作技术。

二、产品特性与用途

本品为阳离子碳菁染料，光学增感剂，为铜色结晶，熔点 286～287℃；最大吸收波长为 543nm（甲醇），用于卤化银照相乳剂中的最大增感波长为 590nm。中位甲基的存在，使增感效果比未有取代基的要好。

化学式：$C_{22}H_{23}N_2S_2I$

结构式：

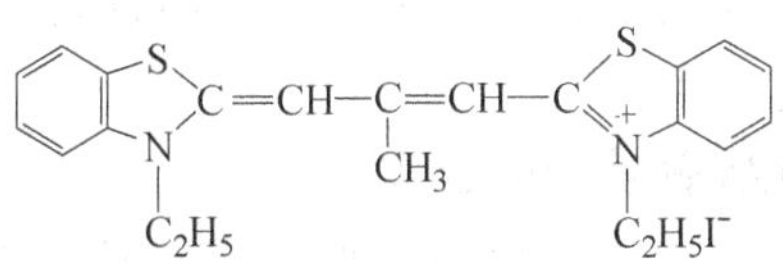

三、实验原理

（1）2-甲基苯并噻唑的合成

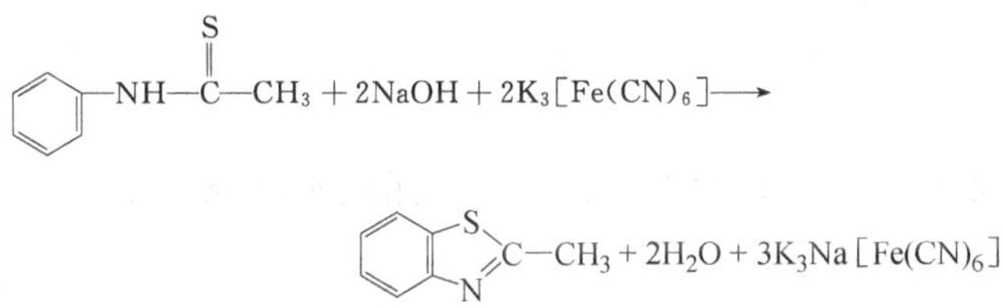

（2）2-甲基-3-乙基苯并噻唑碘盐的合成

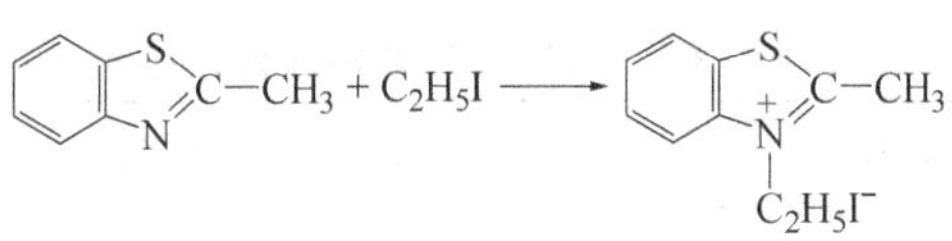

（3）3,3′-二乙基-9-甲基硫碳菁碘盐的合成

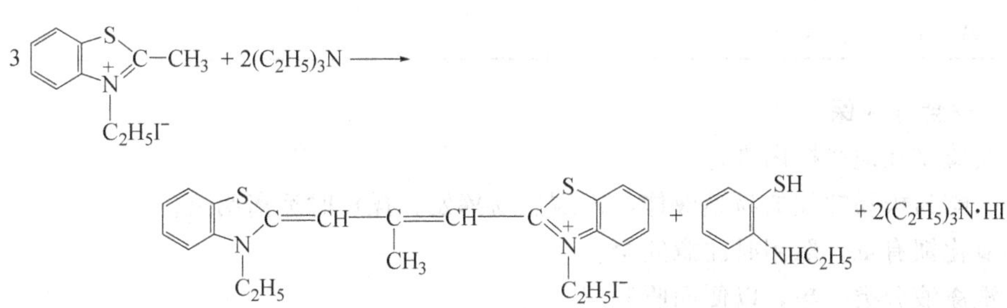

四、主要仪器与试剂

三口烧瓶、圆底烧瓶、回流冷凝管、电动搅拌装置一套、大烧杯、水浴、油浴。

硫代乙酰苯胺、铁氰化钾、氢氧化钠、碘乙烷、吡啶、四氯化碳、丙酮、甲醇、乙醚、氧化钡、氢氧化钾。

五、实验内容与操作步骤

(1) 2-甲基苯并噻唑的合成

① 取 22.5g 氢氧化钠溶于 440mL 水中，再加入 20g 硫代乙酰苯胺，加热至 45℃，溶解，滤去不溶性杂质。

② 将 115g 铁氰化钾加入 400mL 水中，加热溶解，冷却至 15～20℃。

③ 将①所得溶液逐渐在 1～1.5h 内滴入②所得溶液，温度控制在 15～20℃；继续搅拌 15min。

④ 静置 0.5h，反应物分别用 50mL 四氯化碳萃取四次；将萃取液分别用 75mL 5%氢氧化钠洗涤三次，再分别用 50mL 水洗涤两次。

⑤ 在油浴上先蒸去四氯化碳，然后继续加热蒸馏，收集 235～240℃馏分，得到无色油状液体 2-甲基苯并噻唑。

(2) 2-甲基-3-乙基苯并噻唑碘盐的合成

① 在 250mL 烧瓶中加入 15g 2-甲基苯并噻唑和 16g 碘乙烷，加热回流 20h。

② 过滤，用丙酮研磨并洗涤两次。在 40mL 甲醇中进行重结晶，得 2-甲基-3-乙基苯并噻唑碘盐（熔点 190～192℃）。

(3) 3,3′-二乙基-9-甲基硫碳菁碘盐的合成

① 将吡啶用氧化钡干燥，在使用前重新蒸馏。三乙胺先用固体氢氧化钾干燥，然后在氧化钡中回流 3h，蒸馏，收集沸点为 86～90℃的馏分。

② 在装有电动搅拌装置、回流冷凝管和温度计的 100mL 三口烧瓶中加入 9.15g (0.03mol) 2-甲基-3-乙基苯并噻唑碘盐、30mL 吡啶、3.03g(0.03mol) 三乙胺，加热至回流温度，回流 1.5h，不断有染料结晶析出。

③ 反应结束后，冷却，加入 200mL 乙醚萃取。残余物用热水洗涤，除去焦油状杂质。用甲醇重结晶两次，得到产品（熔点 286～287℃）。

六、实验记录与数据处理

实验中，请参照表 10-2，做好记录和数据处理工作。

表 10-2 增感剂 3,3′-二乙基-9-甲基硫碳菁碘盐合成实验记录

中间体及产品名称	性 状	熔 程/℃	产 量/g	收 率/%
2-甲基苯并噻唑				
2-甲基-3-乙基苯并噻唑碘盐				
3,3′-二乙基-9-甲基硫碳菁碘盐				

七、安全与环保

1. 实验宜在通风橱内进行。
2. 乙醚为极易挥发的易燃液体，丙酮也易挥发，操作时远离明火。
3. 氧化钡有毒，取用时注意安全。
4. 洗涤液分类收集，以便回收利用。

思　考　题

1. 为什么将硫代乙酰苯胺的碱性溶液在1～1.5h内滴入铁氰化钾溶液中而不是一次加入？

2. 为什么用甲醇对染料进行重结晶？

第十一章　食品和饲料添加剂

一、食品和饲料添加剂及其分类

(1) 食品添加剂　食品添加剂（food additive）指为改善食品或饲料品质、色、香、味以及为防腐保鲜和加工工艺的需要而加入的化学合成或天然化学品。

食品添加剂按其原料和生产方法不同，可分为化学合成添加剂和天然食品添加剂。按用途的不同，可分为防腐剂、抗氧化剂、发色剂、漂白剂、酸味剂、凝固剂、疏松剂、增稠剂、消泡剂、甜味剂、乳化剂、品质改良剂、抗结块剂、香料、食品强化剂、着色剂及其他共十七类。

食品添加剂分天然制品和化学合成制品两大类，目前化学合成制品使用较多。由于绝大多数食品添加剂将存留在最终食品中，因此，食品添加剂的安全性与人体健康有着直接的联系。各国依照饮食习惯不同，制定了相应的食品添加剂的使用范围和种类，我国对食品添加剂及其使用要求如下。

① 必须经过严格的毒理鉴定，保证在规定使用量范围内对人体无害。

② 有严格的质量标准，其有害物质不得超过允许限量。

③ 进入人体后，能参与人体的正常代谢，或能够经过正常解毒过程而排出体外，或不被吸收而排出体外。

④ 用量少，效果明显，能真正提高食品的商品质量和内在质量。

⑤ 使用安全方便。

(2) 饲料添加剂　饲料是能提供饲养动物所需养分，保证健康，促进生产和生长，且在合理使用下不发生有害作用的可饲物质。饲料添加剂是指在饲料加工、制作、使用过程中添加的少量或者微量物质，包括营养性饲料添加剂、一般性饲料添加剂和药物饲料添加剂。

二、食品和饲料添加剂的应用

(1) 食品添加剂的应用　从食品添加剂的分类可以看出食品添加剂有着广泛的用途，食品添加剂是构成现代食品工业的重要物质，它对于改善食品的色、香、味，增加食品营养，提高食品品质，改善加工条件，防止食品变质，延长食品的保质期有极其重要的作用。可以说，没有添加剂就没有现代食品。但是，食品添加剂应该是对人体有益无害的物质。然而，有些食品添加剂，特别是化学合成食品添加剂往往有一定的毒性，因此要严格控制使用量。

(2) 饲料添加剂的应用　营养性饲料添加剂主要用于补充饲料的营养；一般饲料添加剂用于保证或者改善饲料品质，促进饲养动物生产，保障饲养动物健康，提高饲料利用率；药物饲料添加剂用于预防动物疾病或影响动物某种生理、生化功能。

三、食品和饲料添加剂的发展概况

(1) 食品添加剂的发展概况　食品工业是国民经济中重要的支持性产业之一，它直接影响着工农业发展、人们生活水平提高和社会的稳定。因此，食品添加剂工业得到了快速的发展。

目前世界上使用的食品添加剂总数已达 25000 多种，其中直接使用的约有 4000 多种。

常用的添加剂有 600～1000 种。美国食品添加剂品种有 3450 种，其中直接使用有 1200 种；日本合成食品添加剂品种有 389 种，其中香料 95 种，天然食品添加剂有 800 种；欧共体允许使用的有 1000～1500 种。在一些发达国家，食品添加剂在食品工业中占有很大的比例，美国几乎所有食品都含添加剂；日本每年用量约 500kt/a。预计，2008 年世界食品添加剂市场总销售额为 160 亿美元。

我国食品添加剂是近一二十多年开发和发展起来的，1986 年颁布的 GB 2700—86 国家标准允许使用品种为 16 个品类 618 种，到目前为止，据对 GB 2760—96 及卫生部补充规定的统计，我国食品添加剂实际允许使用的品种为 1524 种，其中食用香料为 700 多种。

随着食品工业的发展和人民生活水平的提高，人们对食品添加剂的认识也在不断发展和完善。未来食品添加剂行业将向以下几个方面发展。

① 积极倡导和开发天然、营养、多功能食品添加剂。

② 致力开发各种各样用途的食品添加剂。

③ 加强食品添加剂的标准化工作，限制一些不良品种的生产与使用。

（2）饲料添加剂的发展概况　饲料是动物的“粮食”，饲料添加剂是饲料的“核心”，它们的安全性直接关系着肉、蛋、奶、鱼等养殖业的高效生产和动物产品的安全卫生，关系着人们身体的安全和健康。因此，未来饲料添加剂的发展必须绿色、环保、安全、卫生。

有资料表明，饲料添加剂的发展将呈以下态势。

① 标准化工作将得到加强，一些添加剂的使用将会被严格控制。比如，药物饲料添加剂将受到更加严格的控制。

② 氨基酸、维生素生产的垄断化还将继续，目前，蛋氨酸的生产主要集中在法国、德国和美国的公司，约占世界产量的 90%。

③ 有机化微量矿物元素将得到较大发展，但前提是进一步降低其价格。

④ 酶制剂及生态制剂将继续发展，但酶制剂的使用温度应该得到提高。

⑤ 生物工程产品将因为价格的不断降低而得到更加广泛的应用。

⑥ 磷酸钙产品结构将有所调整，磷酸三钙的产量将大大增加，而磷酸氢钙的产量将有所萎缩。

⑦ 饲料保存剂的复配化将得到进一步发展。

⑧ 世界范围内预混料生产的竞争将更加激烈。

实验十八　富马酸二甲酯的制备

一、实验目标

1. 了解食品防腐剂的一般知识，熟悉富马酸二甲酯的性质和用途。
2. 巩固酯化、结晶、重结晶、过滤、熔点测定等操作技能。
3. 掌握富马酸二甲酯的制备方法。

二、产品特性与用途

富马酸二甲酯（Dimethyl fumarate，简称 DMF），学名反丁烯二酸二甲酯，熔点为 101～102℃，是 20 世纪 80 年代发展起来的一种优良的防腐保鲜剂。它克服了苯甲酸、丙酸、对羟基苯甲酸酯类、山梨酸等的不足，具有广谱、高效、低毒（$LD_{50}=2240$mg/kg）等特点，对许多霉菌有特殊的抑制效果，并且具有抗真菌能力。富马酸二甲酯可广泛用于食品、蔬菜、水果的保鲜和防腐杀虫，也可用于皮革、化妆品、纺织品、制药等行业中，并且正在不断开发新的应用领域，其使用不受食品成分和 pH 等因素的影响，是一种很有用前途的新型防腐剂，已引起国内外食品、饲料行业的高度重视。

富马酸二甲酯的合成大都以顺丁烯二酸酐或富马酸为原料，与甲醇直接酯化合成，催化剂主要有浓硫酸、浓盐酸、对甲苯磺酸等，也有人探讨了阳离子交换树脂、杂多酸等的催化活性。

三、实验原理

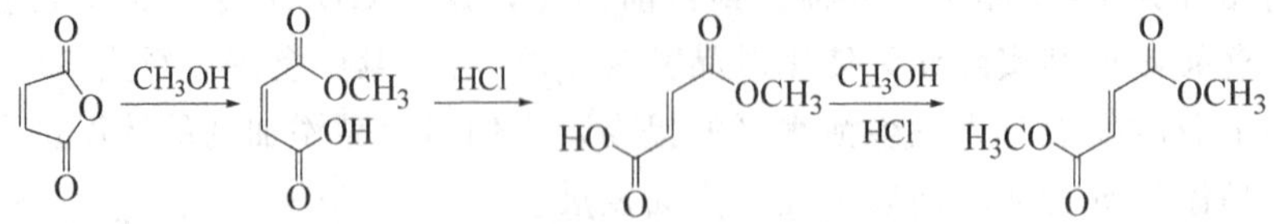

四、主要仪器与药品

1. 主要仪器

三口烧瓶（250mL）、温度计（0～150℃）、电加热套、回流冷凝管、电动搅拌装置、抽滤装置。

2. 主要药品

顺丁烯二酸酐（化学纯）、甲醇（化学纯）、浓盐酸、液体石蜡（化学纯）

五、实验步骤

1. 溶解

在装有电动搅拌装置、回流冷凝管和温度计的 250mL 三口烧瓶中加入 24.5g 顺丁烯二酸酐和 20mL 甲醇，加热至顺酐溶解；稍微冷却。

2. 催化反应

(1) 缓慢加入 4mL 浓盐酸作催化剂，搅拌回流 0.5h；

(2) 稍微冷却后，再缓慢加入 76mL 甲醇，继续搅拌回流 4.5h；

(3) 停止加热后继续搅拌至反应液冷却，有结晶析出。

3. 洗涤过滤

抽滤并水洗至中性，80℃左右烘干 5～10min，得富马酸二甲酯粗产品。

4. 重结晶

将粗品溶于约 20mL 热的甲醇中进行重结晶，得富马酸二甲酯精产品。

5. 测定熔点

用提勒管测产品熔点。

六、实验记录与数据处理

富马酸二甲酯粗品：________g；外观：____________________；收率：________%

富马酸二甲酯精品：________g；外观：____________________；收率：________%

富马酸二甲酯熔程：________℃

七、安全与环保

1. 实验中需要向反应液中加入挥发性较强的浓盐酸，操作时注意冷却反应液。

2. 注意回收甲醇。

思　考　题

1. 甲醇在该实验中有哪些作用？

2. 如何提高该酯化反应的产率？

实验十九 姜油的制备

一、实验目标

1. 了解香料的基本知识。

2. 掌握蒸馏法提取天然香料的方法。

二、产品特性与用途

姜油（oil of ginger）是一种可食用的调味料。姜油为淡黄色至黄色液体，具有生姜的芳香和持久的香气，具有温和、鲜木样的特异芳香辛辣口感。鲜姜油的理化常数 d_{25}（对水）为 0.865～0.890，折射率为 1.480～1.495（20℃），旋光度为−5°～−20°（20℃）；干姜油的理化常数 d_{25}（对水）为 0.872～0.895，折射率为 1.480～1.495（20℃），旋光度为−25°～−55°（20℃）。鲜姜经水蒸气蒸馏，20h 后得油率为 0.15%～0.3%；干姜经水蒸气蒸馏，16～20h 后得油率为 1.5%～2.5%。

姜油的化学成分已检出 100 多种，其中经鉴定的有 *α*-姜烯［（−)-*α*-zingiberene］，*β*-姜烯（*β*-zingiberene）、芳姜黄烯［(＋)-*ar*-curcumene］，红没药烯［(−)-*β*-bisabolene］、*β*-榄香烯、*β*-金合欢烯等 56 种成分。

辛辣成分主要是姜辣素（gingerol）及其分解产物——姜酮（yingerone）、姜烯酚(shogaol)，其他成分还有二氢姜酚（dihydrogingerol）、*γ*-氨基丁酸、天门冬氨酸、谷氨酸、丝氨酸、甘氨酸、六氢吡啶-*α*-羧酸等。

三、实验原理

天然香料大多数从植物中提取得到。提取方法有四种，即水蒸气蒸馏、压榨、浸取和吸收。其中吸收法不常用。

(1) 蒸馏法　芳香成分多数具有挥发性，可以随水蒸气逸出，冷凝后因其水溶性很低，故易与水分离。水蒸气蒸馏是提取植物天然香料最常用的方法。但是因为提取温度较高，某些芳香成分可能被破坏，香气或多或少受到影响，所以水蒸气蒸馏所得到的香料，其留香性和抗氧化性一般较差。

(2) 压榨法　用压榨机可从果实（如柠檬、柑橘等）中提取芳香油。由于此类果实的香味成分包含在油囊中，因而用压榨机将油囊压破后就可将芳香油挤出，再经分离、澄清等加工就可得到香料油。压榨加工通常在常温下进行，香料油中的成分很少被破坏，因而可以保持天然香味。但压榨得到的香料油通常颜色较深，并且含有蜡质。

(3) 浸提法（萃取法）　适用于香味成分受热易破坏并且易溶于萃取溶剂的香料提取。主要用于从鲜花中提取浸膏和精油。方法是把鲜花置于密封容器内，用有机溶剂在低温下浸泡一段时间，然后在减压下蒸馏，将溶剂回收，得到鲜花浸膏。这样得到的香料，其香气成分比较齐全，留香持久，但含色素和蜡质，并且水溶性较差。必要时，萃取可在加热条件下进行。

四、主要仪器与试剂

恒压滴液漏斗、电加热套及电动搅拌器等。

生姜或干生姜。

五、实验内容与操作步骤

称取生姜 100g（如果用干生姜，取 20g 即可），洗净后先切成薄片，再切成小颗粒，放入 250mL 圆底烧瓶中，加水 100mL 和沸石 2～3 粒。在烧瓶上装有恒压滴液漏斗，漏斗上装回流冷凝管。把漏斗下端的旋塞关闭，加热圆底烧瓶，使烧瓶内的水保持较猛烈的沸腾状态。于是水蒸气夹带着姜油蒸气沿着恒压滴液漏斗的支管上升进入冷凝管。从冷凝管回收的冷凝水和姜油落下，被收集在恒压滴液漏斗中。冷凝液很快在漏斗中分离成油、水两相。每隔一段时间把漏斗的旋塞拧开，把下层的水放回到烧瓶中，姜油则总留在漏斗内。如此重复多次，约经 2～3h 后，降温，把漏斗内下层的水尽量分离出来，余下的姜油则作为产物移入回收瓶中保存。

用松针、香芽草、胡椒、柠檬叶、桉树叶等代替生姜，可得到相应不同的精油，并且出油率各不相同。

六、实验记录与数据处理

（1）实验记录　可参照表 11-1 的格式记录实验数据。

表 11-1　姜油的制备的实验记录

产品名称	水蒸气蒸馏时间/h	外　观	相对密度	折射率	旋光度/(°)	产量/g
姜油						

（2）数据处理　把姜油的出油率计算后，将数据记录在表 11-2 中。

表 11-2　姜油的出油率

产品名称	出油率/%
姜油	

七、说明

如果用干姜做原料，那么干姜不宜磨得太细，否则，因其本身含淀粉量高，易产生黏结而结块，降低出油率，同时装料时应做到疏松均匀，已粉碎的材料应迅速蒸馏，以免芳香成分挥发损失，降低出油率。一般说来，通过蒸馏所得到的姜油缺少辣味，但具有辛香料的香气和香味。

思　考　题

实验所得的姜油是粗品，可以采用什么方法精制？

实验二十　果胶的制备

一、实验目标

1. 了解果胶的结构与应用。

2. 掌握果胶的提取及分析方法。

二、产品特性与用途

柑橘是我国的主要水果之一，柑橘皮约占果实重的 1/4。千百年来，我国人民将橘皮入药，但用量有限，大量的橘皮资源没有得到充分的利用。柑橘皮中含有丰富的色素、碳水化合物、果胶、橙皮苷、纤维素等，它们在饮料、食品和医药工业中具有广泛的用途。

果胶为白色或浅黄色粉末，微甜且稍带酸味，无固定的熔点，能溶于20倍水中呈稠状液体，但不溶于乙醇等有机溶剂，在酸性条件下结构稳定，在强碱性条件下易分解。自然界中果胶以不溶于水的果胶原的形式存在于植物中。其中以柑橘皮、苹果皮、西瓜皮、向日葵花盘、针叶松皮、蚕沙等含量较高，特别是柑橘皮中，果胶的含量达10%～30%。

果胶最重要的特性是具有胶凝性，这在食品工业中和医药的行业中有重要意义。果胶在食品工业中是制造果酱、果冻的稳定剂，软糖、酸奶等饮料的乳化剂；在医药工业中，果胶可用来制造轻泻剂、止血剂、毒性金属解毒剂、血浆代用品等；在纺织工业中可代替淀粉，而且不需要其他辅助剂；可代替琼脂用于化妆品的生产等。

三、实验原理

果胶是一种天然多聚糖醛酸化合物。它的基本结构是以α-1,4苷键连接的聚D-半乳糖醛酸，含有几百到一千个结构单元，其中部分羧基被甲酯化，其余的羧基则与钾、钠、铵离子结合形成盐，其平均相对分子质量在$1\times10^5\sim4\times10^5$之间。它的结构式为：

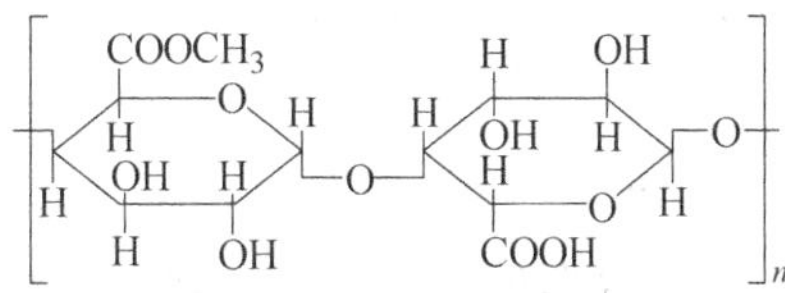

在水果蔬菜中，尤其在未成熟的水果和皮中，果胶多数以原果胶形式存在，原果胶是以金属离子桥（特别是钙离子）与多聚半乳糖醛酸中的游离羧基结合形成。原果胶不溶于水，因而提取可溶性的果胶需要用酸水解。从柑橘皮中提取的果胶是高酯化度的果胶，酯化度在70%以上。

四、主要仪器与试剂

电加热套、电动搅拌器及减压蒸馏装置等。

橘皮、0.1mol/L氢氧化钠溶液、1mol/L醋酸溶液、1mol/L氯化钙溶液、盐酸及95%乙醇溶液等。

五、实验内容与操作步骤

（1）果胶的制备　去蒂的橘皮，称取200g，用水清洗干净，晾干后压榨出橘油，再用水淘洗2～3次，去掉橘油。把去掉橘油的橘皮挤干，放在2000mL烧杯中加水700mL，在95～100℃下用水浴加热5～10min，稍冷后用清水漂洗、挤干。

在橘皮中加水800mL，用盐酸溶液调节溶液的pH值在2左右，在90～100℃下水浴加热，浸取30min，趁热过滤。由于大量的细小柑橘皮渣过滤困难，因此可先用滤布或白的确良布粗滤一次。将所得的浅黄色滤液在600～700mmHg（1mmHg=133.322Pa）真空度下浓缩至300mL左右，得到浅黄色黏稠果胶液体。将浓缩后的果胶冷却，然后以多股细线状均匀流入等体积95%乙醇溶液中，充分搅拌，使果胶沉淀完全。静置2～3h后过滤。滤液不要弃去，蒸馏后回收乙醇可继续使用。滤饼用95%乙醇溶液洗涤2～3次，洗涤后的果胶在40～50℃下干燥，然后粉碎，并用80～100目的筛子过筛。

（2）果胶的分析　称取果胶0.5g（准确到0.0001g）于250mL烧杯中，加入150mL水煮沸1h（煮沸过程中应不断加水，使其体积不变）溶解，然后移入250mL容量瓶中，并稀释至刻度线。用移液管取此液25mL于500mL烧杯中，加入0.1mol/L的氢氧化钠溶液100mL，放置30min，再加入1mol/L的醋酸溶液50mL，5min后加入50mL的1mol/L氯化钙溶液，放置1h。加热煮沸5min，立即趁热过滤，并用热蒸馏水洗涤至无Cl^-（过滤用的滤纸应在105℃下烘干至恒重）。把沉淀放在预先在105℃下烘干至恒重的称量瓶内，于105℃下烘干至恒重，称重。利用下列公式计算果胶的含量：

$$果胶\% = \frac{K \times m_1}{m \times \frac{25}{250}} \times 100$$

式中 m_1——沉淀质量，g；

m——样品质量，g；

K——果胶酸钙换算成为果胶的系数，其值为 0.9235。

果胶如用作食品添加剂，还应按国家标准进行胶凝度、干燥失重、灰分、pH 值、砷及重金属含量等项指标的检测。

六、实验记录与数据处理

(1) 实验记录 可参照表 11-3 的格式记录实验数据。

表 11-3 果胶的制备的实验记录

产品名称	外观	产量/g
果胶		

(2) 数据处理 按照上述公式计算出果胶的含量后，将数据记录在表 11-4 中。

表 11-4 果胶的含量

产品名称	含量/%
果胶	

思考题

提取果胶可用哪些方法？本实验采取的是何种方法？

第十二章　黏　合　剂

一、黏合剂及其分类

黏合剂（adhesive，bond）是指能使一种物体的表面与另一种物体的表面相互粘接的物质。黏合剂多为混合物，其组成主要包括基料（黏料）、固化剂、填料、增塑剂、稀释剂、偶联剂、稳定剂和防霉剂等。

黏合剂有多种分类方法。

按其形态可分为水基黏合剂、溶剂型黏合剂、乳液型和胶乳型黏合剂、无溶剂型黏合剂、膜状黏合剂、热熔型黏合剂六类；按其化学结构可分为热塑性树脂黏合剂、热固性树脂黏合剂、橡胶类黏合剂、无机黏合剂、天然黏合剂五类；按其性能可分为压敏黏合剂、再湿黏合剂、瞬干黏合剂、厌氧黏合剂、耐高温和耐低温黏合剂、微胶囊黏合剂六类；按其用途可分为结构用黏合剂、非结构用黏合剂、木材用黏合剂、金属用黏合剂、塑料用黏合剂、纸张和包装用黏合剂、纤维用黏合剂、橡胶用黏合剂、土木建筑用黏合剂、玻璃用黏合剂、车辆用黏合剂、飞机和船舰用黏合剂、电气和电子工业用黏合剂、生物体和医疗用黏合剂十四类。

最新发展的黏合剂还有无污染黏合剂、第二代丙烯酸酯类黏合剂、光固化和电子射线固化黏合剂、导电黏合剂四类。

二、黏合剂的应用

黏合剂广泛应用于国民经济的各个领域，从儿童玩具的生产、工艺美术品的制作，到飞机、火箭、人造卫星的制造等，到处都可以找到黏合剂的应用。黏合剂既能很好的连接各种金属和非金属材料，又能对性能相差悬殊的基材，如金属和塑料、水泥和木材、橡胶和帆布等实现良好的连接，并且工艺简单、生产效率高、成本低廉。目前，木材加工业、建筑和包装行业仍是黏合剂的大宗消费对象，其用量接近全部黏合剂用量的 90%。其次是纺织、密封、腻子、汽车、航天航空、民用制品等。另外，黏合剂在机械维修和磨损部件尺寸修复方面也发挥着很大的作用。

三、黏合剂发展概况

黏合剂的发展趋势大致可归纳为应用新型材料、开发高综合性能的胶种、简化生产应用操作工艺、减少环境污染及降低生物毒性等。

（1）基料方面　基料决定着胶层的基本性能。天然黏合剂的基料多为水性的，其固化速度、粘接强度及耐久性均不理想，对其进行化学改性可使其性能大为改观。将不同性能的材料进行共混、共聚及拼用可以取长补短，提高胶层的综合性能。因此，开发新胶种特别注意基料的配制。

（2）剂型方面　将水基胶代替有机溶剂胶，以无溶剂胶代替溶剂型胶已成为一种新的倾向。

（3）固化方面　光固化、电子束固化的胶种生产量增大。这些固化方式不受环境影响，操作工艺简单，固化速度可调，可制成快速固化或瞬间固化的胶种。

（4）性能方面 性能方面要求多样化、高综合性能化、耐高低温化。

实验二十一 聚醋酸乙烯乳液的制备

一、实验目标

1. 了解自由基型加聚反应的原理。

2. 掌握聚醋酸乙烯酯乳液的制备方法。

二、产品特性与用途

聚醋酸乙烯（PVAC）乳液又称白乳胶，为乳白色黏稠浓厚液体，是一种应用广泛的胶黏剂。具有良好的粘接能力，可在5～40℃的温度范围内使用；有良好的成膜性，且无毒、无臭、无腐蚀性，但耐水性差；这种乳液稳定性好，由于使用水作分散介质，具有经济、安全和环保等优点。

醋酸乙烯酯乳液胶黏剂主要用于木材、纸张、纺织等材料的粘接以及掺入水泥中提高强度，也是醋酸乙烯乳胶涂料的原料。

三、实验原理

醋酸乙烯酯聚合是自由基型聚合反应，醋酸乙烯酯为单体，过硫酸铵为引发剂，在一定的温度条件下，使单体醋酸乙烯酯聚合生成聚醋酸乙烯酯。

$$n\mathrm{CH_3COOCH{=}CH_2} \xrightarrow{\text{过硫酸铵}} \mathrm{\lbrack CH(OCOCH_3){-}CH_2 \rbrack_{\mathit{n}}}$$

本实验采用乳液聚合的方法，以聚乙烯醇为分散剂、以OP-10为乳化剂，在乳液体系中进行聚合。乳液聚合体系的主要成分有分散介质、乳化剂、单体以及引发剂。所用的分散介质一般为水，所用的乳化剂通常为阴离子型的表面活性剂，也可采用非离子型表面活性剂或两种同时并用。

四、主要仪器与试剂

四口反应瓶、球形冷凝管、温度计、氮气导管、滴液漏斗、电动搅拌装置一套、恒温水浴锅。

醋酸乙烯酯（精制）、聚乙烯醇1799、乳化剂OP-10、去离子水、过硫酸铵、碳酸氢钠、邻苯二甲酸二丁酯。

五、实验内容与操作步骤

（1）溶解聚乙烯醇 在装有电动搅拌装置、球形冷凝管、滴液漏斗、温度计和氮气导管的250mL的四口反应瓶中，加入聚乙烯醇3.0g，去离子水50mL，开动搅拌；水浴温度逐渐升至80℃，恒定，至聚乙烯醇全部溶解。

（2）配制溶液 称取0.3g过硫酸铵，溶于3mL水中，配成10%的溶液。

（3）聚合

① 在已溶解的聚乙烯醇溶液中，加入1g乳化剂OP-10，搅拌并降温至60℃。

② 向上述乳液中加入11mL醋酸乙烯酯，及配制的过硫酸铵溶液1/4（约1.2mL）；通氮气置换空气，保持温度在60～65℃（回流）反应。

③ 待温度升至80～83℃时回流逐渐减少，开始用滴液漏斗缓慢滴入43mL醋酸乙烯酯，控制滴加速度，以使反应温度保持在（80±2）℃之间，有适度回流为宜，约在2h内加完；

在滴加醋酸乙烯酯期间，分 3～4 次加入引发剂溶液 1.2mL。

④ 单体滴加完后，将余下的引发剂溶液一次加入，反应温度升至 90～95℃，保持 30min，停止反应。

⑤ 乳液冷却至 50℃时，用 10%碳酸氢钠溶液调节 pH=5～6；加入邻苯二甲酸二丁酯 5g，搅拌均匀，冷至室温，出料。

(4) 测定产品固含量　将干净的称量瓶准确称量后，加入 1～1.5g 产品，再准确称量后，放入烘箱，在 110℃的条件下烘 25h，取出置于干燥器中冷却，再准确称重。

六、实验记录与数据处理

(1) 实验记录　聚醋酸乙烯酯乳液外观：________。称量瓶质量：________g；烘干前（称量瓶+样品）的质量：________g；烘干后（称量瓶+样品）的质量：________g。

(2) 数据处理

$$固含量=\frac{干燥后样品质量}{干燥前样品质量}\times 100\%$$

七、安全与环保

1. 醋酸乙烯酯是有刺激性臭味的透明液体，稍有毒性，易燃易爆、易挥发易自聚，使用时必须注意安全，并避免吸入蒸气。

2. 引发剂不能一次加入太多，否则聚合速度太快，所放出的大量反应热来不及散发，使物料温度迅速上升，这又导致聚合速度更快，造成恶性循环，使反应不能控制，这种现象称为爆聚。发生爆聚时，轻则冲料，重则爆炸。为了使反应平稳，引发剂和单体都应逐步加入。

思　考　题

1. 聚乙烯醇在反应中起什么作用？为什么要与乳化剂 OP-10 混合使用？
2. 为什么大部分的单体和引发剂要用逐步滴加的方式加入？
3. 为什么反应结束后要用碳酸氢钠调整 pH 为 5～6?
4. 单体加完后，加入较大量引发剂的目的是什么？
5. 过硫酸铵在反应中起什么作用？其用量过多或过少对反应有何影响？

实验二十二　聚乙烯醇缩甲醛的制备

一、实验目标

1. 掌握聚乙烯醇缩甲醛胶的合成原理和方法。
2. 熟悉聚乙烯醇缩甲醛胶的分析检测方法。
3. 了解涂-4 黏度计的使用方法。

二、产品特性与用途

聚乙烯醇缩甲醛又称 107 胶，无色透明溶液，易溶于水。

聚乙烯醇在酸性条件下与甲醛反应生成的聚合物即聚乙烯醇缩甲醛胶，与聚乙烯醇溶液相比，具有粘接力强，黏度大，耐水性强，成本低廉等优点，广泛应用于多种壁纸、纤维墙布、瓷砖粘贴、内墙涂料及多种腻子胶的黏合剂等，是我国合成胶黏剂的大宗品种之一，我国年消费量达 20 余万吨，但该胶黏剂因游离甲醛含量过高，刺激人的眼睛及呼吸系统，危害人体健康，在发达国家早已禁用，我国许多地方也制定地方法规，禁止使用聚乙烯醇缩甲醛胶（106 胶、107 胶）用于室内装饰装修。然而，以 107 胶为主体制得的外墙涂料由于对墙面有较强的黏附力，遮盖力强，硬度高，耐光性和耐水性良好，成本低廉而得以广泛应用。

三、实验原理

聚乙烯醇分子中含有的羟基（—OH）是一种亲水性基团，所以，聚乙烯醇可溶于水，它的水溶液可作为胶黏剂使用。为了提高其耐水性，可以通过聚乙烯醇的缩醛化反应来改性。聚乙烯醇缩甲醛胶是聚乙烯醇在盐酸的催化作用下，其中部分羟基与甲醛进行缩醛化反应生成的：

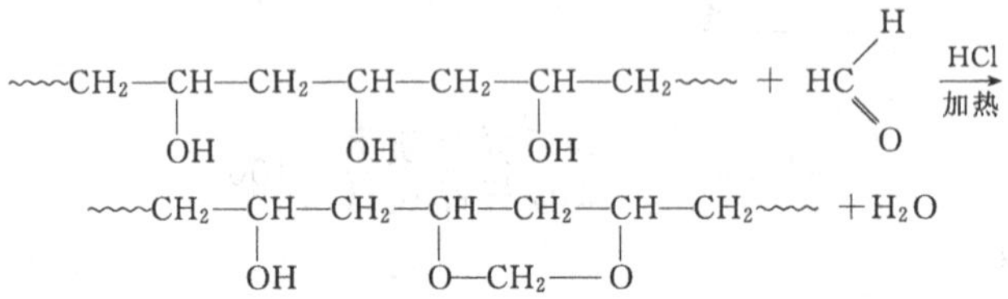

聚乙烯醇缩甲醛分子中的羟基（—OH）是亲水性基团，而缩醛基（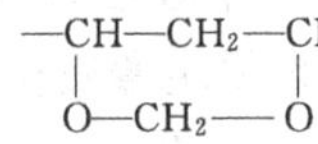）则是疏水性基团。通过控制缩醛度（聚乙烯醇缩甲醛中所含缩醛基的百分数），可使聚乙烯醇缩甲醛胶既有较好的耐水性，又有一定的水溶性。

对胶水质量的检验，主要是测定其黏度和缩醛度，通过测定胶水中的游离甲醛量（即留存于聚乙烯醇缩甲醛中未被缩醛化的甲醛含量，常以百分率表示）可以了解缩醛化反应完成的情况以及该反应条件下缩醛度的大小。胶水中游离甲醛量少，表明缩醛度高；反之，则表示缩醛度低。

甲醛的测定是利用 $NaHSO_3$ 与 HCHO 的加成反应生成 NaOH，用酸标准滴定溶液滴定至百里酚酞由蓝色变无色为终点。

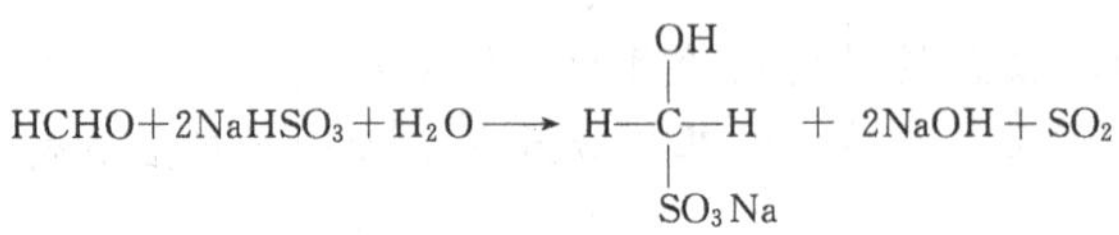

$NaHSO_3$ 溶液不稳定，实际使用的是 Na_2SO_3。在测定时，先在 Na_2SO_3 溶液中，用 H_2SO_4 溶液滴加至百里酚酞蓝色消失，Na_2SO_3 形成 $NaHSO_3$；再与甲醛进行加成反应。

黏度的测定采用涂-4 黏度计（一种简易黏度计，如图 12-1 所示）。在 20℃时，测定 100mL 胶水从规定直径（ϕ4mm）的孔中流出所需时间（s），并以该流出时间表示黏度的大小。本实验要求合成的胶水黏度约在 70s 左右。

四、主要仪器与试剂

四口烧瓶、电动搅拌装置一套、球形冷凝管、温度计、滴液漏斗、水浴锅、秒表、涂-4 黏度计、锥形瓶。

聚乙烯醇（1799）、甲醛（36%）、盐酸（浓）、氢氧化钠（10%）、硫酸 $c_{\frac{1}{2}H_2SO_4}=0.5mol/L$、亚硫酸钠溶液（0.5mol/L）、百里酚酞（1g/L）。

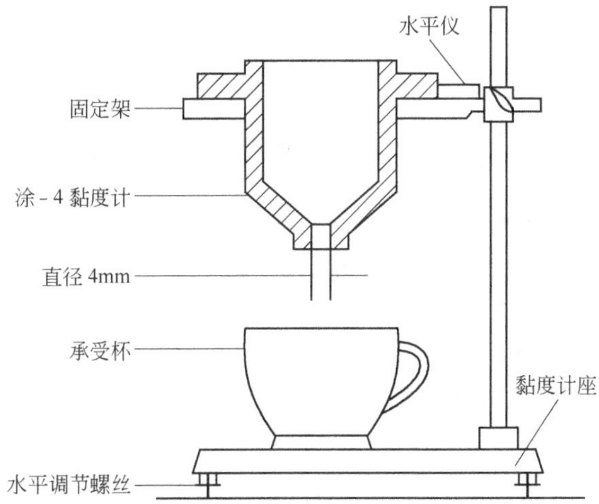

图 12-1　涂-4 黏度计装置

五、实验内容与操作步骤

(1) 聚乙烯醇的溶解　在装有搅拌器、球形冷凝管、温度计和滴液漏斗的四口烧瓶中加入 13.5g 聚乙烯醇和 150mL 去离子水，开动搅拌，逐渐加热升温到 90℃，直到聚乙烯醇完全溶解。

(2) 聚乙烯醇的缩醛化反应

① 在不断搅拌下用滴管滴加浓盐酸，调节 pH＝2～2.5。

② 量取 5mL 甲醛，用滴液漏斗将其慢慢滴加到四口烧瓶内，约在 30min 内滴完，继续搅拌 30min。

③ 停止加热。滴加配制好的 10%的氢氧化钠溶液，调节 pH＝8～9，即得聚乙烯醇缩甲醛胶（107 胶）。

(3) 测定产品黏度　如图所示，将洁净、干燥的涂-4黏度计置于固定架上，用水平螺丝固定架使其处于水平状态；用手指按住黏度计底部小孔，将冷却到室温的胶水倒入黏度计至满后，用玻璃棒沿水平方向抹去多余试样；将承受杯置于黏度计正下方，松开手指，记录胶水由细流状流出转变为滴流状流出所需时间。

(4) 测定游离甲醛含量

① 量取 50mL Na_2SO_3 溶液，置于 250mL 锥形瓶中，加三滴百里酚酞指示液，用 $c_{\frac{1}{2}H_2SO_4}$＝1mol/L 的 H_2SO_4 标准溶液滴定至蓝色恰好消失。

② 称取产品试样 26～30g（准确至 0.0002g），加入已中和过的上述溶液，再用 H_2SO_4 标准溶液滴定至浅蓝色消失。

(5) 测定产品固含量　将干净的称量瓶准确称量后，加入 1～1.5g 产品，再准确称量后，放入烘箱，在 110℃ 的条件下烘 25h，取出置于干燥器中冷却，再准确称重。

六、实验记录与数据处理

(1) 实验记录　产品流出所需时间：________ s。产品试样质量：________ g；滴定试样消耗的标准 H_2SO_4 溶液的体积：________ mL。称量瓶质量：________ g；烘干前（称量瓶＋样品）的质量：________ g；烘干后（称量瓶＋样品）的质量：____________ g。

（2）数据处理

① 甲醛含量计算

$$甲醛的质量分数=\frac{M_{HCHO}\times c\times V}{1000m}\times 100\%$$

式中 V——滴定产品试样消耗的标准 H_2SO_4 溶液的体积，mL；

c——H_2SO_4 标准溶液的浓度，mol/L；

m——胶水试样的质量，g；

M_{HCHO}——甲醛的摩尔质量，取 30.03g/mol。

本实验合成的胶水要求游离甲醛量≤1.2%。

② 固含量计算

$$固含量=\frac{干燥后样品质量}{干燥前样品质量}\times 100\%$$

七、安全与环保

如果在聚乙烯醇缩甲醛胶（107 胶）中，加入尿素进行氨基化处理，可得改性聚乙烯醇缩甲醛胶（801 胶）。使用改性聚乙烯醇缩甲醛胶（801 胶），可以减少甲醛对环境的污染。

思 考 题

1. 如何提高聚乙烯醇缩甲醛胶的耐水性？
2. 本实验中盐酸和氢氧化钠，各发挥什么作用？
3. 聚乙烯醇的缩醛化反应，最多只能有约 80%的羟基能缩醛化，为什么？

实验二十三 环氧树脂胶黏剂的合成及配制

一、实验目标

1. 掌握双酚 A 型环氧树脂的实验室制法。
2. 了解环氧值的测定方法和一般环氧树脂胶黏剂的配制方法和应用。

二、产品特性与用途

凡是含有环氧基团的聚合物，总称为环氧树脂。环氧树脂品种很多，但以双酚 A 型环氧树脂综合性能最好，产量最大。双酚 A 型环氧树脂占环氧树脂总量的 90%，也是在环氧胶黏剂中应用最普遍、工艺最成熟的一种环氧树脂，有通用环氧树脂之称。

双酚 A 型环氧树脂有低分子量、中等分子量和高分子量三种。双酚 A 型低分子量环氧树脂，学名双酚 A 二缩水甘油醚、E 型环氧树脂，为黄色或琥珀色高黏度透明液体，软化点低于 50℃，相对分子质量小于 700，易溶于二甲苯、甲乙酮等有机溶剂。

通常环氧树脂胶黏剂大多采用低分子量环氧树脂，而热熔胶采用高分子量环氧树脂。环氧树脂胶黏剂可不用溶剂直接粘接，具有粘接强度高、固化收缩小、耐高温、耐腐蚀、耐水、电绝缘性高、易改性、毒性小和使用范围广等优点，因此，在各个领域都得到了广泛应用，有“万能胶”之称。

三、实验原理

（1）双酚 A 型环氧树脂的合成原理 双酚 A 型环氧树脂由环氧氯丙烷与双酚 A 在氢氧

化钠作用下聚合制得。

该反应为逐步聚合反应，通常认为它们在氢氧化钠存在的条件下，不断地进行环氧基开环和闭环的反应。即

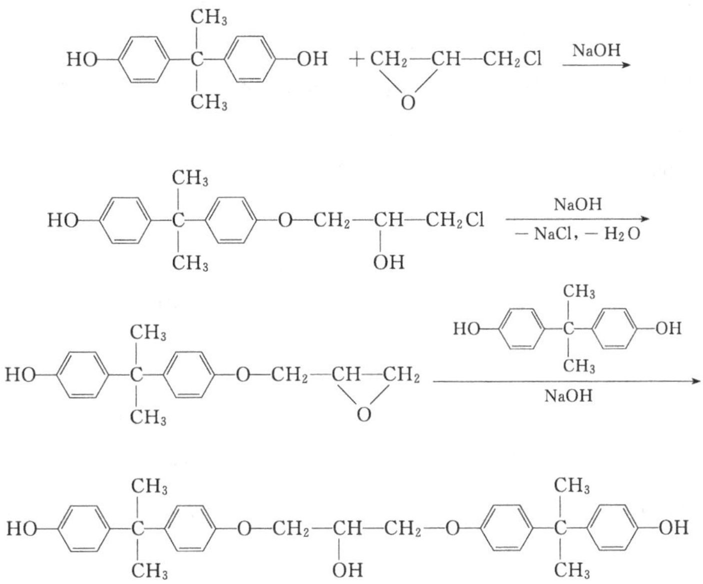

继续反应下去，即得长链分子，反应通式如下：

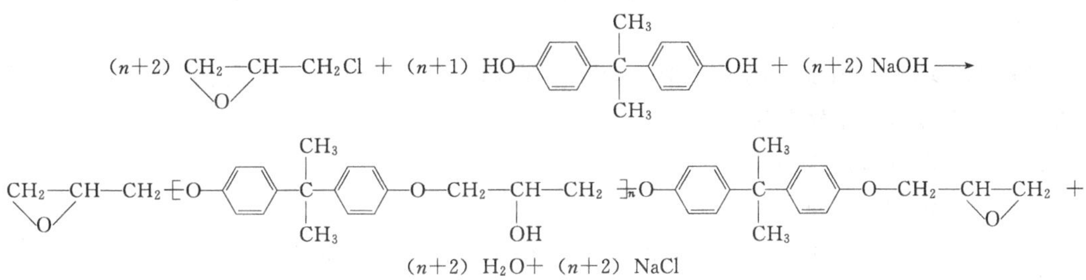

环氧基开环反应为放热反应，闭环反应为吸热反应。

两种单体的配比与所得环氧树脂的分子量直接相关，环氧氯丙烷与双酚 A 的物质的量之比越接近于 1，聚合度越高，分子量越大，产物的软化点越高；而环氧氯丙烷过量越多，越有利于形成末端环氧基，得到的环氧树脂分子量越低；另外，缩聚反应的温度、碱的用量及加料顺序对环氧树脂的分子量和结构也有影响。因此，控制不同的配料比和工艺条件，可制得不同规格的环氧树脂。本实验所制环氧树脂为低聚合度、高环氧值的品种，因此，在实验中使用过量的环氧氯丙烷。

（2）环氧值的测定　环氧值是指每 100g 树脂中所含环氧基的物质的量。它是环氧树脂质量的重要指标之一，也是计算固化剂用量的依据。分子量越高，环氧基团间的分子链也越长，环氧值就越低。一般低分子量环氧树脂的环氧值在 0.50～0.57 之间。相对分子质量小于 1500 的环氧树脂，其环氧值测定采用盐酸-丙酮法。反应如下：

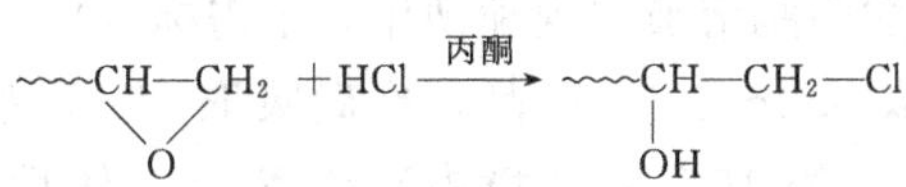

过量的 HCl 用标准 $NaOH\text{-}C_2H_5OH$ 溶液回滴。

（3）环氧树脂胶黏剂的粘接和固化机理　在环氧树脂结构中，含有脂肪族羟基、醚基和极活泼的环氧基，羟基和醚基都有高度的极性，使环氧树脂分子能与临界面产生静电引力，而环氧基团能与介质表面的游离基起反应形成化学键，所以环氧树脂的黏合力特别强。

环氧树脂在未固化前是呈热塑性的线形结构，使用时必须加入固化剂，固化剂与环氧树脂的环氧基等反应，变成网状结构的大分子，成为不溶不熔的热固性物质。

不同的固化剂按照不同的固化机理固化，有的固化剂与环氧树脂加成后，构成固化产物的一部分即完成固化，有的固化剂则通过催化作用使环氧树脂本身开环聚合而固化。

现以室温下即能固化的乙二胺为例，它是按下列反应进行：

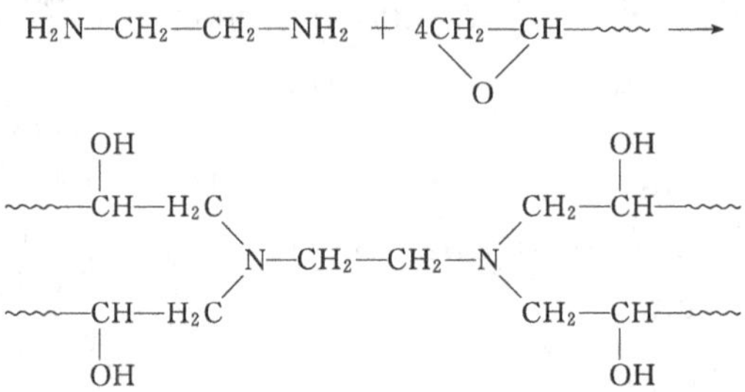

该反应主要是利用线形环氧树脂分子两端的环氧基与胺分子上的活泼氢反应，使线形分子交联起来。

四、主要仪器与试剂

四口烧瓶、电动搅拌装置、滴液漏斗、分液漏斗、回流冷凝管、电热套、减压蒸馏装置一套、铝片。

双酚A、环氧氯丙烷、氢氧化钠、盐酸-丙酮溶液、氢氧化钠—乙醇溶液、苯、乙二胺、酚酞试液、浓硫酸、重铬酸钾。

五、实验内容与操作步骤

（1）环氧树脂的制备

① 将22g双酚A（0.1mol）、28g环氧氯丙烷（0.3mol）加入装有搅拌器、滴液漏斗、回流冷凝管及温度计的四口瓶中，搅拌并加热至70℃，使双酚A全部溶解。

② 称取8g氢氧化钠溶解在20mL水中，置于60mL滴液漏斗中；慢慢滴加氢氧化钠溶液至四口烧瓶中，保持反应温度在70℃左右，约3min内滴加完毕；在75～80℃继续反应1.5～2h，可观察到反应混合物呈乳黄色。

③ 向反应瓶中加入30mL蒸馏水和60mL苯，充分搅拌，倒入分液漏斗，静置分层后，分去水层；油层用蒸馏水洗涤数次，直至分出的水相呈中性无氯离子（用pH试纸和$AgNO_3$溶液试验）。

④ 先常压蒸馏，除去苯；然后减压蒸馏，以除去苯、水及未反应的环氧氯丙烷。得到淡黄色透明黏稠液。

（2）环氧值的测定

① 用移液管将1.6mL浓盐酸（ρ=1.19g/mL）转入100mL的容量瓶中，以丙酮稀释至刻度，配成0.2mol/L的盐酸丙酮溶液（现配现用，不需标定）。

② 在锥形瓶中准确称取0.3～0.5g产品，准确吸取15mL盐酸丙酮溶液移入锥形瓶。将锥形瓶盖好，放在阴凉处（约15℃的环境中）静置1h。然后加入两滴酚酞指示剂，用0.1mol/L的标准NaOH溶液滴定至粉红色，做平行实验，并做空白对比。

(3) 胶黏剂的配制和应用　本实验制得的是低分子量环氧树脂。应用实验时可用各种金属、玻璃、聚氯乙烯塑料、瓷片等作为试样。

粘接操作包括对被粘物的表面处理、黏合剂的配制、粘接和固化。

① 表面处理。为保证胶黏剂与被粘接界面有良好的黏附作用，被粘接材料必须经过表面处理，以除去油污等杂质。

将两块铝片在处理液（$K_2Cr_2O_7$ 10 份，浓硫酸 50 份，H_2O 340 份）中浸泡10～15min，以除去油污，然后将其表面打磨，使其粗糙，蒸馏水冲洗，热风吹干，自然冷却至室温。

② 黏合剂的配制。按如下配方配制黏合剂。

环氧树脂（本实验产品）10g　　轻质碳酸钙（填料）6g

邻苯二甲酸二丁酯（增塑剂）0.9g　　乙二胺（固化剂）0.8g

先将树脂与增塑剂混合均匀，然后加入填料混匀，最后加入固化剂，混匀即可。注意黏合剂配制好后，要立即使用，放置过久会固化变质。用过的容器和工具应立即清洗干净。

③ 胶接和固化。取少量黏合剂涂于两块铝片端面，胶层要薄而均匀（约 0.1mm 厚），把两块铝片对准胶合面合拢，使用适当的夹具使粘接部位在固化过程中保持定位；室温下放置8～24h可完全固化，1～4d 后可达到最高的粘接强度，升温可缩短固化时间，例如在80℃，固化时间不超过 3h。

六、实验记录与数据处理

(1) 实验记录　环氧值测定中，试样质量：________________ g；对照试验消耗 NaOH 溶液体积：________________ mL；试样消耗 NaOH 溶液的体积：________________ mL。

(2) 数据处理

① 计算环氧值

$$E=\frac{(V_1-V_2)c_{\mathrm{NaOH}}}{m}\times\frac{100}{1000}$$

式中　E——环氧树脂的环氧值；

c_{NaOH}——NaOH 溶液的浓度，mol/L；

V_1——对照实验消耗的 NaOH 溶液的体积，mL；

V_2——试样消耗的 NaOH 溶液的体积，mL；

m——样品质量，g。

② 计算固化剂胺的用量

$$G=\frac{M}{H}\times E$$

式中　G——每 100g 环氧树脂所需胺的质量，g；

M——胺的摩尔质量，g/mol；

H——胺中活泼氢原子的数目；

E——环氧树脂的环氧值。

本实验中，乙二胺的摩尔质量 M 取 60.1g/mol；乙二胺中活泼氢原子的数目等于 4。实际用量可在上述公式计算的基础上，再增加 5%～10%。

七、安全与环保

1. 乙二胺有毒性、有臭味，挥发性大，对眼睛、呼吸道和皮肤均有刺激性，固化时放出大量热，宜在通风橱内进行相关操作。

2. 减压蒸馏后期，物料黏度较大且温度较高，应密切关注蒸馏烧瓶内的毛细管是否堵塞，以防发生事故。

思 考 题

1. 根据所得产品的实测环氧值计算黏合剂配方中乙二胺的用量。
2. 环氧树脂中加入固化剂的作用是什么？固化剂的用量对胶黏剂的性能有什么影响？
3. 本实验中所用氢氧化钠为什么缓慢滴加而不一次投入？

第十三章　催化剂及各种助剂

一、催化剂及其分类

催化剂（catalyst）是指在化学反应中能改变化学反应速度而本身的组成和质量在反应后保持不变的物质。加快反应速度的催化剂称为正催化剂，减慢反应速度的催化剂称为负催化剂。通常所说的催化剂指正催化剂。在工业生产中，催化剂也叫做触媒。

催化剂有不同的分类方法，一般可以从以下几个方面来分类。

（1）从活性成分属性分类　催化剂分为金属催化剂、氧化物催化剂、配位化合物催化剂、有机催化剂和无机催化剂等。

（2）从催化反应状态分类　催化剂分为均相催化剂和多相催化剂。

（3）从应用领域分类　催化剂分为炼油用催化剂、石油化工用催化剂、化学工业用催化剂、环保用催化剂以及其他用途的催化剂。

常用的催化剂有二氧化硅、氧化铝、氧化铁、氧化镁、五氧化二钒等氧化物催化剂，沸石、分子筛等硅铝酸盐催化剂，铂、银、铜、锌、钛、钒、铬、钼、铁、镍、铑、钯等金属催化剂，镍、钯、钴、铑、钌的配位化合物催化剂，冠醚和高分子化合物等有机催化剂，以及固定酶、环糊精等。

工业催化剂通常由活性组分（催化剂）、助催化剂及载体构成。一些物质若单独使用对于某种反应并没有催化作用，但却能使催化剂的活性显著增强，这种物质叫做助催化剂。

工业催化剂中，活性成分与助催化剂的含量并不高，主要成分为载体，载体起到支承、分散催化剂的作用，有利于催化剂活性的充分发挥。

二、助剂及其分类

助剂（auxiliary）泛指工业生产中用于生产过程或使用过程中的辅助化学品。使用助剂，可以改进成品品质、节约原材料或提高加工效率。

根据助剂的作用或使用场所的不同，可以将助剂分为多种类型。

（1）印染助剂　包括柔软剂、匀染剂、分散剂、抗静电剂、纤维用阻燃剂等。

（2）橡胶助剂　包括促进剂、防老剂、塑解剂、再生胶活化剂等。

（3）塑料助剂　包括增塑剂、稳定剂、发泡剂、塑料用阻燃剂等。

（4）水处理剂　包括水质稳定剂、缓蚀剂、软水剂、杀菌灭藻剂、絮凝剂等。

（5）纺织助剂　包括涤纶长丝用、短丝用、锦纶用、腈纶用、丙纶用、维纶用、玻璃丝用油剂等。

（6）有机溶剂　包括吡咯烷酮系列、脂肪烃系列、乙腈系列、糠醛系列等。

（7）高聚物合成添加剂　包括引发剂、阻聚剂、终止剂、调节剂、活化剂等。

（8）表面活性剂　包括阳离子、阴离子、两性离子和非离子等类型的表面活性剂。

（9）皮革助剂　包括合成鞣剂、涂饰剂、加脂剂、光亮剂等。

（10）农药用助剂　包括乳化剂、增效剂等。

（11）油田用化学品　包括油品用破乳剂、钻井用防塌剂、泥浆用助剂、防蜡降黏剂等。

(12) 混凝土用添加剂 包括减水剂、防水剂、脱模剂、泡沫剂、嵌缝油膏等。

(13) 机械、冶金用助剂 包括防锈剂、清洗剂、电镀用助剂、焊接用助剂、机动车用防冻剂等。

(14) 油品用添加剂 包括防水、增黏、耐高温等种类，汽油抗震、液力传动、变压器油、刹车油添加剂等。

(15) 电子工业专用化学品 包括显像管用碳酸钾、氟化剂、助焊剂、石墨乳等。

(16) 纸张用添加剂 包括增白剂、补强剂、防水剂、填充剂等。

(17) 其他助剂 如玻璃防霉（发花）剂、乳胶凝固剂等。

三、催化剂及助剂的应用

(1) 催化剂的应用 催化剂的应用主要体现在工业催化、化学加工、化学制药以及环境保护等方面。

催化剂在工业催化方面主要应用于石油炼制、催化裂化、催化重整、加氢裂化、加氢重整以及烷基化等工业过程。在化学加工方面主要应用于聚合、烷基化、加氢、脱氢、氧化以及合成气体等化学反应过程。在环境保护方面主要应用于汽车尾气的处理和工业废气的净化。

随着科技的发展，催化剂在工业上的应用也日益广泛，而且逐渐渗透到其他科技领域，如生命科学领域。将来，催化剂在工业生产中必然扮演更重要的角色。

(2) 助剂的应用 助剂的品种很多，应用广泛，已经形成了新的化工门类。助剂一般用量不大，但能明显改变产品的性能，是一些制品不可缺少的组分。例如，石油产品添加剂在汽油、煤油、柴油以及润滑油中有广泛的用途，在改善燃烧性能和润滑性能，保护机器设备，在防锈、抗氧化以及抗静电方面都有不可缺少的作用。食品添加剂是发展较快的精细化工行业，在提高食品营养、防止腐败变质、改善食品观感、增加风味、便于加工等方面都有重要作用。塑料助剂如增塑剂、热稳定剂以及脱模剂等便于加工，而抗氧化剂、光稳定剂、阻燃剂以及防霉剂可以改善产品性能。

四、催化剂及助剂的发展概况

(1) 催化剂的发展概况 作为化工生产最具决定性的因素之一，催化剂的研制一直是各国技术竞争的重要领域。随着化工生产的进步，催化剂工业也得到了空前的发展。经过多年发展，我国已成功开发出一批具有自主知识产权的催化剂，并在工业装置上获得成功应用。一些催化剂已经达到国际先进水平。

在石油炼制、石油化工和化工医药方面，炼油催化剂95%以上立足国内，其中催化裂化、加氢精制等装置用催化剂已达国际先进水平；有机原料催化剂已形成系列，烯烃、芳烃及其他有机原料生产用催化剂基本可满足需求；合成材料催化剂发展迅速，聚乙烯、聚丙烯催化剂的开发成功极大地拓展了合成材料的应用领域；一些催化剂的工业化，使化工生产的效益得到进一步提高，竞争力加强。

在环境保护方面，汽车废气处理的催化装置在1974年开始工业化生产。用生物催化法处理被污染的水对环境保护也作了很大的贡献。新型催化剂的产生使很多废物的处理成为可能。

但从总体上看，我国的催化剂工业与国外相比，还有一定的差距。主要问题在于：催化剂研制开发创新力度不够，配方研制多，装置研究少；一些催化剂品种更新换代速度较慢而制造成本比较高；催化剂生产中环保问题尚未引起足够重视；技术成果转化和推广力度还不够大，技术服务还不够到位等。

（2）助剂的发展概况 助剂的发展与相应行业的发展是分不开的。如橡胶工业的发展同时也带动了橡胶助剂的研究和发展。如今，化学助剂已经形成为精细化工领域的一个重要门类，专门生产助剂的化工企业也相继投产，可生产与使用的助剂已达数万种之多。但同国外相比，助剂工业还存在着品种少、档次低、质量不稳定、规模小、污染大、高档助剂主要依靠进口等问题。

今后，中国助剂工业应大力开发环保型助剂，坚定地向绿色、无毒、高品质、多功能、精细化、系列化方向发展。要根据行业的发展，超前开发配套的高质量助剂；采用复配技术，获得助剂的多功能性和高功能性；根据市场要求，利用高新技术产品来补充传统助剂的不足；严格控制再加工过程中会产生致癌物质的助剂；加强助剂工业的标准化工作，提高助剂的使用效果；进行结构调整，逐步改变现行生产企业分散和规模小的现状，形成规模效益。

实验二十四 活性氧化铝的制备

一、实验目标

1. 了解活性氧化铝的性质及用途。

2. 理解活性氧化铝的制备原理以及掌握其制备方法。

二、产品特性与用途

氧化铝，俗称矾土。化学式 Al_2O_3。白色粉末，密度 3.9～4.0g/cm^3，熔点 2050℃，沸点 2980℃。不溶于水，能缓慢溶于浓硫酸。可用于炼制金属铝，也是制坩埚、瓷器、耐火材料和人造宝石的原料。用作吸附剂、催化剂及催化剂载体的氧化铝称为“活性氧化铝”，具有多孔性、高分散度和大的比表面积等特性，广泛用于石油化工、精细化工、生物以及制药等领域。

三、实验原理

活性氧化铝一般由氢氧化铝加热脱水制得。氢氧化铝也称水合氧化铝，其化学组成为 $Al_2O_3 \cdot nH_2O$，通常按所含结晶水数目不同，可分为三水氧化铝和一水氧化铝。氢氧化铝加热脱水后，可以得到 γ-Al_2O_3，即通常所讲的活性氧化铝。

由于所使用的原料不同，氢氧化铝有多种制备方法。本实验采用 $AlCl_3$ 和 NH_4OH 为原料，发生沉淀反应生成以 γ-AlOOH 为主的氧化铝水合物，再经过滤、干燥、焙烧，得活性氧化铝，其化学反应方程式为：

$$AlCl_3 + 3NH_4OH \longrightarrow AlOOH\downarrow + 3NH_4Cl + H_2O$$

$$2AlOOH \xrightarrow{\text{焙烧}} Al_2O_3 + H_2O$$

值得注意的是，在上述反应过程中，不同的加料速度、温度及 pH 值，会产生不同性质的产物。所以要获得 γ-Al_2O_3，必须严格控制反应条件。

四、主要仪器与试剂

马弗炉、电热恒温干燥箱、水浴锅、电动搅拌器、布氏漏斗、水泵。

三氯化铝，AR；氨水，AR；碳酸氢铵，AR。

五、实验内容与操作步骤

（1）γ-AlOOH 的制备 将四口烧瓶固定在水浴锅中，并安装好电动搅拌器。用两个分液漏斗作为加料器，分别固定在铁架台上。在烧瓶的两个边口上，塞上带有玻璃短管的橡皮塞，再用乳胶管将两个分液漏斗的出口分别与烧瓶的这两个边口相连。在烧瓶的另一边口插上温度计。称取 6.5g $AlCl_3$ 放至烧杯中，用 150mL 蒸馏水溶解，倒入其中一个分液漏斗中。配制 5.2%的 NH_4OH 溶液 150mL，倒入另一个分液漏斗中。称取 0.5g 碳酸氢铵并用 100mL 蒸馏水溶解，倒入烧瓶中，作为稳定 pH 值的缓冲溶液。接通电源加热到 85℃，开动搅拌器，缓慢滴加氨水及 $AlCl_3$ 溶液，两者滴加速度均控制约 3mL/min，约 50min 滴加完毕。在滴加过程中，每隔 5min 用精密试纸测量溶液的 pH 值，使溶液的 pH 值保持在 8.5～9.2的范围内。在此过程中，观察到有沉淀生成。加料结束后，继续在 85℃保温搅拌 10min。

(2) γ-Al_2O_3 的制备　从水浴锅中取出烧瓶，将悬浮液用布氏漏斗趁热过滤。将滤饼转移至烧杯中，加入 80℃蒸馏水 200mL，不断用玻璃棒慢速搅拌，在 80℃下老化 1h。老化结束后，用布氏漏斗抽滤，并用 80℃蒸馏水洗涤滤饼几次。将滤饼放入干燥箱内，在 105℃下干燥 5h，干燥出非结合水分。取出干燥后的滤饼，用研钵粉碎成能通过 100 目筛的粉末，放入马弗炉中，在 500～550℃焙烧 4h，氧化铝水合物即转化成 γ-Al_2O_3。取出，冷却，称重。

六、实验记录与数据处理

活性氧化铝的收率可按下式计算：

$$收率=\frac{实际产量}{理论产量}\times 100\%$$

理论产量（g）可按下式计算：

$$理论产量=\frac{M_1 wm}{2M_2}$$

式中　M_1——氧化铝的摩尔质量，g/mol，可取 102.0；

w——三氯化铝的有效含量，分析纯可取 0.990～0.995；

M_2——三氯化铝的摩尔质量，g/mol，可取 133.5；

m——原料三氯化铝的质量，g。

七、安全与环保

在马弗炉中的焙烧过程属高温操作，应注意安全。

思　考　题

1. 活性氧化铝有哪些特性？有何用途？
2. 本实验制备活性氧化铝的化学反应有哪些？制备过程中应注意什么？

实验二十五　增塑剂邻苯二甲酸二辛酯的制备

一、实验目标

1. 了解邻苯二甲酸二辛酯的主要性质和用途。
2. 理解邻苯二甲酸二辛酯的合成原理及掌握其合成方法。

二、产品特性与用途

邻苯二甲酸二辛酯，实为邻苯二甲酸二（2-乙基）己酯。化学式 $C_{24}H_{38}O_4$，相对分子

质量 390.56，结构式为

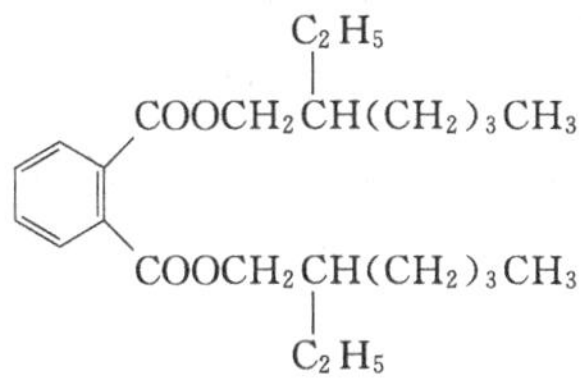

邻苯二甲酸二辛酯为无色无臭液体。密度 0.9861g/cm^3（20℃），熔点 −55℃，沸点 390℃。不溶于水，溶于乙醇、乙醚、矿物油等有机溶剂。

邻苯二甲酸二辛酯是使用最广泛的增塑剂，与大多数合成树脂和橡胶有良好的相溶性。广泛应用于聚氯乙烯各种软制品的加工，如薄膜、薄板、人造革、电缆料和模塑品等。本品还可以用于硝基纤维素漆，使漆膜具有弹性和较高的拉伸强度。

三、实验原理

苯酐和 2-乙基己醇在硫酸催化下发生酯化反应生成邻苯二甲酸二辛酯。

其主反应为：

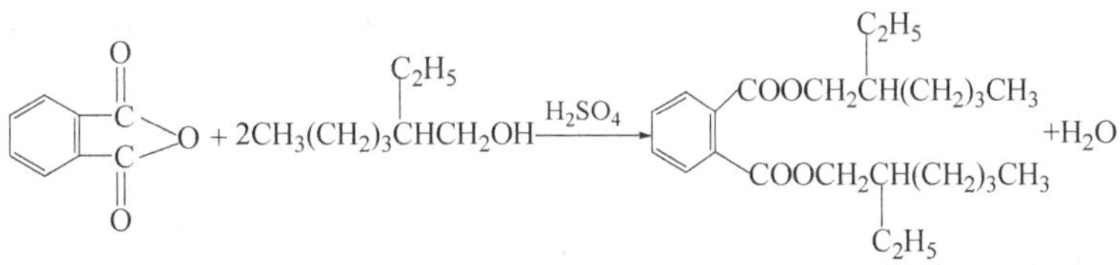

副反应为：

$$ROH + H_2SO_4 \longrightarrow RHSO_4 + H_2O$$

$$RHSO_4 + ROH \longrightarrow R_2SO_4 + H_2O$$

$$2ROH \longrightarrow ROR + H_2O$$

（R为2-乙基己烷基）

酯化后反应混合物用碳酸钠溶液中和，发生如下反应：

$$RHSO_4 + Na_2CO_3 \longrightarrow RNaSO_4 + NaHCO_3$$

$$RNaSO_4 + Na_2CO_3 + H_2O \longrightarrow ROH + Na_2SO_4 + NaHCO_3$$

中和后再经过洗涤、干燥、过滤及减压蒸馏，即得成品。

四、主要仪器与试剂

电热套、机械真空泵、蒸馏装置、铁架台等。

2-乙基己醇，A. R.；苯酐，A. R.；碳酸钠饱和溶液，A. R.；浓硫酸，A. R.；苯，A. R.。

五、实验内容与操作步骤

（1）邻苯二甲酸二辛酯合成　将 25g 苯酐及 50g 2-乙基己醇加入到 250mL 干燥的三口烧瓶中，并加入 0.5mL 浓硫酸作为催化剂，加入 10mL 苯作为带水剂再加入几粒沸石，如图 13-1 所示。接通冷凝水，加热使反应混合物沸腾并回流，酯化反应 3h。反应过程中，分离出分水管下层的水分。反应结束后，打开分水管下端出口，继续蒸馏，从分水管下端出口分离出苯（回收）。温度升高到 110℃时（这时已蒸馏出苯和水分），停止加热。

（2）反应混合物的分离　将反应混合物倒入装有 30mL 蒸馏水的 200mL 的烧杯中，用饱和碳酸钠溶液调节 pH 值为 7～8。将溶液转移至分液漏斗中，静置分层，放出下层水层。再用热蒸馏水洗涤上层溶液两次，并放出下层水层，得到邻苯二酸二辛酯粗品。称量得邻苯二甲酸二辛酯粗品质量。

(3) 邻苯二甲酸二辛酯的精制 将邻苯二甲酸二辛酯粗品(油层)转移至蒸馏烧瓶中，加几粒沸石，用真空泵减压蒸馏。注意观察蒸馏烧瓶温度的变化，在第一个温度段内，蒸馏出的物质是未反应的2-乙基己醇；到第二个温度段，改用另一个洁净的容器作为接受器，收集240～250℃/20mmHg（2.66kPa）的馏分，即邻苯二甲酸二辛酯，称量。当蒸馏烧瓶内的液体即将蒸馏完毕时，及时停止加热，以免蒸馏烧瓶过热，发生危险。

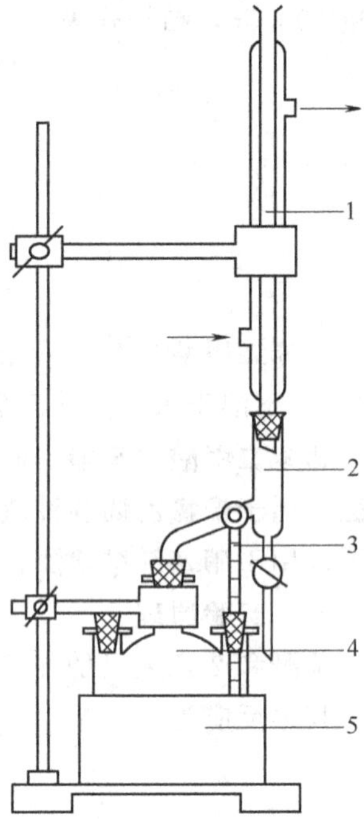

图 13-1 酯化反应装置
1—冷凝管；2—分水管；3—温度计；4—三口烧瓶；5—电热套

六、实验记录与数据处理

本实验包括化学反应过程以及邻苯二甲酸二辛酯的精制过程，因此，需分别计算这两个过程的收率。

化学反应的收率等于实际产量与理论产量的比值，即

$$\text{化学反应的收率}=\frac{\text{实际产量}}{\text{理论产量}}\times 100\%$$

化学反应的实际产量为邻苯二甲酸二辛酯的粗品质量。理论产量（g）可按下式计算：

$$\text{理论产量}=\frac{M_1 wm}{M_2}$$

式中 M_1——邻苯二甲酸二辛酯的摩尔质量，g/mol，可取390.5；

w——苯酐的有效含量，分析纯可取0.990～0.995；

M_2——苯酐的摩尔质量，g/mol，可取148.0；

m——原料苯酐的质量，g。

邻苯二甲酸二辛酯精馏的收率等于邻苯二甲酸二辛酯精品量除以邻苯二甲酸二辛酯粗品量，即

$$\text{精馏收率}=\frac{\text{邻苯二甲酸二辛酯精品量}}{\text{邻苯二甲酸二辛酯粗品量}}\times 100\%$$

而整个过程的收率等于化学反应收率与邻苯二甲酸二辛酯精馏收率的乘积。

七、安全与环保

浓硫酸有强酸性、强腐蚀性，使用时应注意安全。苯具有毒性，含苯的废液应回收统一处理。

思 考 题

1. 酯化反应过程中，加溶剂苯的目的是什么？
2. 影响本实验反应的产率及精馏收率的因素有哪些？

实验二十六 聚丙烯酰胺絮凝剂的制备

一、实验目标

1. 了解聚丙烯酰胺的性质及应用。

2. 掌握反相乳液聚合法制备聚丙烯酰胺原理、操作条件及方法。

二、产品特性与用途

(1) 产品特性　聚丙烯酰胺（PAM)，由丙烯酰胺聚合而成的热塑性树脂。溶于水，通常有粉状和胶冻状两种形式。

(2) 产品用途　聚丙烯酰胺目前是应用广、效能高的有机高分子絮凝剂。多用于印染、造纸、金属冶炼等工业领域作废水的处理。引入离子基团形成的阳离子型或阴离子型聚丙烯酰胺，应用范围更加广泛。阳离子聚丙烯酰胺具有除浊、脱色等功能，可用于带负电荷胶体的絮凝；阴离子聚丙烯酰胺具有良好的粒子絮体化性能，适用于矿物悬浮物的沉降分离。此外，聚丙烯酰胺在油田、建筑、土壤改良、纺织、液体输送等方面都有广泛应用。

三、实验原理

本实验采用过氧化苯甲酰（BPO）为引发剂，丙烯酰胺单体在分散介质邻二甲苯中进行自由基聚合，生成聚丙烯酰胺。其反应机理为：

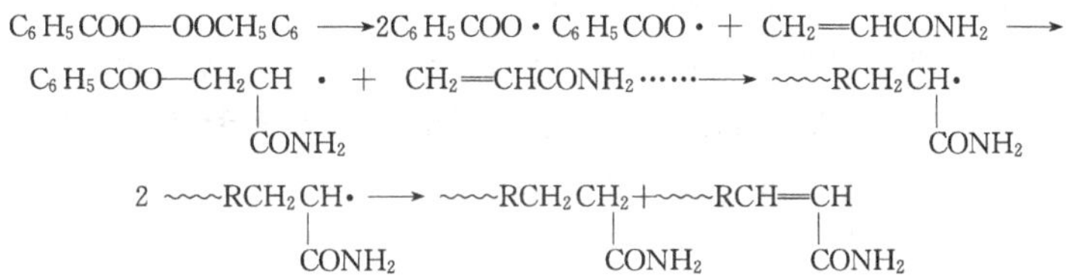

丙烯酰胺是水溶性单体，不宜用水作为分散介质，而要选用与水溶性单体不互溶的油溶性溶剂作为分散介质，故本实验以邻二甲苯为分散介质。引发剂也选用油溶性的，以保证引发剂在油相分解形成自由基后扩散到水相引发单体进行聚合反应。本实验选用的过氧化苯甲酰引发剂，溶于有机溶剂而在水中的溶解度很小。人们习惯将上述聚合方法称为反相乳液聚合。对于反相乳液聚合体系，多选用 HLB 值在 3～6 的油包水型乳化剂。本实验选用失水山梨醇单硬脂酸酯（Span-60）为乳化剂，HLB 值为 4.7。

四、主要仪器与试剂

恒温水浴锅、电动搅拌器、布氏漏斗、250mL 三口烧瓶、球形冷凝管等。

丙烯酰胺，聚合级；过氧化苯甲酰，A. R.；邻二甲苯，CP。

失水山梨醇单硬脂酸酯（Span-60），化学纯。棕黄色蜡状物，不溶于水，分散于热水成乳液。溶于热油、脂肪酸及各种有机溶剂。具有乳化、分散、增稠、润滑及防锈性能。用作乳化剂、稳定剂，主要用于医药、化妆品、食品、农药、涂料及塑料工业。

五、实验内容与操作步骤

(1) 聚丙烯酰胺合成　用分析天平准确称取 0.02g Span-60，放入三口瓶中，再加入 50mL 邻二甲苯。将三口烧瓶固定在恒温水浴锅中，并安装好电动搅拌器、温度计、回流冷凝器。接通回流冷凝器的冷水，打开水浴锅电源加热并同时搅拌，使温度升至 40℃，直至 Span-60 完全溶解。用托盘天平称取过氧化苯甲酰（BPO)5g，丙烯酰胺 10g 放入 100mL 锥形瓶中，用量筒量取 22mL 去离子水，加入到锥形瓶中，轻轻摇动，待引发剂和丙烯酰胺全部溶解后将溶液倒入三口烧瓶中。再用 25mL 邻二甲苯冲洗锥形瓶，并倒入三口烧瓶中。通冷水，维持搅拌速度恒定，升温到 40℃，开始聚合反应。2.5h 后，升温到 50℃，继续反应 0.5h，结束反应。维持搅拌，停止加热，将水浴锅中热水换为冷水，待反应体系冷却到室温后停止搅拌。得到含有聚丙烯酰胺的悬浮液。用布氏漏斗过滤，固体物在通风条件下晾干，得到聚丙烯酰胺产品。称重。

(2) 溶剂回收 抽滤瓶中的邻二甲苯溶剂可通过蒸馏回收。

六、实验记录与数据处理

观察并记录实验现象，根据所得聚丙烯酰胺的量，计算反应收率。

$$收率=\frac{聚丙烯酰胺质量}{丙烯酰胺的质量}\times 100\%$$

七、安全与环保

过氧化苯甲酰（BPO）属强氧化物，干品极不稳定，摩擦、撞击、遇热或遇还原剂会引起爆炸，在使用时一定要加以注意。邻二甲苯有毒，要统一回收处理。实验时，实验室要保持通风良好。

思 考 题

1. 本实验所用的试剂有哪些？各有什么作用？

2. 取 0.02g 干燥后的聚丙烯酰胺，溶于 50mL 去离子水中。另用泥土配制 250mL 悬浮液，加入聚丙烯酰胺溶液 10mL，搅拌均匀后，观察悬浮液分层时间和澄清时间，并和不加聚丙烯酰胺的悬浮液相比较，有什么不同？说明了什么？

第十四章 化学药品和中间体

一、化学药品和中间体及其类型

(1) 化学药品及其类型 化学药品是指具有防治疾病功能的化学品的总称。包括原料药和制剂。本书仅讨论化学原料药。原料药按来源可分为天然药物和化学药物；按生产方式可分为天然提取药物、生物合成药物和化学合成药物三大类。

天然提取药物是指从动物、植物、微生物或矿物中提取分离得到的医药原料。如从木贼麻黄、草麻黄或中麻黄的茎枝中，经提取、分离、精制可得麻黄素；从茜草科植物金鸡纳的树皮中，可提取奎宁；从长春花的全草中，可提取长春碱；从猪的胰腺中，可提取胰酶；从牛肺中，可提取用于急性胰腺炎的肽酶抑制药；从新鲜酵母中，可提取辅酶 A、辅酶I；从乳酸粪链球菌发酵培养后的菌饼中，可提取消化药乳酶生等。

生物合成药是一类发展越来越快、用途越来越广的合成药物。主要利用微生物发酵获得，也可通过动物体内生物代谢途径、利用细胞培养途径、或通过对发酵原药的分子进行化学改造途径获得。

化学合成药是常用药品中的主要部分。其类型很多，按药理作用不同可分为抗感染药物、抗寄生虫药物、抗溃疡病药物、抗心绞痛药物、抗肿瘤药物等。化学合成药的制造是制药工业的主体。

(2) 药物中间体及其类型 药物中间体是各种合成药的中间原料，因为药物很多，因此中间体更多。

二、化学药品和中间体的应用

医药向来是人们抵抗疾病的武器，特别是化学药品，在人们预防和治疗疾病中起到了无法替代的作用。

中间体作为化学药品的原料，对保证化学药品的开发、生产具有重要意义。

因此，化学药品及中间体工业已经成为了精细化工及医药化工的重要方面，在国民经济中占有极其重要的地位。可以说，没有化学药品，就没有人类健康的今天。

但是，应用化学药品必须注意其可能带来的副作用。

三、化学药品和中间体的发展概况

近年国外发达国家随着生活水平的提高，人们对药品的数量和质量都提出了更高的要求。另外，随着各种新疾病的出现、细菌耐药性的不断增加，人们也要求不断有新药开发成功。随着新药研究的进展，世界每年都有很多新合成药物上市，同时也带动所需的原料及中间体的发展。因而欧美发达国家其医药中间体工业也十分发达。国外一些较大的化工企业，凭借自身拥有生产初级化工产品的能力，形成独具特色的为医药行业提供原料和中间体的企业，他们拥有先进的技术、稳定的质量、较低的价格，从而垄断了世界医药行业原料和中间体的供应，也获得了良好效益。

我国医药行业自改革开放以来，发展较快，已经从依靠进口转向以国产药为主。尽管我国医药工业在新药研发上还相对落后、高档品种少、原创药少、仿制药多，但是我国已成为世界上原料药的生产大国，并且以化学合成药为主。

医药中间体是化学合成药的基础，医药中间体发展快慢在一定程度上制约了制药工业的发展。目前，我国的中间体研发和生产非常活跃，但规模小，竞争力弱。如何加快我国医药中间体的研究开发速度，提高生产水平是我国制药工业目前所面临的重要任务。

近来，我国制药工业有了迅猛发展，新的合成、半合成的抗生素在不断涌现。在很多地区，制药工业已经成为支柱产业。

实验二十七 葡萄糖酸锌的制备

一、实验目标

1. 了解微量元素对人体的作用。

2. 掌握利用离子交换树脂柱进行离子交换操作的方法。

二、产品特性与用途

锌是人体必需的微量元素之一，它具有多种生物作用，可参与核酸和蛋白质的合成，能增强人体免疫力，促进儿童生长发育。人体缺锌会造成生长停滞、自发性味觉减退和创伤愈合不良等严重问题，从而引发多种的疾病。人体补锌过去常用硫酸锌，但硫酸锌对人体胃肠道有刺激作用，且吸收率低。葡萄糖酸锌，作为补锌药，具有见效快、吸收率高、副作用小、使用方便等优点。另外，葡萄糖酸锌作添加剂，在儿童食品、糖果、乳制品的应用也日益广泛。

葡萄糖酸锌的英文名称为 zinc gluconate；化学式 $C_{12}H_{22}O_{14}Zn$；相对分子质量为455.68。它是白色结晶或颗粒状粉末，无臭，味微涩。它在沸水中极易溶解，在水中易溶，在无水乙醇、氯仿或乙醚中不溶。

三、实验原理

以葡萄糖酸钙、浓硫酸、氧化锌等为原料合成葡萄糖酸锌，合成路线如下：

$$Ca(C_6H_{11}O_7)_2 + H_2SO_4 \xrightarrow{\text{催化剂}} CaSO_4\downarrow + 2HOCH_2(CHOH)_4COOH$$

$$2HOCH_2(CHOH)_4COOH \xrightarrow{\text{纯化}} \xrightarrow{ZnO} \xrightarrow{\text{结晶}} \underset{\text{葡萄糖酸锌}}{[HOCH_2(CHOH)_4COO]_2Zn}$$

四、主要仪器与试剂

三口烧瓶、001×7 型阳离子交换树脂的交换柱及 201×7 型阴离子交换树脂的交换柱等。

葡萄糖酸钙、氧化锌、浓硫酸及95%乙醇（均为化学纯）等。

五、实验内容与操作步骤

(1) 葡萄糖酸的制备 在 250mL 三口烧瓶中加入 125mL 蒸馏水，再缓慢加入 6.75mL（0.125mol）浓硫酸，搅拌下分批加入 56g（0.125mol）葡萄糖酸钙，在 90℃ 恒温水浴中加热反应 1.5h，趁热滤去析出的硫酸钙沉淀，得到淡黄色液体。滤液冷却后，以每分钟相当于树脂体积的流量，流过装有等量的阴离子交换树脂交换柱和阳离子交换树脂交换柱，进行纯化，得到无色透明高纯度的葡萄糖酸溶液，其中溶质葡萄糖酸约 0.23mol。

(2) 葡萄糖酸锌的制备 取 0.1mol 葡萄糖酸溶液，分批加入 4.1g（0.05mol）氧化锌，在60℃水浴中，滴加葡萄糖酸溶液调节溶液的pH值至5.8，搅拌反应2h，此时溶液呈透明状态。过滤，滤液经减压蒸发，浓缩至原体积的1/3，之后加入10mL 95%乙醇，放置8h使之充分结晶。然后真空干燥，得白色结晶状葡萄糖酸锌粉末。

六、实验记录与数据处理

（1）实验处理　可参照表14-1的格式记录实验数据。

表14-1　葡萄糖酸锌的制备的实验记录

产品名称	性状	熔程/℃	产量/g
葡萄糖酸锌			

（2）数据处理　产品的收率计算方法可参照“实验一　杀虫剂甲氧氯的制备”中相关内容，将所得数据记录在表14-2中。

表14-2　葡萄糖酸锌的收率

产品名称	收率/%
葡萄糖酸锌	

思考题

除了本实验提供的合成葡萄糖酸锌的方法以外，还有什么方法也能制备葡萄糖酸锌？

实验二十八　乙酰水杨酸的制备

一、实验目标

1. 理解酚羟基酰化反应的原理。
2. 掌握乙酰水杨酸的制备方法。
3. 掌握利用重结晶精制固体产品的操作技术。

二、产品特性与用途

乙酰水杨酸英文名称为acetylsalicylic acid，化学式$C_9H_8O_4$，相对分子质量为180.16，俗称阿司匹林。是白色针状或片状晶体，熔点135～136℃，微溶于水，易溶于乙醇、乙醚、氯仿等有机溶剂。它在干燥的空气中较稳定，遇潮则缓缓水解成水杨酸与乙酸。口服具有解热镇痛作用，是一种常用的治疗感冒的药物，也可用于抗风湿，促进痛风患者尿酸的排泄。近年来还发现阿司匹林能抑制血小板凝聚，可防止血栓的生成。

本实验采用乙酸酐作酰基化试剂在浓硫酸作用下与水杨酸发生酰化反应得乙酰水杨酸。

三、实验原理

（1）主反应

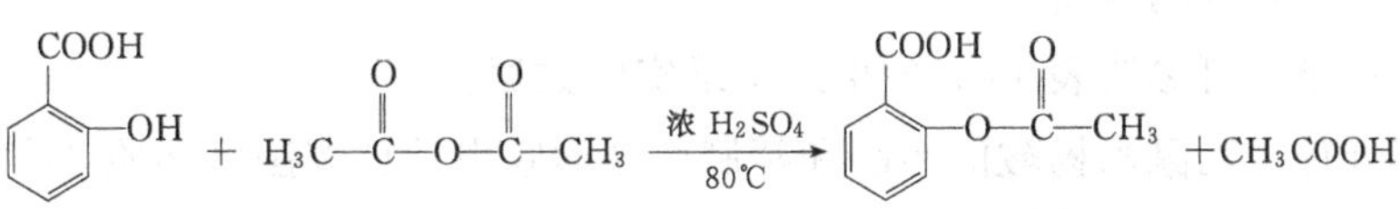

乙酰水杨酸

(2) 副反应

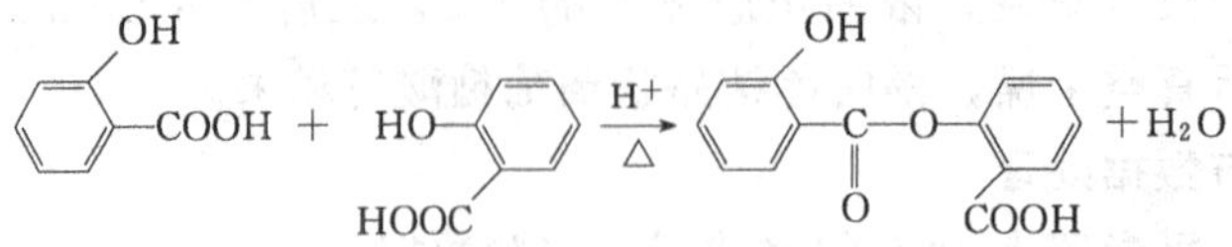

水杨酰水杨酸

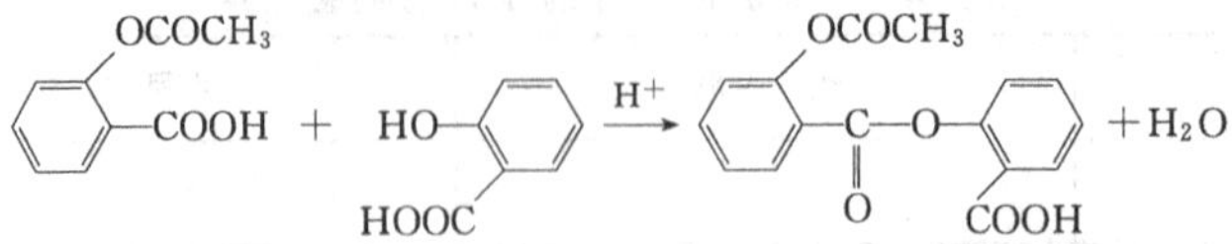

乙酰水杨酰水杨酸

四、主要仪器与试剂

冷凝管、电加热套及电动搅拌器等。

水杨酸、乙酸酐、饱和碳酸氢钠溶液、浓盐酸、1%三氯化铁溶液及浓硫酸等。

五、实验内容与操作步骤

(1) 乙酰化反应　在带有球形冷凝管、250mL 干燥的四口烧瓶中，加入 25.8mL (0.264mol) 新蒸的乙酸酐，开动搅拌，投入 18g (0.1332mol) 水杨酸，再缓慢滴加 24 滴浓硫酸，烧瓶口用玻璃塞塞紧，在水浴中加热。反应温度控制在 80～85℃，保温 30min。然后撤去水浴。

(2) 结晶、抽滤　稍冷后，拆下装置。把反应液倒入盛有 150mL 冷水的烧杯中，并用冰水浴冷却。待结晶完全析出后，进行减压抽滤。用少量冷水洗涤结晶两次，压紧抽干，移至表面皿上，晾干，称量。留少量（绿豆大小）的粗制产品于试管中待用。

(3) 重结晶　将粗产品放入 500mL 烧杯中，在搅拌下加入 225mL 饱和碳酸氢钠水溶液。乙酰水杨酸与碳酸氢钠反应生成水溶性钠盐，而副产聚合物则不能溶于碳酸氢钠水溶液。加完后继续搅拌几分钟，直至无二氧化碳产生。抽滤，滤出副产物聚合物，并用 5～10mL水冲洗漏斗，合并滤液，倒入预先盛有 42mL 浓盐酸和 90mL 水的烧杯中，搅拌均匀，即有乙酰水杨酸晶体析出，将烧杯用冰水浴冷却使结晶完全。抽滤，用少量冷水洗涤结晶。将结晶移至表面皿，自然晾干。称重，计算收率。测量熔程。乙酰水杨酸受热易分解，因此熔点不很明显，它的分解点为 128～135℃，测定熔点时，应先将热载体加热至 120℃左右，然后放入样品测定。

(4) 检测是否含有原料水杨酸　分别取粗制产品和几粒结晶加入盛有 10mL 水的试管中溶解，加入 1～2 滴 1%氯化铁溶液，从颜色变化上判定产物中是否含有原料水杨酸。若粗制产品中混有水杨酸，用 1%氯化铁溶液检验时会显紫色。这是因为水杨酸结构中含有酚羟基。不同的酚与氯化铁作用，因发生显色反应生成络合物而呈现不同的颜色。

六、实验记录与数据处理

(1) 实验记录　可参照表 14-3 的格式记录实验数据。

(2) 数据处理　乙酰水杨酸的粗品和精制产品的收率计算方法可参照“实验一　杀虫剂甲氧氯的制备”中相关内容，将所得数据记录在表 14-4 中。

表 14-3 乙酰水杨酸制备的实验记录

产品名称	性状	熔程/℃	水溶液的颜色	加入 1%氯化铁溶液后颜色	产量/g
粗品乙酰水杨酸 精制产品乙酰水杨酸					

表 14-4 乙酰水杨酸收率

产品名称	收 率/%
粗品乙酰水杨酸 精制产品乙酰水杨酸	

思 考 题

1. 浓硫酸在反应中起什么作用？
2. 制备乙酰水杨酸为什么要使用干燥的玻璃仪器？

实验二十九 肉桂酸的制备

一、实验目标

1. 熟悉缩合反应原理，掌握肉桂酸的制备方法。
2. 熟练掌握利用重结晶和水蒸气蒸馏精制固体产物的操作技术。

二、产品特性与用途

肉桂酸又称 β-苯丙烯酸，英文名称 cinnamic acid；化学式 $C_9H_8O_2$；相对分子质量为 148.16。有顺式和反式两种异构体，通常以反式形式存在，为无色晶体，熔点 133℃，沸点 300℃。它不溶于冷水，溶于热水、乙醇、乙醚、丙酮和冰醋酸。它存在于妥卢香脂、苏合香脂、秘鲁香脂中。肉桂酸是重要的有机合成工业中间体之一。在医药工业中，用来制造“心可安”、局部麻醉剂、杀菌剂、止血药等；在农药工业中作为生长促进剂和长效杀菌剂用于果蔬的防腐；肉桂酸是负片型感光树脂的主要合成原料；它具有很好的保香作用，通常被用作配香原料和香料中的定香剂。肉桂酸在食品、化妆品、食用香精等领域都有广泛的应用。

三、实验原理

肉桂酸的合成方法大体上有三种。

(1) 苯基二氯甲烷法 苯基二氯甲烷和无水醋酸钠在 180～200℃反应生成肉桂酸。

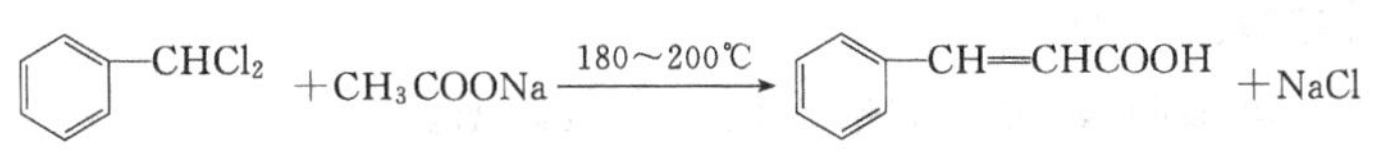

肉桂酸

该法合成路线较短，苯基二氯甲烷价廉易得，反应条件温和，但转化率低，副产物多，产物中易含氯离子，影响在香料工业中的应用。

(2) 苯甲醛-丙酮缩合法

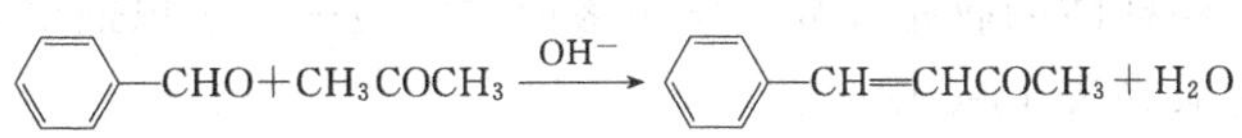

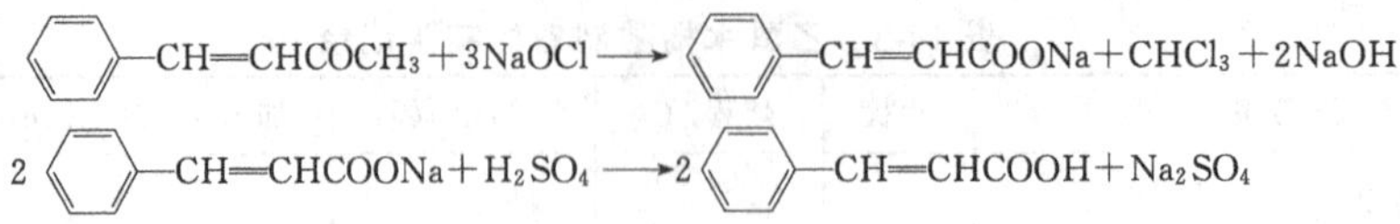

该法有合成路线长、能耗大、成本较高等缺点。

(3) 珀金 (perkin) 法　苯甲醛和醋酸酐在无水醋酸钾或醋酸钠存在下缩合生成肉桂酸：

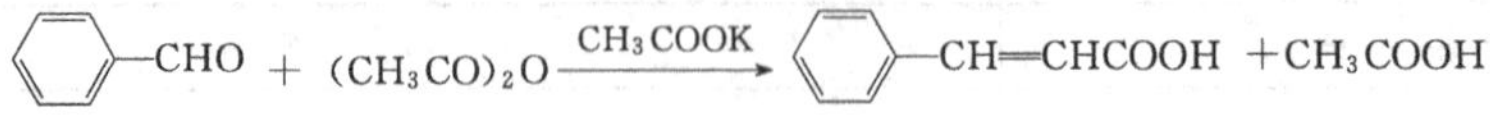

该法具有原料易得、反应条件温和、分离简单、产率高、副产物少、产物纯度高、不含氯离子、成本低等优点，缺点是操作步骤较多。工业上多采用此法。国内外的有机化学实验教材也多选用此法制备肉桂酸。

本实验采用此法。反应产物中少量未反应的苯甲醛可通过水蒸气蒸馏除去。

四、主要仪器与试剂

电加热套、电动搅拌器及水蒸气蒸馏装置等。

苯甲醛、乙酸酐、无水醋酸钾、饱和碳酸钠溶液、浓盐酸及活性炭等。

五、实验内容与操作步骤

(1) 缩合　将 9g(0.09mol) 刚熔融并研细的无水醋酸钾、9mL(0.09mol) 刚蒸馏过的苯甲醛、16.5mL(0.18mol) 刚蒸馏过的乙酸酐，分别放入带有回流装置、250mL 干燥的四口烧瓶中，开动搅拌混合均匀。无水醋酸钾必须是新熔融的。它的吸水性很强，操作时要快。无水醋酸钾的干燥程度，对反应能否进行和产率的提高都有较明显的影响。久制的苯甲醛易自动氧化生成苯甲酸，这不但影响产率，而且苯甲酸混在产物中不易除尽，影响产物的纯度，所以需蒸馏除去杂质，接收 176～180℃的馏分。乙酸酐久置后因吸潮水解会生成乙酸，故实验前需蒸馏乙酸酐，接收 137～140℃的馏分。然后加热，使溶液保持 150～170℃微微沸腾状态约 1h。停止搅拌和加热，拆开装置。向四口烧瓶内倒入 25mL 水去除未反应的乙酸酐。然后用饱和碳酸钠水溶液中和，使溶液呈弱碱性。此处不能用氢氧化钠代替。因反应混合液中含有未转化的苯甲醛，它在强碱作用下会发生坎尼扎罗 (Cannizzaro) 反应，生成的苯甲酸难于分离出去，影响产物的质量。

(2) 水蒸气蒸馏　用水蒸气蒸馏回收苯甲醛，直到馏出液中无油珠为止。向剩余液中加少许活性炭，补加 50mL 水煮沸，趁热过滤。

(3) 中和、抽滤　用浓盐酸酸化滤液，使之 pH 为 2～3，再用冰水浴冷却。待肉桂酸完全析出后，经减压抽滤、洗涤，在 100℃以下的温度干燥，得到产物。称重，计算收率。

六、实验记录与数据处理

(1) 实验记录　可参照表 14-5 的格式记录实验数据。

表 14-5　肉桂酸制备的实验记录

产品名称	性　状	熔程/℃	产量/g
肉桂酸			

(2) 数据处理　肉桂酸的收率计算方法可参照“实验一　杀虫剂甲氧氯的制备”中相关内容，将所得数据记录在表 14-6 中。

表 14-6　肉桂酸收率

产品名称	收率/%
肉桂酸	

思考题

1. 用水蒸气蒸馏除去的是哪种杂质？为什么要除去它？
2. 加盐酸酸化时发生了什么反应？写出方程式。

第十五章　表面活性剂和日用化学品

一、表面活性剂及其分类

表面活性剂（surface-active agengt）是一种有机化合物，其分子结构同时具有两种不同性质的基团：一种是不溶于水的长碳链烷基团，称为亲油基或疏水基、憎水基；另一种是可以溶于水的基团，称为亲水基，是易溶于水或易于被水所润湿的原子团，如磺酸基、羟基、羧基等。

由于表面活性剂具有界面吸附、定向排列和生成胶束等基本性质，因而具有润湿、渗透、乳化、扩散、增容、发泡、消泡、洗涤以及抗静电等作用，在化学工业和人们日常生活中应用非常广泛。

表面活性剂可根据它能否在水中电离生成离子而分为离子型和非离子型表面活性剂。离子型表面活性剂又可按电离后生成的活性基团是阴离子还是阳离子进一步分为阴离子型、阳离子型和两性型表面活性剂。

常见的阴离子型表面活性剂有脂肪酸盐类、硫酸酯盐类、磺酸盐类以及磷酸酯盐类等；非离子表面活性剂有聚乙二醇聚氧乙烯型、多元醇型等；阳离子表面活性剂有开链脂肪胺盐、亲油基通过中间键与 N 相连的胺盐、烷基含氮杂环类、鎓盐以及聚合型阳离子表面活性剂等；两性型表面活性剂有氨基酸型、甜菜碱型以及咪唑啉型等。另外，还有其他类型的表面活性剂，例如高分子表面活性剂、有机硅表面活性剂以及有机氟表面活性剂等。

二、表面活性剂的应用

表面活性剂在生产及生活中均有广泛用途，归纳起来，主要应用在以下几个领域。

（1）在日用化妆品工业的应用　日用化妆品是表面活性剂使用最广泛的领域，洗涤剂是表面活性剂用量最大的领域。表面活性剂在化妆品中主要起润湿、乳化、分散、清洗、起泡等作用，用来配制膏霜类化妆品、皮肤营养品、脂粉类美容品、发用化妆品、浴用制品、剃须膏、牙膏等。

（2）在纺织工业的应用　表面活性剂在纺织工业中用作纤维的精练、洗净助剂，可除去附在棉纤维上的棉蜡等杂质，增加湿润性；表面活性剂也可在纺织工业中作为化碳、漂白、脱糊的助剂以及黏胶纤维的添加剂、梳毛油剂以及丝光处理助剂和缩绒助剂等。

（3）在食品工业的应用　表面活性剂在食品中的作用主要是作为食品添加剂，使油脂类和亲水性物质均匀混合、分散，使产品的流变性好，改善外观、风味、可口性、保存性。

（4）在石油燃料工业的应用　表面活性剂在石油燃料工业中主要是作为原油开采、破乳、重油添加剂。

（5）在造纸工业的应用　表面活性剂在造纸工业中作为助剂，应用于蒸煮、制浆、废纸再生、纸张施胶、特种纸张加工及造纸污水处理等工艺中，提高纸张质量、改善使用性能或使纸张具备某些特殊功能以及用作处理造纸污水的絮凝剂。

（6）在皮革工业的应用　表面活性剂在皮革加工中应用于皮革浸水、脱脂、鞣制、染色、加脂、整理等许多工序。它通过润湿、渗透、净洗、乳化、起泡、匀染、固色等作用使皮革变得柔软、干净，使鞣制的皮革柔软度及丰满度好，染色均匀。

另外，表面活性剂在金属加工、机械、包装、橡胶塑料加工、建筑材料以及制药等工业领域都发挥着举足轻重的作用。

三、日用化学品及其应用

日用化学品（domestic chemical products）是人们日常生活中经常使用的精细化学品。其种类很多，主要包括化妆品、洗涤用品、人体清洁用品、家庭用精细化学品和香精香料等。表面活性剂与日用化学品密切相关，是日用化学品的主要原料。

在人类当今的生活中，日用化学品具有非常广泛的用途，几乎深入到人们生活的方面，这可以从日用化学的分类中看出。

但在使用中，要重视日用化学品可能带来的不利影响。

四、表面活性剂和日用化学品发展概况

表面活性剂和日用化学品形成一门工业需追溯到 20 世纪 30 年代，以石油化工原料衍生的合成表面活性剂和日用化学品打破了肥皂一统天下的局面。世界发达国家表面活性剂和日用化学品发展较快，其品种数量及人均占有量均超过我国。

中国的表面活性剂和合成洗涤剂工业起始于 20 世纪 50 年代，尽管起步较晚，但发展较快。1995 年以表面活性剂为主要原料的洗涤用品总量已达到 310 万吨，仅次于美国，排名世界第二位。其中产量超万吨的表面活性剂品种有：直链烷基苯磺酸钠（LAS）、脂肪醇聚氧乙烯醚硫酸钠（AES）、脂肪醇聚氧乙烯醚硫酸铵（AESA）、月桂醇硫酸钠（K_{12} 或 SDS）、壬基酚聚氧乙烯（10）醚（TX-10）、平平加、二乙醇酰胺（6501）、硬脂酸甘油单酯、木质素磺酸盐、重烷基苯磺酸盐、烷基磺酸盐（石油磺酸盐）、扩散剂 NNO、扩散剂 MF、烷基聚醚（PO-EO 共聚物）、脂肪醇聚氧乙烯（3）醚（AEO-3）等。

总体上表面活性剂生产已成为薄利行业，只有开发新型、特种、高附加值品种才可取得更好的经济效益。其中，高分子表面活性剂、生物表面活性剂以及表面活性剂消毒剂是当今表面活性剂的发展方向。随着人们对环境意识的增强和环境法规的日益完善，“绿色表面活性剂”将在表面活性剂行业产生极大的影响，开发绿色表面活性剂也将给日用化学品工业带来新的挑战和机遇。

实验三十　十二醇硫酸钠的制备

一、实验目标

1. 了解阴离子型表面活性剂的主要性质和用途。

2. 掌握高级醇硫酸酯盐类表面活性剂的合成原理及合成方法。

二、产品特性与用途

（1）产品特性　十二烷基硫酸钠，又称月桂基硫酸钠，英文名称为 sodium dodecyl benzo sulfate，化学式为 $C_{12}H_{25}SO_4Na$；相对分子质量为 288.38。它是重要的脂肪醇硫酸酯盐类的阴离子表面活性剂。脂肪醇硫酸钠是白色至淡黄色固体，易溶于水，具有优良的发泡、润湿、去污等性能，泡沫丰富、洁白而细密，适于低温洗涤，易漂洗，对皮肤刺激性小。它的去污力优于烷基磺酸钠和烷基苯磺酸钠，在有氯化钠等填充剂存在时洗涤效能不减，反而有些增高。由于十二醇硫酸镁盐和钙盐有相当高的水溶性，因此十二醇硫酸钠可在硬水中使用。它还具有较易被生物降解、低毒、对环境污染较小等优点。

脂肪醇硫酸钠的水溶性、发泡力、去污力和润湿力等使用性能与烷基碳链结构有关。当烷基碳原子数从12增至18时，它的水溶性和在低温下的起泡力随之下降，而去污力和在较高温度（60℃）下的起泡力都随之有所升高，至于润湿力则没有规律性变化，其顺序为 $C_{14}>C_{12}>C_{16}>C_{18}>C_{10}>C_{8}$。

（2）产品用途 在牙膏中作发泡剂；用于配制洗发香波、润滑油膏等；广泛用于丝、毛一类的精细织物的洗涤，以及棉、麻织物的洗涤；并广泛用于乳液聚合、悬浮聚合、金属选矿等工业中。

三、实验原理

十二醇硫酸钠的制法，可用发烟硫酸、浓硫酸或氯磺酸与十二醇反应。首先进行硫酸化反应生成酸式硫酸酯，然后用碱溶液将酸式硫酸酯中和。硫酸化反应是一个剧烈的放热反应，为避免由于局部高温而引起的氧化、焦油化以及醚的生成等种种副反应，需在冷却和加强搅拌的条件下，通过控制加料速度来避免整体或局部物料过热。十二醇硫酸钠在弱碱和弱酸性水溶液中都是比较稳定的，但由于中和反应也是一个剧烈放热的反应，为防止局部过热引起水解，中和操作仍应注意加料、搅拌和温度的控制。

本实验以十二醇和氯磺酸为原料，反应式如下：

$$CH_3(CH_2)_{11}OH + ClSO_3H \longrightarrow CH_3(CH_2)_{11}OSO_3H + HCl\uparrow$$

$$CH_3(CH_2)_{11}OSO_3H + NaOH \longrightarrow \underset{\text{十二醇硫酸钠}}{CH_3(CH_2)_{11}OSO_3Na} + H_2O$$

四、主要仪器与试剂

电加热套、电动搅拌器及尾气吸收装置等。

氯磺酸、十二醇、氢氧化钠水溶液及30%双氧水等。

五、实验内容与操作步骤

（1）十二烷基磺酸的制备 在装有搅拌器、温度计、恒压滴液漏斗和尾气能导出至吸收装置的干燥的四口烧瓶内加入19g（0.1mol）的月桂醇。所用的仪器必须经过彻底干燥处理，装配时要确保密封良好。反应器的排空口必须连接氯化氢气体吸收装置。操作时应杜绝因吸收造成的负压而导致吸收液倒吸进入反应瓶的现象发生。开动搅拌器，瓶外用冷水浴（温度0～10℃）冷却，然后通过滴液漏斗慢慢滴入7.5mL（0.11mol）的氯磺酸。控制滴入的速度，使反应保持在30～35℃的温度下进行，同时用5%的氢氧化钠水溶液吸收氯化氢尾气。氯磺酸加完后，继续在30～35℃下搅拌1h，结束反应。之后继续搅拌，用水喷射泵抽尽四口烧瓶内残留的氯化氢气体。得到十二烷基磺酸，密封备用。

（2）十二醇硫酸钠的制备 在烧杯内倒入少量30%的氢氧化钠水溶液，烧杯外用冷水浴冷却，搅拌下将制得的十二烷基磺酸分批、逐渐倒入烧杯中，再间断加入30%的氢氧化钠水溶液，保持中和反应物料在碱性范围内。产物在弱酸性和弱碱性介质中都是比较稳定的，若为酸性，则产物会分解为醇。30%的氢氧化钠水溶液共用去约15～18mL。氢氧化钠水溶液的用量不宜过多，以防止反应体系的碱性过强。中和反应的温度控制在50℃以下，避免酸式硫酸酯在高温下分解。加料完毕，物料的pH值应在8～9。然后加入30%双氧水约0.5g，搅拌，漂白，得到稠厚的十二醇硫酸钠浆液。实验到此时也可暂告一段落。把浆状产物铺开自然风干，留待下次实验时再称重。

（3）烘干 将上述的浆液移入蒸发皿，在蒸汽浴上或烘箱内烘干，压碎后即可得到白色颗粒状或粉状的十二醇硫酸钠。称重，计算收率。

由于中和前未将反应混合物中的 $ClSO_3H$、H_2SO_4 以及少量的 HCl 分离出去，因此最后产物中混有 Na_2SO_4 和 NaCl 等杂质，会造成收率超过理论值。这些无机物的存在对产品的使用性能一般无不良影响，相反，还起到一定的助洗作用。微量未转化的十二醇也有柔滑作用。

(4) 产品检验　纯品十二醇硫酸钠为白色固体，能溶于水，对碱和弱酸较稳定，在 120℃ 以上会分解。本实验制得的产品和工业品大致相同，不是纯品。工业品的控制指标一般为：

活性物含量≥80%　　水分≤3%

高碳醇≤3%　　无机盐≤8%

pH (3%溶液)=8～9

判断反应完全程度简单的定性方法是：取样，溶于水中，溶解度大且溶液透明则表明反应完全程度高（脂肪醇硫酸钠溶于水中呈半透明状，若相对分子质量越低，则溶液越透明）。

活性物含量的测定可参考 GB 5173—85。

无机盐含量可按通常的灰分测定法测出。

水分含量，可通过加热至恒重的方法测出。

六、实验记录与数据处理

(1) 实验记录　可参照表 15-1 的格式记录实验数据。

表 15-1　十二醇硫酸钠的制备的实验记录

产品名称	性状	pH 值(3%溶液)	产量/g
十二醇硫酸钠			

(2) 数据处理　十二醇硫酸钠的收率计算方法可参照“实验一　杀虫剂甲氧氯的制备”中相关内容，将所得数据记录在表 15-2 中。

表 15-2　十二醇硫酸钠的收率

产品名称	收率/%
十二醇硫酸钠	

七、安全与环保

氯磺酸的腐蚀性很强，在称量和加料过程中应佩戴橡胶手套，防止皮肤被灼伤，并在通风橱内称量。氯磺酸在加料前应蒸馏一次，收集沸程在 151～152℃ 的馏分，供使用。氯磺酸也可用 98%的浓硫酸或含游离 SO_3 的发烟硫酸代替，操作方法相似，但收率偏低，质量也较差。从实验安全考虑，建议以浓硫酸代替氯磺酸，可避免生成 HCl。

思考题

1. 硫酸酯盐类阴离子表面活性剂有哪几种？写出结构式。
2. 滴加氯磺酸时温度为什么控制在 35℃ 以下？

实验三十一　月桂醇聚氧乙烯醚的制备

一、实验目标

1. 了解月桂醇聚氧乙烯醚的性质和用途。
2. 理解聚氧乙烯醚型表面活性剂月桂醇聚氧乙烯醚的合成原理。

3. 掌握聚氧乙烯醚型表面活性剂月桂醇聚氧乙烯醚的合成方法。

二、产品特性与用途

(1) 产品特性 月桂醇聚氧乙烯醚 (polyoxyethylene lauryl alcohol ether) 又称聚氧乙烯十二醇醚，属于非离子型表面活性剂。非离子表面活性剂是一种含有羟基 (—OH) 和醚键结构 (—O—)，并以它们获得亲水性的表面活性剂。由于—OH 和—O—结构在水中不解离，光靠一个羟基或醚键结构发挥作用，其亲水性较差，但若同时有几个这样的基团或结构共同发挥作用，则其亲水性就大大提高。在这一点上，非离子表面活性剂与依靠一个亲水基团发挥作用的离子型表面活性剂有很大不同。

聚氧乙烯醚类非离子表面活性剂，是环氧乙烷与高级醇进行加成反应而制得的，产品为无色透明黏稠液体。此类表面活性剂的亲水性，由醚键结构和羟基二者共同作用所致，醚键结构越多，其亲水性也越强。

(2) 产品用途 主要用于配制家用和工业用的洗涤剂，也可作为乳化剂、匀染剂。由于它具有低泡，能用于低温洗涤及较好地生物降解性，而且价格低廉，应用广泛并迅速发展。

三、实验原理

高碳醇在碱催化剂（金属钠、甲醇钠、氢氧化钾、氢氧化钠等）存在下和环氧乙烷的反应，随温度条件不同而异。当反应温度在 130～190℃时，虽所用催化剂不同，其反应速度没有明显差异。而当温度低于 130℃时，则反应速度按催化剂不同，有如下顺序：

烷基醇钾＞丁醇钠＞氢氧化钾＞烷基醇钠＞乙醇钠＞甲醇钠＞氢氧化钠

这说明反应温度对反应机理有影响。

脂肪醇聚氧乙烯醚是非离子表面活性剂中最重要的一类产品。而月桂醇聚氧乙烯醚又是脂肪醇聚氧乙烯醚类表面活性剂中最重要的一个品种，它是由月桂醇和环氧乙烷，按摩尔比 n(月桂醇)：n(环氧乙烷)＝1：(3～5) 加成制得，反应方程式为：

$$C_{12}H_{25}OH + n\,\underset{\diagdown O \diagup}{CH_2—CH_2} \longrightarrow C_{12}H_{25}—O(CH_2CH_2O)_n—H$$

月桂醇聚氧乙烯醚

四、主要仪器与试剂

电加热套及电动搅拌器等。

月桂醇、液体环氧乙烷试剂（含量≥99%）、氢氧化钾、过氧化氢及氮气等。

五、实验内容与操作步骤

取 11.6g (0.0625mol) 月桂醇、0.1g 氢氧化钾加入带回流冷凝管的四口烧瓶中，将反应物加热至 120℃，通入氮气置换空气。氮气通入量不要太大，以冷凝管口看不到气体为宜。然后升温至 160℃，边搅拌边用恒压滴液漏斗将 12.7mL (0.25mol) 液体环氧乙烷滴加至液面下，严格控制反应温度在 160℃。环氧乙烷在 1h 内加完。恒温反应 3h。冷却反应物至 80℃时放料，用冰醋酸中和至 pH 值为 6 左右，再加入反应物质量分数 1%的过氧化氢，保温 30min 后出料。

六、实验记录与数据处理

(1) 实验记录 可参照表 15-3 的格式记录实验数据。

(2) 数据处理 月桂醇聚氧乙烯醚的收率计算方法可参照“实验一 杀虫剂甲氧氯的制备”中相关内容，将所得数据记录在表 15-4 中。

表 15-3 月桂醇聚氧乙烯醚制备的实验记录

产品名称	性状	产量/g
月桂醇聚氧乙烯醚		

表 15-4 月桂醇聚氧乙烯醚收率

产品名称	收率/%
月桂醇聚氧乙烯醚	

七、安全与环保

1. 严格按照钢瓶使用方法使用氮气钢瓶。本反应是放热反应，应注意控制温度。

2. 液体环氧乙烷的沸点为 10.7℃，易汽化，与空气易形成爆炸性混合物，爆炸极限为 3.6%～78%（体积分数），贮存于密封玻璃瓶内。最好在室温较低时做此实验。若室温较高，则可把玻璃瓶用冷水降温后将试剂倒入另一个用冰水浴冷却的容器内，然后通过虹吸方式滴加。

思考题

脂肪醇聚氧乙烯醚类非离子表面活性剂有哪些主要性质？根据它的什么特点可用于洗涤剂工业？

实验三十二 雪花膏的制备

一、实验目标

1. 了解雪花膏的配制原理及各组分的作用。

2. 掌握雪花膏的配制方法。

二、产品特性与用途

雪花膏，白色膏状乳液，是常用的护肤化妆品。典型的雪花膏的乳化形式为水包油型（O/W）。水相主要含水以及甘油、碱等水溶性物质，而油相主要含高级醇、高级脂肪酸等油脂类。另外，添加一些助剂，如防腐剂、香精等，以改善其性能。雪花膏的 pH 一般为 5～7，与皮肤表面的 pH 相近。

雪花膏能保持皮肤的湿度平衡，对皮肤起到保湿、柔软的作用。以雪花膏为基料，再添加其他成分，可以制成特殊用途的膏霜，如防晒霜、粉刺霜等。

三、实验原理

雪花膏常做成水包油型（O/W）乳膏。水相量为 70%～90%，主要含水溶性的保湿剂、增稠剂、低级醇类以及水等。保湿剂通常选用甘油、丙二醇、山梨醇、甘露糖醇等，能均匀地覆盖在皮肤表面，阻止皮肤水分的蒸发。增稠剂可选用果胶（已用得较少）、纤维素衍生物、海藻酸钠等，使乳膏具有一定的黏度。油相量为 10%～30%，主要是烃类、油脂、蜡类、高级醇等油溶性物质。另外，添加其他助剂，包括防腐剂、螯合剂、抗氧化剂、香精等，以改善乳膏的性能。

对雪花膏理化指标要求包括膏体耐热、耐寒稳定性、微碱性（pH≤8.5）、微酸性（pH 为 4.0～7.0）；感官要求包括色泽、香气和膏体结构（细腻，擦在皮肤上应润滑、无面条状、无刺激）。

四、主要仪器与试剂

水浴锅、电动搅拌器。

单硬脂酸甘油酯，工业级，乳白色至淡黄色片状或粉状固体，不溶于水，分散于热水中。溶于乙醇、矿物油、苯、丙酮等热有机溶剂中。熔点58～59℃，密度$0.97g/cm^3$。可用作乳化剂、助乳化剂、稳定剂和保鲜剂等。用于食品加工中面包的软化剂，也用于化妆品膏、霜及乳液的乳化剂。

羊毛脂，工业级，羊毛表面油状分泌物，由洗涤羊毛所得的洗液中回收而得。淡黄色半透明固体。无水物的密度约$0.9242g/cm^3$（40℃）。熔点38～42℃。主要是高级醇类及其酯类。能渗入皮肤，用于制备化妆品、医药软膏，也用于制革、毛皮等工业。

白油，工业级，无色透明、无臭、不发荧光的液体油料。由石油重油经减压蒸馏，得到中等黏度的润滑油馏分再经精制而成。按用途分医药用白油和化妆品用白油两种。化妆品用白油用于制备冷霜、发油等化妆品，也用于精密工具、纺织设备等的防锈和润滑等。

十六（烷）醇，工业级，又称鲸蜡醇、棕榈醇。白色晶体。密度$0.811g/cm^3$，熔点49℃，沸点344℃。不溶于水，溶于乙醇、氯仿、乙醚。用作化妆品的软化剂、乳剂调节剂。

十八（碳）醇，工业级，又称硬脂醇。蜡状白色晶体。有香味。熔点58.5℃，沸点210.5℃（2kPa，15mmHg）。不溶于水，溶于乙醇和乙醚。用作彩色影片和彩色照相的成色剂，以及用于树脂和合成橡胶。

尼泊金乙酯，工业级，白色结晶，味微苦。不溶于水，易溶于乙醇、乙醚和丙酮。熔点115～118℃，沸点297～298℃。主要用作有机合成、食品、医药、化妆品等的杀菌防腐剂，也用作饲料防腐剂。

三乙醇胺，工业级，无色黏稠液体，在空气中变黄褐色。密度$1.1242g/cm^3$，熔点20～21℃，沸点360℃。溶于水、乙醇和氯仿。可用作化妆品、纺织品的增湿剂。

吐温-80，分析纯，化学名失水山梨醇聚氧乙烯醚单油酸酯。琥珀色油状液体。溶于水和乙醇，不溶于矿物油和植物油。具有乳化、润湿和分散等性能，用作O/W型乳化剂。

甘油，A.R.；蜂蜜；香精；蒸馏水等。

五、实验内容与操作步骤

(1) 配方　雪花膏配方见表15-5。

表15-5　雪花膏配方

油　相		水　相	
成　分	质量分数/%	成　分	质量分数/%
单硬脂酸甘油酯	6.0	三乙醇胺	1.0
羊毛脂	3.0	甘油	10.0
白油	8.0	吐温-80	1.0
十六醇	3.0	蜂蜜	2.0
十八醇	5.0	香精	0.5
尼泊金乙酯	0.5	蒸馏水	60.0

注：1. 吐温-80可用平平加10代替，因为吐温有颜色。

2. 可用新型防腐剂凯松、溴硝醇等代替尼泊金乙酯。

（2）制备　将油相中的单硬脂酸甘油酯、羊毛脂、白油、十六醇以及十八醇按比例加入到 500mL 的烧杯中，加热到 90℃，熔化并搅拌均匀。将蒸馏水、三乙醇胺、甘油、吐温-80、蜂蜜加入到另一个 500mL 的烧杯中，加热到 90℃并搅拌均匀。保温 20min 灭菌。在搅拌下将水相慢慢加入到油相中，继续搅拌，当温度降至 50℃时，加入防腐剂和香精，搅拌均匀。静置、冷却到室温，调整膏体的 pH 为 5～7。

六、实验记录与数据处理

观察产品的颜色、气味、状态，并试用观察效果。

根据原料的市场价格，核算产品成本。

七、安全与环保

本实验使用的原料无毒，产品对人体皮肤无副作用。

思　考　题

1. 雪花膏对人体皮肤有何作用？
2. 雪花膏的主要成分有哪些？各起什么作用？

实验三十三　餐具洗涤剂的制备

一、实验目标

1. 掌握餐具洗涤剂的配制方法。
2. 了解餐具洗涤剂的配方原理及各组分的作用。

二、产品特性与用途

餐具洗涤剂又叫洗洁精，是无色或淡黄色透明液体。由溶剂、表面活性剂和助剂组成。主要用于洗涤各种食品及器具上的污垢。特点是去油腻性好、简易卫生、使用方便。

三、实验原理

（1）餐具洗涤剂的基本要求　对餐具洗涤剂的配制时，要满足一下基本要求：①对人体安全无害；②能高效地除去动植物油垢，并不损伤餐具、灶具等；③用于洗涤蔬菜、水果时，无残留物，不影响外观和原有风味；④产品长期贮存稳定性好，不会发霉变质。另外，为了使用方便，餐具洗涤剂要制成透明状，并有适当的浓度和黏度。

（2）餐具洗涤剂的原料　餐具洗涤剂的原料主要包括溶剂（水或有机溶剂）、表面活性剂和助剂等。

溶剂主要为水。水作为溶剂，溶解力和分散力都比较大，比热容和汽化热很大，不可燃，无污染。这些都是作为洗涤介质最优良的性质。但水也存在一些缺点，如对油脂类污垢溶解能力差，表面张力大，具有一定的硬度，需经软化处理。

用作餐具洗涤剂的表面活性剂主要包括阴离子表面活性剂、非离子表面活性剂。如常用的十二烷基苯磺酸钠和脂肪醇聚氧乙烯醚硫酸钠均属于阴离子表面活性剂；而壬基酚聚氧乙烯醚和脂肪（椰油）酸二乙醇胺均属于非离子表面活性剂。

助剂主要包括增稠剂、螯合剂、香精以及防腐剂等。

四、主要仪器与试剂

水浴锅、电动搅拌器等。

十二烷基苯磺酸，工业级，棕色黏稠液体，为有机弱酸。溶于水，用水稀释产生热。密度 1.05g/cm³ (20℃)，黏度为 1900mPa·s。用作洗涤剂的原料，也用于生产烷基苯磺酸的铵盐、钠盐和钙盐等。

脂肪醇聚氧乙烯醚 (3) 硫酸钠，工业级，别名 AES。白色或淡黄色凝胶状膏体，易溶于水。具有优良的去污、乳化和发泡性能，生物降解性大于 90%。是液体洗涤剂、香波、泡沫浴剂、洗手剂等的主要原料之一，也可用作纺织工业润滑剂、助染剂、清洗剂等。

壬基酚聚氧乙烯醚，工业级，别名 TX-10。浅黄色黏稠液体，耐硬水能力强。可与阴、阳、非离子表面活性剂配伍，在较宽 pH 值范围内稳定。具有乳化、去污、润湿等性能，可作乳化剂、洗涤剂、润湿剂和消泡剂等。但其生物降解性差，用量呈逐渐减少的趋势。本实验中也可换为 AES。

脂肪 (椰油) 酸二乙醇胺，工业级，别名尼纳尔，6501。非离子表面活性剂，为淡黄色黏稠液体，可以任意比例与水混溶，具有起泡和稳定作用和去污、分散、增黏特性，有防锈性能。用于配制各种液体洗涤剂、香波、餐具洗涤剂、金属清洗剂、防锈用洗涤剂等，也可用作稳泡剂、增稠剂、缓蚀剂等。

双硬脂酸聚乙二醇 (6000) 酯，工业级，别名 PEG 6000 DS，638。白色或微黄蜡状物，可溶于水、甲苯、甘油、异丙醇等。有良好的增稠与调理性、乳化性和稳定性。可作增稠剂、调理剂和洗涤剂等。用于香波、护发素中做增稠剂和调理剂。

氢氧化钠，AR；氯化钠，AR；乙二胺四乙酸钠 (EDTA 二钠盐)，A.R.；香精；防腐剂以及蒸馏水等。

五、实验内容与操作步骤

(1) 配方　餐具洗涤剂配方见表 15-6。

表 15-6　餐具洗涤剂配方

成　分	质量分数/%	成　分	质量分数/%
十二烷基苯磺酸	5.0	氢氧化钠	0.5
脂肪醇聚氧乙烯醚(3)硫酸钠	5.0	氯化钠	0.5～1.0
壬基酚聚氧乙烯醚	1.5	香精	0.1
脂肪(椰油)酸二乙醇胺	4.0	防腐剂	0.2
乙二胺四乙酸钠	0.2	蒸馏水	加至 100
双硬脂酸聚乙二醇(6000)酯	2.0		

注：配方中，也可以减少表面活性剂类，但总量控制不变。

(2) 制备　取 500mL 烧杯加入蒸馏水，用水浴锅加热到 50℃，加入乙二胺四乙酸钠 (EDTA)，不断搅拌。溶解后再加入十二烷基苯磺酸，搅拌溶解，加入氢氧化钠，使其完全反应。此过程为放热过程。再加入脂肪醇聚氧乙烯醚 (3) 硫酸钠 (AES)，并搅拌完全溶解。依次加入壬基酚聚氧乙烯醚 (TX-10)、脂肪 (椰油) 酸二乙醇胺 (6501)，并搅拌完全溶解。加入双硬脂酸聚乙二醇 (6000) 酯 (638)，并搅拌完全溶解。638 为白色蜡状固体，使用前应粉碎成细小颗粒。加入增稠剂、防腐剂、香精。得到餐具洗涤剂产品。

六、实验记录与数据处理

观察产品的颜色、气味、状态，并试用观察洗涤效果。

根据原料的市场价格，核算产品成本。

七、安全与环保

本实验使用的原料无毒，产品对人体皮肤无副作用。

思 考 题

1. 餐具洗涤剂的配制原则有哪些？
2. 餐具洗涤剂的 pH 一般控制在什么范围？为什么？

实验三十四　洗发香波的制备

一、实验目标

1. 了解洗发香波各组分的作用和配方原理。
2. 掌握配制洗发香波的工艺过程。

二、产品特性与用途

(1) 产品特性　洗发香波是洗发用化妆洗涤用品。主要由表面活性剂、水和助剂组成，应有较弱的碱性、较大的起泡力和较强的去污力。在水中迅速溶解，不刺激皮肤。用香波洗发过程中，不仅有良好的去油、去污、去头屑作用，而且使洗后的头发光亮、美观、柔软、易梳理，兼有化妆作用。

(2) 种类与用途　洗发香波的种类很多，其配方和制备工艺也各不相同。按洗发香波所含主要表面活性剂的种类，可分为阴离子型、阳离子型、非离子型和两性离子型洗发香波。按洗发香波的状态不同，可分为透明型洗发香波、乳液型洗发香波、胶状洗发香波等。按适用发质的不同，可分为干性头发用、油性头发用和中性头发用洗发香波。按香波所具有的功能不同，可分为通用型、药效型、调理型、特殊型洗发香波。

另外，有些洗发香波兼有多个功能，即所谓“二合一”、“三合一”洗发香波。

三、实验原理

(1) 洗发香波的要求　现代人们对洗发香波的要求，除了具有洗发功能外，还应具有护发、美发功能。在对产品进行配方设计时，应考虑以下因素：①具有良好的去污力；②能形成丰富持久的泡沫；③洗后的头发具有光泽，易梳理；④产品无毒、无刺激，对头发、头皮、眼睛有高度的安全性；⑤易洗涤、耐硬水，在常温下可以使用。

(2) 洗发香波的组成　按照以上原则，洗发香波的主要成分包括以下几项。

① 阴离子表面活性剂。主要有烷基硫酸酯盐（AS）、烷基醚硫酸酯盐（AES）、α-烯基磺酸盐（AOS）、单烷基（醚）磷酸酯盐（MAP）、酰基谷氨酸盐（AGS）、脂肪醇醚羧酸盐（ECA 或 LCA）、酰基羟乙磺酸盐（SCL）、脂肪醇聚氧乙烯醚磺基琥珀酸酯盐（MES）等。

② 阳离子表面活性剂。主要有季铵化合物、阳离子瓜子胶、阳离子泛醇、阳离子硅油等。

③ 两性表面活性剂。主要有咪唑啉型两性表面活性剂、烷基甜菜碱型两性表面活性剂（BS-12）、酰氨基丙基甜菜碱型两性表面活性剂（CAB 或 LAB）、烷基磺酸甜菜碱型两性表面活性剂等。

④ 非离子表面活性剂。主要有烷基多苷（APG）、烷基醇酰胺（FFA）、氧化叔胺、脂肪醇聚氧乙烯醚（AE）、烷基酚聚氧乙烯醚（OP）等。

⑤ 稳泡剂。主要有烷基醇酰胺、脂肪酸、高级脂肪酸、水溶性高分子物质等。

⑥ 增黏剂。主要有水溶性高分子物质、电解质、油分、非离子表面活性剂等。

⑦ 增溶剂。主要有乙醇、丙二醇、甘油等醇类；聚氧乙烯脱水山梨糖醇单月桂酸酯、

聚乙二醇脂肪酸酯等非离子表面活性剂。

⑧ 乳浊剂。主要有聚氧乙烯、聚醋酸乙烯等。

⑨ 珠光剂。主要有二硬脂酸酯、鱼鳞箔、云母钛等。

⑩ 调理剂。主要有阳离子纤维素醚、阳离子蛋白肽、阳离子瓜尔胶等。

⑪ 去头屑剂。主要有硫黄、硫化硒、硫化镉、锌吡啶硫酮（ZPT）、甘宝素、尿囊素、薄荷醇、水杨酸等。

⑫ 止痒剂。主要有 L-薄荷醇、辣椒酊、樟脑麝香草酚等。

⑬ 螯合剂。主要有乙二胺四乙酸的衍生物、三聚磷酸盐六偏磷酸盐、柠檬酸、酒石酸等。

⑭ 紫外线吸收剂。主要有羟甲氧苯酮等二苯甲酮衍生物、苄基三唑衍生物等。

⑮ 其他。包括防腐剂、色素、香料等。

四、主要仪器与试剂

水浴锅、电动搅拌器等。

脂肪醇聚氧乙烯醚硫酸钠（AES），工业级。脂肪酸二乙醇酰胺（6501，尼纳尔），工业级。

十二烷基二甲基甜菜碱　工业级，又名十二烷基二甲基乙内铵盐，BS-12，两性离子表面活性剂。无色或微黄色黏稠液体，生物降解性好。有优良的去污、柔软、发泡、润湿及抗静电、抗硬水性能。可用作洗涤剂、柔软剂、乳化剂、抗静电剂、杀菌消毒剂等。用于化妆品配制香波、浴液、洗手剂等。

失水山梨醇聚氧乙烯醚单油酸酯，工业级，别名吐温-80，非离子表面活性剂。琥珀色油状液体。溶于水、异丙醇和乙醇。不溶于矿物油和植物油。具有乳化、润湿和分散等性能。可作 O/W 型乳化剂。在医药、化妆品中作乳化润湿剂；泡沫塑料生产中作乳化稳定剂。

十二醇硫酸三乙醇胺盐，工业级，别名 K_{12}EA，ASEA。阴离子表面活性剂。淡黄色黏稠液体，溶于水。泡沫丰富、稳定，去污力强，对织物和头发有柔软效果。可作香波、药物和化妆品的乳化剂、胶合剂、润湿剂等，也可用作液体洗涤剂和纺织油剂的原料。

乙二醇单硬脂酸酯，工业级，非离子表面活性剂。白色或奶油色固体，可溶于乙醚、氯仿、丙酮和矿物油等，不溶于水。有分散、润湿、消泡、柔软、抗静电和增溶功能，珠光感强，配伍性能好。可作乳化剂、珠光剂、洗涤剂和抗静电剂等。用于化妆品作珠光香波和浴液的原料。

对羟基苯甲酸甲酯（尼泊金甲酯），A. R.；对羟基苯甲酸乙酯（尼泊金乙酯），A. R.；乙二胺四乙酸二钠（EDTA 二钠盐），A. R.；柠檬酸，工业级；氯化钠，A. R.；香精，食用级。

五、实验内容与操作步骤

（1）配方　洗发香波配方见表 15-7。

（2）制备　具体操作步骤如下。

用量筒量取去离子水加入 500mL 烧杯中，将烧杯放入水浴锅中加热至 60℃并保持温度。加入脂肪醇聚氧乙烯醚硫酸钠（AES），并不断搅拌溶解。依次加入其他表面活性剂。每种表面活性剂搅拌溶解后再加下一种表面活性剂。加入珠光剂，并搅拌溶解，缓慢降温，有利于产生珠光效果。当温度降至 40℃以下，加入香精、防腐剂、螯合剂等并搅拌均匀。测定产品溶液的 pH 值，用柠檬酸调节 pH 为 7～8。温度降至室温，用氯化钠调节到适宜的

表 15-7　洗发香波配方

组　分	质　量　分　数/%		
	透明香波	珠光香波	调理香波
脂肪醇聚氧乙烯醚硫酸钠	15.0	13.0	8.0
脂肪酸二乙醇酰胺		4.0	4.0
十二烷基二甲基甜菜碱			6.0
失水山梨醇聚氧乙烯醚单油酸酯	10.0		
十二醇硫酸三乙醇胺盐		9.0	
乙二醇单硬脂酸酯		2.0	
对羟基苯甲酸甲酯	0.2	0.2	0.2
对羟基苯甲酸乙酯	0.2	0.2	0.2
乙二胺四乙酸二钠	0.5	0.5	0.5
柠檬酸	适量	适量	适量
氯化钠	1.5	1.5	
香精	适量	适量	适量
去离子水	余量	余量	余量

注：对羟基苯甲酸甲酯和乙酯也可选用广谱防腐剂凯松等。

黏度并出料。

六、实验记录与数据处理

观察产品的颜色、气味、状态，并试用观察洗涤效果。

根据原料的市场价格，核算产品成本。

七、安全与环保

本实验使用的原料无毒，产品对人体皮肤无副作用。

思　考　题

1. 洗发香波的配方原则有哪些？

2. 洗发香波的主要原料有哪些？各有何作用？

第十六章　功能高分子材料

一、功能高分子材料及其分类

功能高分子材料（functional macromolecule materials）是指与常规高分子材料相比，具有明显不同的物理化学性质，并且具有某些特殊功能的高分子材料。它所具有的功能大体上可分为物理功能、化学功能、生物功能以及介于两者之间的复合功能。

功能高分子材料从组成和结构上可分为结构型功能高分子材料和复合型功能高分子材料。结构型功能高分子材料是指在分子链上带有可起特定作用的功能基团的高分子材料，而复合型功能高分子材料是指以常规高分子材料为基体或载体，与具有特定功能的结构型功能高分子材料进行复合而得的复合功能材料。

功能高分子材料具有重量轻、易加工、可大面积成膜、原料来源广泛等特点。随着科技水平的不断提高，功能高分子材料正朝着功能化、复合化、精细化、综合化和技术密集化方向发展。

按性质和功能划分，可将功能高分子材料分为以下七种类型。

(1) 反应型高分子材料　包括高分子试剂和高分子催化剂，特别是高分子固相合成试剂和固化酶试剂等。

(2) 光敏型高分子材料　包括各种光稳定剂、光刻胶、感光材料、非线性光学材料、光导材料和光致变色材料等。

(3) 电活性高分子材料　包括导电聚合物、能量转换型聚合物、电致发光和电致变色材料等。

(4) 吸附型高分子材料　包括高分子吸附性树脂、离子交换树脂、高分子螯合剂、高分子絮凝剂和吸水性高分子吸附剂等。

(5) 膜型高分子材料　包括各种分离膜、缓释膜和其他半透性膜材料。

(6) 高性能工程材料　如高分子液晶材料、功能纤维材料等。

(7) 高分子智能材料　包括高分子记忆材料、信息存储材料和光、电、磁、pH 值、压力感应材料。

二、功能高分子材料的应用

随着科技水平的提高，人们不断合成出新的功能高分子材料，它们的应用也日益广泛。

分离膜材料具有节能、工艺连续化以及装置紧凑等特点，它又能够对低浓度、分子结构相似、分子间作用力相近等难分离系统以及一些热敏性物质的分离，因此广泛应用于物质的分离、浓缩、精制过程。

导磁高分子材料是正在开发研究中的高分子材料。我国已经开发出一些品种并加以推广应用，如用于冰箱门的磁性塑料。彩色显像管配套部件的汇聚片，是复合型高分子永磁材料，汇聚片组合件在彩电中起着调聚色彩的重要作用。

医用高分子材料是当今研究较多以及应用较广的一种功能高分子材料。由于有机硅材料具有生理惰性，人体适应性强，抗凝血性好，以及耐老化、耐高压蒸气消毒等特点，因此是目前用于人体内永久性植入的主要高分子材料。我国已经开发了“医用有机硅”级的有机硅橡胶、人工脏器、人工关节、人工晶体、牙科复合树脂充填材料以及整形用材料等。预计将有更多的医用高分子材料问世。

功能高分子材料种类繁多，其应用也遍及各个领域，并且新的品种和新的功能在不断地开发研究之中。

三、功能高分子材料的发展概况

功能高分子材料的应用可以追溯到很久以前，如光敏高分子材料和离子交换树脂都有很长的历史。功能高分子材料作为一门独立的科学是从20世纪80年代后期开始的。

20世纪末发展而来的光敏高分子化学，在光聚合、光交联、光降解以及光导机理的研究开发方面都取得了重大突破，并在工业上得到广泛应用。近年来，高分子非线性材料也取得了突破性进展。

反应型高分子材料是在有机合成和生物化学领域的重要成果，已经开发出众多新型高分子试剂和高分子催化剂应用到科研和生产过程中，在提高合成反应的选择性、简化工艺过程以及化工过程的绿色化方面作出了贡献。

电活性高分子材料的发展导致了导电聚合物、聚合物电解质以及聚合物电极的出现。此外，超导、电致发光和电致变色聚合物也是近年来的重要研究成果，其中，以电致发光材料制作的彩色显示器已经被美国和日本公司研究成功，有望成为新一代显示器件。

高分子分离膜材料与分离技术在复杂体系的分离过程中显示出巨大的优越性。开辟了气体分离、苦咸水脱盐以及液体消毒等快速、简便、低耗的新型分离技术，也为电化学工业和医药工业提供了新型选择性透过和缓释材料。

医药用功能高分子是目前发展非常迅速的一个领域。高分子药物、高分子人体组织器官、高分子医用材料在定向给药、器官替代、整形外科和拓展治疗范围方面做出了相当大的贡献。

总之，功能高分子材料之所以能成为国内外材料学科的重要研究热点之一，最主要的原因在于它们具有独特的“功能”，可用于替代其他高分子材料，并提高或改进性能，使其成为具有全新性质的功能材料。

实验三十五　高吸水性树脂的制备

一、实验目标

1. 理解高吸水性树脂制备的基本原理。

2. 掌握实验室中沉析、真空干燥等常见的操作。

二、产品特性与用途

高吸水性树脂或称超吸水性树脂（SAR），是指能吸收自身质量几百倍甚至上千倍水分的高分子聚合物，在日常生活、农业、医药及其他工业部门有广泛用途。例如，高吸水树脂可用作香料载体、尿不湿的吸水材料；农业上用作园艺保水剂；工业上用作油水分离材料、污水处理剂、溶剂脱水剂；医药上用作人工肾脏过滤材料、血液吸附剂等，其很多用途正处于开发研究之中。

三、实验原理

高吸水性树脂的制备方法很多，工艺也都比较成熟。本实验以淀粉、丙烯腈为原料制备高吸水性树脂，主要的化学反应有两个，即接枝反应和水解反应。接枝反应是以水为介质，以铈盐为引发剂，将丙烯腈接枝到已糊化的淀粉链上。水解反应是在氢氧化钠的作用下，将接枝聚合物侧链上的腈基转变为酰氨基和羧酸盐基。其反应式如下：

接枝反应：

$$R_{st} + Ce^{4+} \longrightarrow R_{st}\cdot + Ce^{3+}$$

$$R_{st}\cdot + nCH_2{=}\underset{\displaystyle CN}{\underset{|}{CH}} \longrightarrow R_{st}{-}\!\!\left[CH_2{-}\underset{\displaystyle CN}{\underset{|}{CH}}\right]_n$$

（R_{st} 代表淀粉，下同）

水解反应：

$$R_{st}{-}\!\!\left[CH_2{-}\underset{\displaystyle CN}{\underset{|}{CH}}\right]_n \xrightarrow{NaOH} R_{st}{-}\!\!\left[CH_2{-}\underset{\displaystyle COONa}{\underset{|}{CH}}\right]_x\!\!\left[CH_2{-}\underset{\displaystyle CONH_2}{\underset{|}{CH}}\right]_y$$

作为吸水材料必须具备两个条件：一是自身带有较多的吸水基团；二是本身不溶于水。本实验制备的树脂是以淀粉为骨架，与丙烯腈接枝共聚成高分子化合物，不溶于水，侧链上的腈基又经过水解转化为亲水性很强的羧酸盐基和酰氨基，使其具有极强的吸水性。因此，水解反应是使接枝共聚物实现其吸水性关键的一步反应，而水解反应条件选择的好坏直接影响到高吸水性树脂吸水性的高低。

四、主要仪器与试剂

电热恒温水浴锅，电动搅拌器，500mL 三口烧瓶以及氮气钢瓶等。

玉米淀粉，市售；丙烯腈，A. R.；硝酸铈铵，A. R.；氢氧化钠，A. R.；硝酸，A. R.；95%（体积分数）乙醇，CP。

五、实验内容与操作步骤

① 称量淀粉 10g 装入三口烧瓶内，加 200mL 蒸馏水搅拌制成淀粉浆。在氮气保护下，在 80～85℃糊化 30～40min，然后冷却到 20～40℃。

② 将硝酸铈铵用 1mol/L 的硝酸配成 0.1g/mL 的溶液，取 3mL 硝酸铈铵溶液与 16g 丙烯腈混合，配制成丙烯腈的硝酸铈铵溶液。

③ 将丙烯腈的硝酸铈铵溶液加入到淀粉糊中，在 20～40℃下搅拌反应 1～2h。

④ 用稀氢氧化钠溶液调节 pH 值至 7，加 40mL 蒸馏水，加热至 80℃，保温 30min，除去未反应的丙烯腈。然后加入 2mol/L 氢氧化钠溶液 160mL，于 100℃皂化 2h。

⑤ 冷却至室温，用乙酸调节 pH 值至 7～7.5，用乙醇沉析，真空抽滤，于 60～80℃下真空干燥，粉碎即得到高吸水树脂。

⑥ 准确称取树脂约 0.1g 置于烧杯中，加去离子水约 150mL，静置 1h 后，滤去水分，称重，计算吸水倍率。

六、实验记录与数据处理

高吸水性树脂的吸水倍率用下式计算：

$$吸水倍率=\frac{m_2-m_1}{m_1}$$

式中　m_2——吸水后树脂质量，g；

m_1——干树脂质量，g。

七、安全与环保

丙烯腈的蒸气有毒，实验时保持室内通风。

思考题

1. 试说明淀粉接枝丙烯腈制备高吸水性树脂的基本原理。
2. 吸水材料必须具备哪些特征？

实验三十六　光致变色聚合物的制备

一、实验目标

1. 理解光致变色的基本原理。
2. 掌握光致变色聚合物的制备方法。

二、产品特性与用途

聚甲基十一碳酰基偶氮苯硅氧烷，一种光致变色聚合物，在光照下（特别是紫外线或可见光），偶氮键发生顺反式的改变，从而导致聚合物颜色的改变。主要应用于光电子器件、记录存储介质和全息照相等高科技方面。

三、实验原理

光致变色高分子是在高分子侧链上引入可逆变色基团，由于光照时化学结构产生变化，使其对可见光吸收的波长也发生变化，因而产生颜色的变化。在停止光照后，又恢复原来的颜色。本实验中，4-氨基偶氮苯、十一烯-10-酰氯、聚甲基硅氧烷为反应性物料；甲苯为溶剂，甲醇为沉淀剂；环戊二烯二聚体铂铱复合物是硅氢化反应的催化剂。反应生成的最终产物——聚甲基十一碳酰基偶氮苯硅氧烷，在光照下，偶氮键发生顺反式的改变，从而导致聚合物颜色的改变。

四、主要仪器与试剂

电热恒温水浴锅、电动搅拌器、冰水浴、250mL 三口烧瓶、布氏漏斗、抽滤瓶等。

4-氨基偶氮苯，A. R.；十一烯-10-酰氯，A. R.；环戊二烯二聚体铂铱复合物，A. R.；聚甲基硅氧烷，A. R.；甲苯，A. R.；甲醇，A. R.。

五、实验内容与操作步骤

（1）中间产物的合成　称量 4-氨基偶氮苯 20g，十一烯-10-酰氯 30.4g，加入到三口烧瓶中。在 60℃下搅拌反应 30min，反应生成中间产物 4-十一烯-10-酰氨基偶氮苯。

（2）重结晶　将生成的 4-十一烯-10-酰氨基偶氮苯溶于热的甲苯中，制成饱和溶液，趁热过滤。将滤液置于冰水浴中降温，这时有结晶析出。用布氏漏斗过滤，得到 4-十一烯-10-酰氨基偶氮苯晶体。

（3）硅氢化反应　在烧瓶中加入 100mL 蒸馏水，取 4-十一烯-10-酰氨基偶氮苯晶体 20g，与 10g 聚甲基硅氧烷混合，加入到烧瓶中，并加适量的催化剂环戊二烯二聚体铂铱复合物，在 50℃下搅拌反应 1h，生成聚甲基十一碳酰基偶氮苯硅氧烷。

（4）沉淀　将反应混合液冷却到室温，加 100g 甲醇，此时有沉淀聚甲基十一碳酰基偶氮苯硅氧烷生成。

（5）干燥　将沉淀过滤、干燥，得光致变色聚合物——聚甲基十一碳酰基偶氮苯硅氧烷。

六、实验记录与数据处理

分别用可见光和紫外线照射本实验产品，观察并记录其颜色的变化。

七、安全与环保

本实验所用溶剂甲苯有毒，操作过程中保证实验室通风良好。含有甲苯的废液统一回收处理。

思 考 题

1. 光致变色材料的变色原理是什么？
2. 光致变色材料的应用有哪些方面？

第三篇　精细化工毕业专题实验

【学习目标】

加强文献检索与研究的能力培养；理解正交实验法设计实验的原理，学会用正交实验法安排研究性实验；学会小试的基本方法；明确分析检测对产品开发的意义；学会撰写科技论文；使学生的实验综合技能得到进一步提高；发现问题、分析问题、解决问题的能力得到提高。

第十七章　毕业专题实验的组织与实施

精细化工专题实验从确定课题，到组织实施并完成，一般包括六大环节，这些环节互相关联，形成化工产品开发的一般程序，如图 17-1 所示。

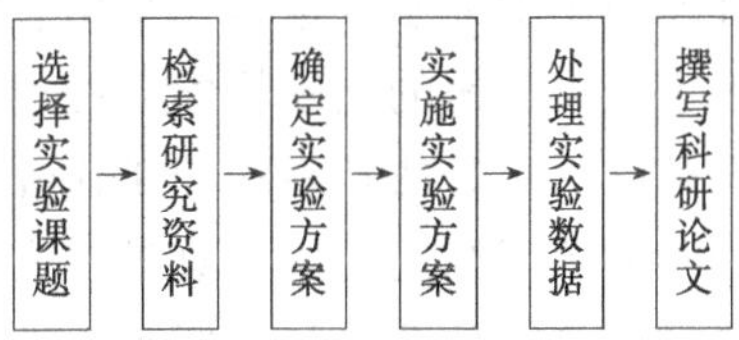

图 17-1　专题实验程序

必须指出，图 17-1 所表示的只是一般程序。在实验中，应根据实验进展情况，在认真分析的基础上，及时调整，以通过尽可能少的投入，获得尽可能多而有益的实验结果。

一、选择实验课题

专题实验属于研究性学习的范畴，因此，只有合理的选题，才能达到预期的目标。从某种意义上说，选题的合理性决定实验的成败。通常，毕业专题实验的选题必须遵守以下几项原则。

① 具有科学根据、有研究价值、一定的新颖性和现实可行性。

② 符合培养目标的要求，通过努力，能在规定的时间内完成。高职高专的毕业专题与研究生本科生相比，应更加注意应用性。

③ 符合学生实际及实验条件实际，分析检测可以方便地实现。

④ 最好能满足生产一线的要求，有一定的经济价值。

⑤ 原料来源丰富、价格低廉、工艺步骤少；原料的利用率高、副产物少。

⑥ 实验条件相对温和，易于在实验室实现。

⑦ 相对安全，排放的废物少或能够综合利用。

⑧ 相关资料齐全，或比较容易检索到相关资料。

二、检索研究资料

课题确立后，不是马上开展实验，而应该围绕课题目标进行相关文献的检索与研究。有资料认为，在研究性课题实施的全过程中，50%～70%时间用于检索和研究文献资料，做实验的时间只占30%～50%。

通过文献检索与研究，不仅可以进一步论证课题的科学性、合理性、经济性及可行性，而且可以对如何开展课题的研究工作，制订出详细的实施性方案。比如，可以做出原料及工艺路线的比较与选择；了解原材料、中间产物、产品、催化剂和溶剂的理化性质；了解控制指标及相关的检测手段和检测方法；预测可能产生的副反应和副产物，如何减弱副反应，如何处理副产物；相关的标准情况；实验中有主要影响因素；实验中需要特别关注的内容或特别需要当心的操作等。

运用检索工具检索文献是经常性的检索工作。通常，检索工具有多种索引，可以提供多种检索途径。但主要有四种，即分类途径（通过分类号）、主题途径（通过主题词）、著者途径（通过著者）和其他途径（比如专利号、报告号、分子式、结构式等）。

1. 收集文献资料方法

文献资料分中文资料和外文资料，文献的类型可以是专业书籍、专业期刊、会议论文、学位论文、政府出版物、标准、专利、科技报告及各种网络资源。中、外文专业书籍和专业期刊，可以向学校、图书馆、科研院所查阅；标准可以到当地的计量局或质量监督部门查阅；专利可以到专利服务部门。此外，还有一些专门的科技情报部门，比如科技情报所、化工信息中心等，也可进行各种文献的检索。值得一提的是，计算机网络的出现，为文献检索提供了一种快捷的检索手段。

（1）直接法 是指直接利用检索工具（系统）检索文献信息的方法，这是文献检索中最常用的一种方法。它又分为顺查法、倒查法和抽查法。顺查法是指按照时间的顺序，由远及近地利用检索系统进行文献信息检索的方法。这种方法能收集到某一课题的系统文献，它适用于较大课题的文献检索。例如，已知某课题的起始年代，现在需要了解其发展的全过程，就可以用顺查法从最初的年代开始，逐渐向近期查找；倒查法是由近及远，从新到旧，逆着时间的顺序利用检索工具进行文献检索的方法。此法的重点是放在近期文献上。使用这种方法可以最快地获得最新资料；抽查法是指针对课题的特点，选择有关该课题的文献信息最可能出现或最多出现的时间段，利用检索工具进行重点检索的方法。

（2）追溯法 是指不利用一般的检索工具，而是利用已经掌握的文献末尾所列的参考文献，进行逐一地追溯查找"引文"的一种简便的扩大情报来源的方法。它还可以从查到文献的"引文"中再追溯查找"引文"，像滚雪球一样，依据文献间的引用关系，获得越来越多的内容相关文献。

（3）综合法 是把上述两种方法加以综合运用的方法，又称为循环法。是前两者的综合，因此，综合法兼有常用法和追溯法的优点，可以查得较为全面而准确的文献，是实际中采用较多的方法。对于查新工作中的文献检索，可以根据查新项目的性质和检索要求将上述检索方法融会在一起，灵活处理。

2. 常用工具书和期刊

（1）英汉化学化工词汇 科学出版社，第三版，1987年。

（2）美国化学文摘（Chemical Abstracts，CA） 美国化学学会化学文摘社出版，是世界上化学化工文献著名的检索刊物之一。每年的文献报道量50多万篇，占世界化学化工文献的98%左右。可通过关键词索引、作者索引、专利索引、主题索引、化学式索引等找到有用的信息。

(3) 美国工程索引（The Engineering Index，EI）　美国工程情报公司编辑出版，是工程技术领域中著名的检索刊物之一。收录了50多个国家，15种文字3千多种科技期刊、国际会议的会议录、论文、科技图书、年鉴和标准等。每年的文摘量约十万篇左右。

(4) 化工辞典　王箴主编，化学工业出版社，第四版，2000年8月。本书为一本综合性化工方面工具书，其中介绍化合物的化学式、结构式及其物理化学性质，并有简要制备方法和用途介绍。

(5) 精细有机化工原料及中间体手册　徐克勋主编，化学工业出版社，第一版，1998年6月。本书汇集了与精细化工有关的有机化工原料及中间体3000多种，介绍了其化学性质、生产工艺、消耗定额、用途及生产厂家。

(6) 有机合成事典　樊能廷主编，北京理工大学出版社，1995。

(7) 精细化学品技术手册（上、下卷）　章思规、章伟编写，化学工业出版社，第一版，2004年9月。本书主要介绍了4500余种有机化学品的化学式、性状、生产方法和参考文献等方面内容。

(8) Organic Synthesis（有机合成）　最初由R. Adams，H. Gilman主编，后由A. H. Blatt主编，从1921年起每年一册。内容介绍有机化合普遍合成方法，是有机实验常用参考书。本书还出版合订本，每10卷合为一册，第一、二册已有中译本，每册后面附有各种索引，包括反应类型、化合物类型、化学式和普通索引等，对使用本书极为方便。

(9) R. C. Weast：Hand book of Chemistry and Physics（化学及物理手册）　1913年第一版，本书出版较快，几乎每年一版，第45版改由Weast主编。一册的内容由原来的六部分已扩展至十六部分，其中列出了约15000种有机化合物的名称、别名、化学式、相对摩尔质量、颜色、结晶形状、比旋光度、熔点、沸点、密度、折射率和溶解度等物理常数及参考文献。化合物按英文名称的字母顺序排列。查阅方法可按英文及归类查阅，也可通过化学式索引查阅。

(10) 兰氏化学手册　[美] J. A. 迪安编写，科学出版社，第二版。本书自1934年第1版问世以来，一直受到各国化学工作者的重视和欢迎。第1～10版由N. A. 兰格（Lange）先生主持编纂，原名《化学手册》。从第11版开始由J. A. 迪安（Dean）任主编，并更为现名。中译本根据原书1998年第15版译出，共分11部分，内容包括有机化合物，通用数据，换算表和数学，无机化合物，原子、自由基和键的性质，物理性质，热力学性质，光谱学，电解质、电动势和化学平衡，物理化学关系，聚合物、橡胶、脂肪、油和蜡及实用实验室资料等。

(11) 溶剂手册　程能林主编，化学工业出版社，第四版，2008年3月。本书介绍了常用溶剂的理化性质、纯化方法、用途、使用注意事项、毒性与处理方法等内容。

(12) P. G. Stecher：The Merck Index（默克索引）　1889年第一版，以后约每十年修改一次。最早为Merck公司的药品目录，现已成为化学药品、药物及各种化合物的化学式、结构式、物理常数、制备方法及最初文献的介绍。

(13) 分析化学手册　化学工业出版社，1998年9月第2版，共十个分册，包括基础知识与安全知识、化学分析、光谱分析、电化学分析、气相色谱分析、液相色谱分析、核磁共振波谱分析、热分析、质谱分析以及化学计量学等内容。

(14) 有机化合物结构鉴定与有机波谱学　宁永成主编，科学出版社，第二版，2000年1月。主要介绍了核磁共振、质谱、红外及紫外四种谱图的原理及解谱方法。

(15) 英汉精细化工缩略语辞典 周春隆、穆振义、林吉文编，化学工业出版社，第一版，1994年5月。本书收集了精细化工缩、略语词汇和一些常用的德文、法文及拉丁文条目，另外还收集了一些重要精细化工产品的商品名称。

(16) 有机化学实验 周科衍、高占先主编，高等教育出版社，第三版，1996年。

(17) 有机化学实验 北京大学化学系编，北京大学出版社，1990。

(18) 有机化学实验 曾昭琼主编，高等教育出版社，1987。

(19) 有机制备化学手册（上、中、下册） 韩广甸等编，化学工业出版社，1980年5月。

(20) A. I. Vogel：A Textbook of Practical Organic Chemistry（实用有机化学手册）4th Ed，London，Longman，1978年。

此外，还有各种标准汇编、专利说明书等。

3. 常用化学化工网站网址

化学化工网站很多，对化学化工情报检索的作用也越来越大，常用的网址参见附录。

4. 分析与整理收集的资料

由不同途径得到的情报、资料、数据、图表等大量信息是否对过程开发有价值，需要对资料进行鉴别、分析、综合、概括与比较；去粗取精、去伪存真；并进行由表及里、由此及彼的思考，发现一些事物的内在联系和规律，从中得到有用的内容和有益的启发。在分析研究资料时，要注意考察资料的可靠性、先进性、适用性。

(1) 可靠性 情报资料的可靠性主要指其真实性。一般地讲，密级或内部资料比公开资料的可靠性大，技术档案、科研报告、技术标准、专利文献比一般科技书刊和论文的可靠性大，科技书刊比新闻、简讯等的可靠性大。必要时，可对资料所报道的内容做重复实验以验证其提供信息的可靠性。

(2) 先进性 情报资料的先进性或新颖性主要指其内容是否有新理论、新技术；是否介绍了新工艺、新材料、新产品；其内容的质量、产量、成本、劳动生产率、利税等经济指标是否处于领先水平。

(3) 适用性 情报资料对需求者是否适用，主要指收集的资料中介绍的理论、技术、工艺、设备、原料、产品等是否符合国家的产业方向和政策，是否与过程开发的最终目的相符等。

5. 撰写开题报告

开题报告是毕业论文工作的重要环节，它是学院监督和保证选题质量的重要措施。同时，也可使更多的人了解、关心和帮助与课题有关的科研工作。必要时，学校可在举行开题报告会。

开题报告通常是在掌握足够的资料后进行的，有时，为了使报告更加富有说服力，可能还要预做一些实验。

开题报告一般包括下列内容：选题的目的和依据（说明选题的理论意义和现实意义，着重介绍国内外研究现状和自己的设想以及课题的学术和实际应用价值）；选题的基本内容，构思及初步见解；拟采用的研究方法和手段；预期达到的水平和所需的科研条件；可能遇到的困难和问题，以及解决的途径、方法和措施；工作量、工作进度计划；经费估算及来源等。

开题报告的格式见附录。

三、确定实验方案

开题报告完成后，需要制订实验方案。制订方案时，应始终围绕课题目标，结合现有实验条件及学生实验，还要设法避免实验者个人心理偏见和潜意识倾向可能对实验造成的影响。

实验方案的制订有以下几个步骤：

① 根据实际情况筛选合成路线，并根据合成路线设计出程序式实验方案；

② 确定分析方案及方法，根据样品实际情况和测定要求筛选出合适的分析方法；

③ 选定用于实验和分析的仪器和设备，确定所需的药品和试剂的用量，以表格形式列出仪器和药品清单；

④ 根据工作任务，确定研究小组成员及分工，制定具体的实验步骤。

四、实施实验方案

实验方案制订后，进入实验的实验阶段，即实验的实施阶段。此阶段工作的好坏，直接关系到试验目标能否顺利实现，研究目标能否达到。

实验实施工作主要包括预实验、系统实验、验证实验和实验收尾等工作。

1. 预实验

预实验是为了初步考察所制订的实验方案而进行的实验（如果方案很成熟，此步可略）。此类实验尚无全面规划，对研究对象也多半停留在定性，至多是半定量的基本认识阶段。

预实验可分为认识实验、析因实验和验证实验三种。

（1）认识实验　认识实验为认识研究对象的规律和特征而专门设计的。根据选定的具体实验步骤进行初试。通过初试，可获得若干感性认识，摒弃若干不实际的想法和不必要的措施，初步确定影响实验目标（产物产率、纯度等）的因素。

（2）析因实验　析因实验为弄清影响实验结果的各种因素而专门组织的。借此进一步了解研究的主要范围，减少不必要的工作，为系统实验的开展创造条件。通过析因实验，能够确定各因素对实验目标的影响程度。

（3）验证实验　验证实验是为了验证析因实验的结论而组织的实验。通过对验证实验的结果进行整理、分析和加工，并与析因实验结论比较，可以最终确定对实验目标有明显影响的因素，排除没有影响或影响很小的因素。从而使后续的实验更加具有针对性和富有实效。

在时间安排上，以上三种实验会根据需要，交错进行。

2. 系统实验

系统实验是整个专题实验的关键阶段，这一阶段安排的好，可以通过相对少量的实验获得相对丰富的实验信息，并达到实验的预期目标。其重要任务之一就是得到最佳（或优惠的）工艺条件。

系统实验包括两项内容，即组织实施性实验方案和实验。

（1）实验方案的组织　在前面的工作中，已经确定了实验的基本程序、内容、原料及路线、仪器装置、计划进度等。但是，如果通过全面实验来实施上述工作方案，不仅实验量大、消耗多，而且有时也是不可能的。为了使实验次数尽可能少，需要做好实验方案的组织工作。通常，组织实验方案的方法有单因素实验中的优选法，多因素实验中的正交设计法和均匀设计法等。

单因素实验中的优选法有“黄金分割”逼近法等，由于一般化学反应或化工过程中的影响因素较多，因此在化工产品开发实验中使用很少。

多因素实验中的正交设计法可以全面考虑一系列影响因素同时变动带来的结果，是目前使用较多的方法之一。正交设计法是基于数理统计原理来科学地安排实验，并按一定规律分析处理实验结果，能较快找到主要因素及其对应值，还能判断因素之间的交互影响情况。在正交实验中，因正交表的搭配均衡性，故要求在实验范围内将实验点安排得“均匀分散，整齐可比”。

多因素实验中的均匀设计法是1978年我国数学家方开泰和王元等利用数论与多元统计相结合提出的一种新的实验设计方法。该法在保证统计精确性的前提下，使实验次数比正交设计大为减少。正交实验法为了要达到“整齐可比”，实验点并未做到真正的“均匀分散”，而是增加了许多实验点的数目。但均匀设计法并不考虑“整齐可比”，只考虑实验点在实验范围内充分地均匀分散，这种从均匀性出发的设计称为均匀设计。均匀设计中，每个因素每个水平只做一次实验，实验次数与水平数相等，实验次数只按水平数增加而增加。因而，均匀设计比正交设计需要的实验次数大大减少。不过，均匀设计的实验结果需要进行多元线性回归，才能获得优化结果。

目前，在科学实验中，正交设计法仍然是最为常见的。因此，本书主要介绍正交实验法。

① 正交实验简介。正交实验设计（orthogonal experimental design）是研究多因素多水平的一种实验设计方法，它是根据正交性从全面实验中挑选出部分有代表性的点进行实验，这些有代表性的点具备了“均匀分散，整齐可比”的特点，是一种高效率、快速、经济的实验设计方法。日本著名的统计学家田口玄一将正交实验选择的水平组合列成表格，称为正交表。例如作一个三因素三水平的实验，按全面实验要求，须进行 $3^3=27$ 种组合的实验，且尚未考虑每一组合的重复数。若按 $L_9(3)^3$ 正交表安排实验，只需作9次，按 $L_{18}(3)^7$ 正交表进行18次实验，显然大大减少了工作量。因而正交实验设计在很多领域的研究中已经得到广泛应用。

实际应用中，对于多因素多水平的实验，安排全面实验是不现实的。根据经验，无论是配方设计还是工艺条件优化，正交实验设计方法都有着广泛的应用。因此，通过精细化工实验应让学生学会正交实验设计方法。

② 正交实验设计内容。正交实验设计包括三部分内容：(a) 安排实验方案；(b) 分析实验结果；(c) 实验验证。下面以 L_9 (3^4) 正交表为例说明。

a. 构造因素水平表。明确实验目的，确定实验指标，挑选因素选取水平，构造出因素水平表。表17-1是四因素三水平的因素水平表。

表17-1　正交实验的因素水平表

水　平	因　素			
	A	B	C	D
1				
2				
3				

b. 选用正交表安排实验。正交表是一整套规则的设计表格（正交表见附录），用 $L_n(t^c)$ 表示。其中，L 为正交表的代号；n 为实验的次数，也是正交表的行数；t 为水平数，c 为正交表的列数，表示最多可以安排的因素数。也就是可能安排最多的因素个数。例如 $L_9(3^4)$（表17-2），它表示需要做9次实验，最多可观察4个因素，每个因素均为3水平。从正交表的数据结构看出，正交表是一个 n 行 c 列的表，其中第 j 列由数码1，2，…，S_j 组成，这些数码均各出现 n/S 次，表17-2中，第二列的数码个数为3，$S=3$，即由1、2、3组成，

各数码均出现 $n/3=9/3=3$ 次。

表 17-2　$L_9(3^4)$ 正交表

实验号	列号			
	A	B	C	D
1	1	1	1	1
2	1	2	2	2
3	1	3	3	3
4	2	1	2	3
5	2	2	3	1
6	2	3	1	2
7	3	1	3	2
8	3	2	1	3
9	3	3	2	1

根据正交表组织实验，在 $L_9(3^4)$ 表中，安排四个因素，每个因素取三个水平，共做 9 次实验。第一次实验，四个因素均取 1 水平；第二次实验，A 因素取 1 水平，其余因素取 2 水平；第三次实验，A 因素取 1 水平，其余因素取 3 水平……第九次实验，A、B 两个因素取 3 水平，C 因素取 2 水平，D 因素取 1 水平。即每行组合构成一次实验的基本条件。整个设计过程可用一句话归纳为："因素顺序上列、水平对号入座，实验横着做。"

c. 分析实验结果。实验指标列在正交表的最后一栏，用直观分析法分析实验结果。按表中方法计算各因素（j=A，B，C，D）不同水平（1，2，3）实验指标之和，见表 17-3。最后计算极差，极差越大的对实验指标的影响越大。

表 17-3　$L_9(3^4)$ 实验结果分析表

实验号	列号				实验指标 X
	A	B	C	D	
1	1	1	1	1	X_1
2	1	2	2	2	X_2
3	1	3	3	3	X_3
4	2	1	2	3	X_4
5	2	2	3	1	X_5
6	2	3	1	2	X_6
7	3	1	3	2	X_7
8	3	2	1	3	X_8
9	3	3	2	1	X_9
K_{j1}	$X_1+X_2+X_3$	$X_1+X_4+X_7$	$X_1+X_6+X_8$	$X_1+X_5+X_9$	
K_{j2}	$X_4+X_5+X_6$	$X_2+X_5+X_8$	$X_2+X_4+X_9$	$X_2+X_6+X_7$	
K_{j3}	$X_7+X_8+X_9$	$X_3+X_6+X_9$	$X_3+X_5+X_7$	$X_3+X_4+X_8$	
极差	上三个和最大减最小	上三个和最大减最小	上三个和最大减最小	上三个和最大减最小	

③ 正交实验举例。有一化学反应，需考察 4 个实验条件（因素）对产品产率的影响。这 4 个实验条件分别为反应温度 A、加碱量 B、催化剂种类 C 和原料投料摩尔比 D。每一因素取 3 个水平。具体数据见下表。试用正交实验设计安排实验并进行结果分析。

a. 构造因素水平表。指标或目标函数取化学反应中生成物的收率。收率越高，指标越优越。根据预实验，选定了不同的因素和不同水平的量，由此构造的因素水平表，见表 17-4。

表 17-4　正交实验的因素水平表

水　平	A 温度/℃	B 加碱量/kg	C 催化剂种类	D 原料投料摩尔比
1	80	35	甲	1∶1.0
2	85	48	乙	1∶1.2
3	90	55	丙	1∶1.4

b. 选用正交表安排实验。选择 $L_9(3^4)$ 正交表。实验方案与所得实验结果即指标（收率）见表 17-5。

表 17-5　$L_9(3^4)$ 正交表的表头及内容

因　素	A/℃	B/kg	C	D	收率/%
列　号	1	2	3	4	
1	1(80)	1(35)	1(甲)	1(1∶1.0)	51
2	1	2(48)	2(乙)	2(1∶1.2)	71
3	1	3(55)	3(丙)	3(1∶1.4)	58
4	2(85)	1	2	3	82
5	2	2	3	1	69
6	2	3	1	2	59
7	3(90)	1	3	2	77
8	3	2	1	3	85
9	3	3	2	1	84
T_1	51+71+58=180	51+82+77=210	51+59+85=195	51+69+84=204	
T_2	82+69+59=210	71+69+85=225	71+82+84=237	71+59+77=207	
T_3	77+85+84=246	58+59+84=201	58+69+77=204	58+82+85=225	
极差	246−180=66	225−201=24	237−195=42	225−204=21	

c. 分析实验结果。根据极差值的大小，可知反应温度对收率指标影响最大，催化剂种类对收率的影响次之，原料投料摩尔比对收率指标影响最小。所以经计算，最佳生产条件为 $A_3B_2C_2D_3$，这是 9 次实验中未做过实验，为了弄清这个条件是否比从表上直接可以看出最佳生产条件为 $A_3B_2C_1D_3$ 时收率最高达 85%，应再次进行实验确定出一个最佳条件。若在 $A_3B_2C_2D_3$ 条件下的平均收率为 92%，这时应选择 $A_3B_2C_2D_3$ 条件较好。而如果在 $A_3B_2C_2D_2$ 条件下的平均收率为 90%，从保证收率高又节约原料的原则出发，最后应确定 $A_3B_2C_2D_2$ 即反应温度选择 90℃、加碱量为 48kg、乙种催化剂、原料投料摩尔比为 1∶1.2 时为正式的生产条件。

由上面所举的例子可以看出，用正交实验设计安排实验，虽然只做了 9 次实验，却获得了 3^4 次即 81 次实验的综合结果。正确的实验设计能以最优的方式从较少的实验中最大限度地获取需要的相关信息。

(2) 实施性方案的实施　设计规划好实施性实验方案后，进入实验室，完成设计中和各个实验。实验中，应该按操作规程，大胆而仔细操作，认真观察现象、准确测量并读取数据、及时做好记录。对于实验中出现的各种现象要认真分析，及时处理。

实验记录是任何一个实验人员都知道应该做的工作，然而却不是任何一个人都能做得好的工作。一些记录因零散、潦草，以至当需要查证时无法辨认而失去了它应有的作用。不少人相信自己“记忆力好”，往往事后补记，此种习惯养成后，实验记录如同虚设。实验室中不难发现许多样品、溶剂、半成品等没有标签，有的是脱落了，有的是当初根本就未做标记。有的研究者在忙碌数日或数周后，好不容易得到好的结果却不能重复，究其原因不少竟是忘记了当时的某项具体条件，只得从头摸索。好的记录，体现了研究者严谨的作风，它应包括实验时间、地点、气温、大气压、合作人员、过程与现象、数据、结论等内容。

一个实验完成后，应对实验中获得的数据、现象及结果进行认真仔细地研究与分析，必要时及时对实验方案进行调整。全部实验完成后，应及时进行实验结果的处理，通过分析、比较、归纳等，形成图表，作出结论，得出最佳（或相对较优）工艺条件或配方。如果得不到这样的结果，应该总结出原因，及时调整方案，进行新一轮实验工作。

3. 验证实验

得出最佳（或相对较优）工艺条件或配方后，为了检验这一结论的正确性、重复性和适应范围，应该安排验证实验。只有当验证实验结果符合系统实验的结论时，实验的结论才是可信的。

4. 结束实验

上述工作均达到方案预设的目标后，可以结束实验。实验结束，要及时检查和清洗仪器，清点药品、仪器和设备，处理好实验产物和副产物、打扫和整理工作场地。

五、处理实验数据

在专题实验中，每天都要对实验现象、数据进行处理，及时整理、分析和归纳，以作为后序实验的参考，并作出评价，以便及时调整实验进度和实验方案。实验结果表达可以采用文字或图表的形式表达。

六、撰写科研论文

实验报告或科研论文是毕业专题实验成果的表达形式。从课题本身看，成果的表达是实验者工作的全面总结和提高，是为了让别人了解自己的工作；从科研工作来看，是学生科技创作的一次实践，对其未来的工作具有重要意义。实验报告或论文的内容与格式见第一篇第四章相关内容。

第十八章　毕业专题实验实例

本章以三苯甲醇的合成课题为例，说明如何开展精细化工专题实验。其中，苯甲酸乙酯合成部分的实验是通过正交设计组织的。

一、课题名称

三苯甲醇的制备（如何选题略）。

二、文献检索与研究

围绕课题进行文献检索，获得各种与实验有关的资料如下。

1. 三苯甲醇的结构、性质与用途

通过查阅相关资料可获得三苯甲醇的如下信息：英文名称为 triphenylcarbinol；化学式为 $C_{19}H_{16}O$；相对分子质量为 260.34；为白色结晶，熔点 163～164℃，不溶于水，易溶于苯、醇、醚和冰醋酸，溶于浓硫酸呈深黄色。

三苯甲醇主要用于合成三苯氯甲烷等医药中间体的原料。目前，在国内有北京化工厂生产此产品。

2. 原料及工艺路线的选择

资料表明，三苯甲醇的合成路线主要有以下三种。

（1）以苯为原料的路线　苯在三氯化铝存在下与四氯化碳作用，再经酸化、水解可得三苯甲醇。反应式为：

$$+CCl_4 \xrightarrow{AlCl_3} (C_6H_5)_3CCl\cdot AlCl_3+3HCl$$

$$(C_6H_5)_3CCl\cdot AlCl_3 \xrightarrow{HCl} (C_6H_5)_3CCl+AlCl_3$$

$$(C_6H_5)_3CCl \xrightarrow[H_2O]{NaOH} \underset{\text{三苯甲醇}}{(C_6H_5)_3COH}+NaCl$$

（2）以溴化苯基镁和二苯甲酮为原料的路线　溴化苯基镁和二苯甲酮作用，再经水解可得三苯甲醇。反应式为：

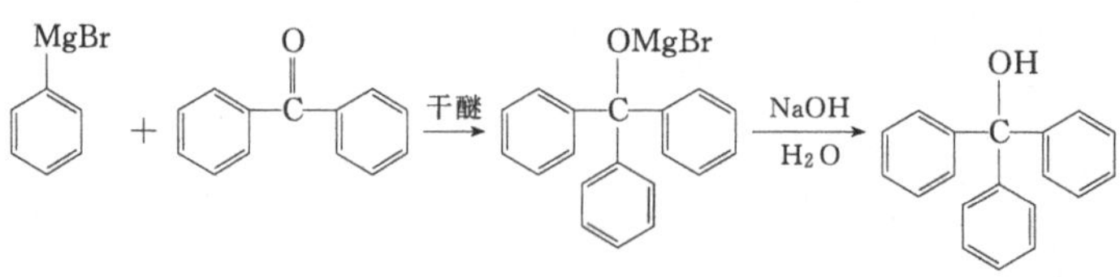

（3）以乙醇为起始原料的路线　乙醇经溴化、傅氏烷基化、氧化、酯化、格利雅反应五步反应得三苯甲醇。

通过对以上三种工艺比较分析，以乙醇为原料的路线具有原料易得、产率高及易于在实验实现等优点，因此，本专题实验选择以乙醇为起始原料的工艺路线。

3. 主要原料、中间体和产品的理化常数

通过查阅相关专业资料可得到主要原料、中间体和产品的理化常数，并根据合成方法计算出投料量。列于表 18-1。

表 18-1　三苯甲醇合成的主要原料、中间体以及产品的理化常数

名　称	M /(g/mol)	m. p. /℃	b. p. /℃	ρ /(g/cm³)	水溶性	投料量 质量(或体积) /g(mL)	投料量 N /mol
溴化钠	102.9	755	1390	3.203	易溶于水微溶于醇	41.2g	0.4
浓硫酸	98.08	—	327	1.8515	吸水，强腐蚀性	56.7mL	1.07
乙醇	46.07	—	78.32	0.7893	与水互溶	30.9mL	0.53
溴乙烷	108.97	−119	38.4	1.4612	难溶于水	15.0mL	0.2
苯	78.11	5.5	80.1	0.879	难溶于水	89.4mL	1.0
乙苯	106.17	—	136.2	0.8672	难溶于水	6.2mL	0.05
无水三氯化铝	133.34	194	—	2.44	易潮解	32.0g	0.24
高锰酸钾	158.03	240 分解	—	2.703	易溶于水	31.6g	0.2
苯甲酸	122.12	122.13	249	1.2658	微溶于冷水	12.2g	0.1
苯甲酸乙酯	150.17	—	213.2	1.0509	难溶于水	3.8mL	0.027
乙醚	74.12	−116.2	34.6	0.7249	与水互溶	30mL	—
溴苯	157.02	—	156.0	1.4950	难溶于水	6.3mL	0.06
镁	24.31	651	6	—	—	1.5g	0.06
三苯甲醇	260.33	164.2	1107	—	难溶于水	—	—

4. 编制开题报告（略，格式见附录）

三、初定实验方案

1. 原料及工艺路线

如上所述，选以乙醇为原料的工艺路线。该工艺包括如下五步。

(1) 乙醇溴代制备溴乙烷　在实验室中，溴乙烷常用乙醇与溴化钠、浓硫酸共热制得。由于乙醇与溴化氢的反应是一个可逆反应，因此为了使反应向生成溴乙烷的方向移动，可增加其中一种反应物的浓度，或使生成物之一离开反应系统。本实验是在增加乙醇用量的同时，让反应生成物溴乙烷及时蒸出，离开反应系统。反应式为：

$$NaBr + H_2SO_4 \rightleftharpoons HBr + NaHSO_4$$

$$CH_3CH_2OH + HBr \rightleftharpoons CH_3CH_2Br + H_2O$$

将反应后所得的馏出液，用浓硫酸除去副产物，在水浴上加热蒸馏得纯品溴乙烷。

(2) 苯烷基化制备乙苯　在无水三氯化铝等路易斯酸存在下，芳烃与卤代烷作用，芳环上发生亲电取代反应，生成烷基芳烃，本实验用溴乙烷与苯作用来制取乙苯。反应式为：

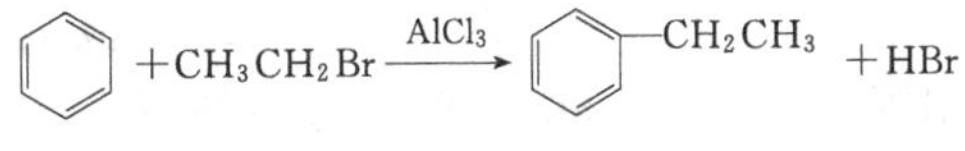

将反应混合物用浓盐酸、水处理后，再加热蒸馏，可得到纯品乙苯。

(3) 乙苯氧化制备苯甲酸　芳香烃的苯环比较稳定，难于氧化，而苯环上的支链不论长短，在深度氧化时，都能变成羧基。本实验采用高锰酸钾水溶液作氧化剂与乙苯反应，由于氧化产物为苯甲酸钾盐，所以需进一步酸化成苯甲酸。反应式为：

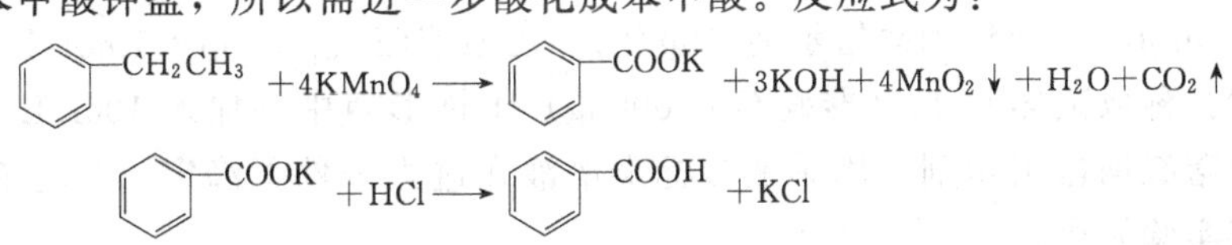

(4) 苯甲酸酯化制备苯甲酸乙酯　有机酸酯通常用醇和羧酸在少量酸性催化剂的存在下

进行酯化反应而制得。酯化反应是一个可逆反应。由于苯甲酸乙酯的沸点（213℃）很高，乙醇又与水混溶，因此，为了除去反应生成的水，使反应向正方向进行，实验中可让乙醇过量（过量数倍）并同时加入一定量的苯。由于苯、乙醇和水组成的三元恒沸物的沸点只有64.6℃，因此，可以通过蒸馏的方式方便的蒸出水分。反应式为：

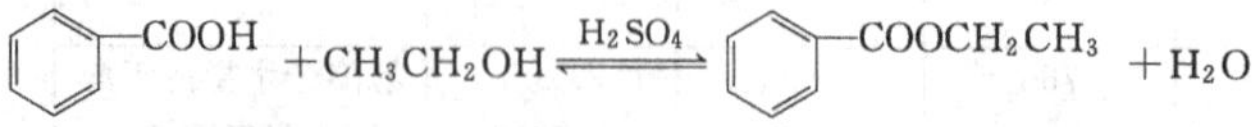

反应混合液用碳酸钠粉末处理后，用乙醚萃取，再加热蒸馏，得纯品苯甲酸乙酯。

文献资料表明，酯化反应的产率与反应条件之间有着密切的关系。因而，本单元实验拟以产率为目标，通过正交实验获得优惠的反应条件（其实，所有实验均应该采用正交实验法组织实验，但考虑到专题时间的限制，仅对此单元反应进行正交实验）。

（5）格利雅反应制备三苯甲醇　包括格利雅试剂的合成和三苯甲醇的合成。在干醚的存在下，卤代烃可与金属镁反应，生成烃基卤化镁（即格利雅试剂）。本实验用溴苯与金属镁，在干醚存在下制得格利雅试剂——苯基溴化镁。反应式为：

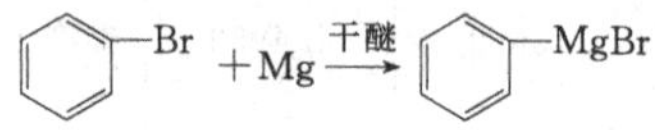

利用格利雅试剂进行的化学反应称为格利雅反应。格利雅试剂相当活泼，能被含有活泼氢的物质（如水、醇）分解成烃，因而实验所用的药品及仪器必须经过严格干燥处理。

格利雅试剂和苯甲酸乙酯在干醚存在下，发生格利雅反应，再经水解可得到三苯甲醇。反应式为：

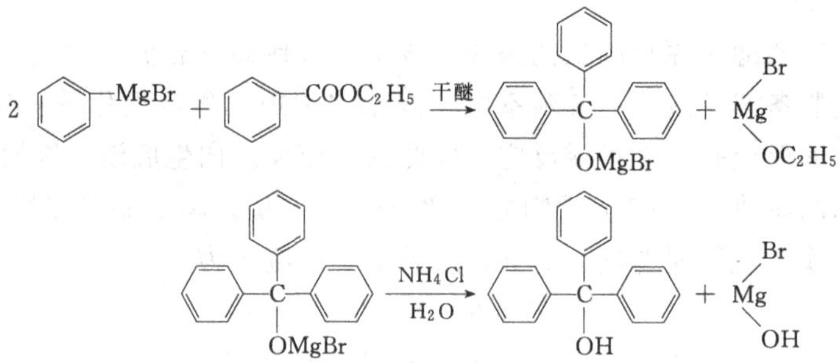

2. 分析测试方法

（1）定量分析方法的选择

① 原材料分析。原材料溴化钠、硫酸、高锰酸钾和苯甲酸的含量采用国家标准 GB 1265—77、GB 625—89、GB 643—88、GB 1901—94 等进行检测。分析测试所用标准滴定溶液的配置和标定全部采用国家标准 GB 601—88。分述如下。

a. 溴化钠含量的测定。用沉淀滴定法，以曙红钠盐为指示剂，用硝酸银标准溶液避光滴定至乳液呈红色。反应式为：

$$NaBr + AgNO_3 \longrightarrow AgBr\downarrow + NaNO_3$$

主要仪器有分析天平、称量瓶、棕色酸式滴定管和锥形瓶等；主要试剂有硝酸银标准溶液 $c_{AgNO_3}=0.1mol/L$、曙红钠盐指示剂（5g/L）、乙酸溶液 $c_{CH_3COOH}=1mol/L$ 等。

实验步骤：称取试样 0.3g（准确至 0.0002g）于锥形瓶中，加入 100mL 水、10mL 乙酸溶液及 3 滴曙红钠盐指示剂，用硝酸银标准溶液在避光条件下滴定，至乳液呈红色为终点。平行测定实验 4 次。

溴化钠的含量

$$\omega(\text{溴化钠})=\frac{V \cdot c_{AgNO_3} \times M_{NaBr}}{m}$$

式中　c_{AgNO_3}——硝酸银标准溶液的浓度，mol/L；

V——滴定所消耗硝酸银标准溶液的体积，L；

M_{NaBr}——溴化钠的摩尔质量，其值为 102.9g/mol；

m——试样的质量，g。

b. 硫酸含量的测定。用酸碱滴定法，以甲基红-亚甲基蓝为混合指示剂，用氢氧化钠标准溶液滴定至溶液由红紫色变为灰绿色为终点。反应式为：

$$H_2SO_4 + 2NaOH = Na_2SO_4 + 2H_2O$$

主要仪器有分析天平、胶帽滴瓶、容量瓶、移液管、锥形瓶和碱式滴定管等；主要试剂有氢氧化钠标准溶液 $c_{NaOH}=0.1$mol/L、甲基红-亚甲基蓝指示剂（0.12g 甲基红和 0.08g 亚甲基蓝溶于 100mL 乙醇中）。

实验步骤：用胶帽滴瓶准确称取工业硫酸试样 1.5～2.0g（25～30 滴），放入事先装有约 100mL 纯水的 250mL 容量瓶中，摇动冷却至室温，用水稀释至刻度，摇匀。用移液管吸取 25mL 该试液于锥形瓶中，加混合指示剂 2 滴，以 $c_{NaOH}=0.1$mol/L 的氢氧化钠标准溶液滴定至溶液由红紫色变为灰绿色为终点。平行测定实验 3 次。

硫酸含量用

$$\omega(\text{硫酸})=\frac{V \cdot c_{NaOH} \times 0.5 \times M_{H_2SO_4}}{m}$$

式中　c_{NaOH}——氢氧化钠标准溶液的浓度，mol/L；

V——滴定样品所消耗氢氧化钠标准溶液的体积，L；

$M_{H_2SO_4}$——H_2SO_4 的摩尔质量，其值为 98.1g/mol；

m——试样的质量，g。

c. 乙醇含量的测定。测定乙醇含量的方法很多，可根据所测得的密度按表 18-2 进行换算，也可用测定折射率的方法来确定乙醇的含量，还可以用气相色谱法来确定乙醇含量。这些方法操作简单，测定速度较快。表 18-2 为 20℃时乙醇和水混合液的质量分数与密度对照表。

表 18-2　20℃时乙醇和水混合液的质量分数与密度对照表

d_4^{20}	$w_{C_2H_5OH}$	d_4^{20}	$w_{C_2H_5OH}$	d_4^{20}	$w_{C_2H_5OH}$
0.84096	0.81	0.82323	0.88	0.80424	0.95
0.83348	0.82	0.82062	0.89	0.80138	0.96
0.83599	0.83	0.81797	0.90	0.79846	0.97
0.83348	0.84	0.81529	0.91	0.79547	0.98
0.83095	0.85	0.81257	0.92	0.79243	0.99
0.82840	0.86	0.80983	0.93	0.78934	1.00
0.82583	0.87	0.80705	0.94		

d. 苯含量的测定。苯含量的测定采用气相色谱法。采用有机皂土与邻苯二甲酸二壬酯混合固定液，101 白色硅藻土载体，使用氢火焰检测器，按照面积归一化法进行定量分析。操作条件是：柱温 70℃；汽化室 150℃；检测器 150℃；载气 N_2，流速 40mL/min，氢气流速 40mL/min；空气流速 400mL/min。

启动仪器后，按规定的操作条件调试、点火。待基线稳定后，用微量注射器进试样 0.1μL，记下各色谱峰的保留时间。根据色谱峰的大小选定氢焰检测器的灵敏度和衰减倍数。在稳定的仪器操作条件下，重复进样 0.1μL，准确测量峰面积。或者根据初试情况列出峰鉴定表，并输入色谱数据处理机，进样后利用数据处理机打印出分析结果。

试样中各组分的质量分数按下式计算：

$$w_i=\frac{f_i'A_i}{\sum f_i'A_i}$$

式中　A_i——各组分的峰面积；

f_i'——各组分在氢焰检测器上的相对质量校正因子。

其中各组分在氢焰检测器上的相对质量校正因子 f_i' 可由《分析化学手册》第五分册《气相色谱分析》中查到。

e. 高锰酸钾含量的测定（间接滴定法）。用氧化还原滴定法，高锰酸钾在酸性溶液中与过量的碘化钾反应生成一定量的单质碘。反应式为：

$$2KMnO_4+10KI+8H_2SO_4 \longrightarrow 2MnSO_4+6K_2SO_4+5I_2+8H_2O$$

析出的碘用硫代硫酸钠标准溶液滴定，反应式为：

$$I_2+2Na_2S_2O_3 \longrightarrow Na_2S_4O_6+2NaI$$

近终点时加入淀粉指示剂，溶液由蓝色刚变为无色为终点。由消耗硫代硫酸钠标准溶液的体积间接求出高锰酸钾的含量。

主要仪器有分析天平、称量瓶、500mL 容量瓶、吸量管、酸式滴定管和锥形瓶等；主要药品有硫代硫酸钠标准溶液 $c_{Na_2S_2O_3}=0.1mol/L$、碘化钾溶液（200g/L）、硫酸溶液（$w=0.20$）、淀粉指示剂（10g/L）等。

实验步骤：称取试样 1g(准确至 0.0001g) 溶于 200mL 水中，转入 500mL 容量瓶中，稀释至刻度，混匀。移取 50.00mL，加 15mL 碘化钾溶液和 15mL 硫酸溶液，摇匀。用硫代硫酸钠标准溶液滴定，接近终点时加 2mL 淀粉指示剂，继续滴定至蓝色消失为终点。同时作空白实验。平行测定实验 4 次。

高锰酸钾含量

$$w_{KMnO_4}=\frac{(V-V_1)\ c_{Na_2S_2O_3}\times 0.2\times M_{KMnO_4}}{m\times\frac{50}{500}}$$

式中　$c_{Na_2S_2O_3}$——硫代硫酸钠标准溶液的浓度，mol/L；

V——滴定消耗硫代硫酸钠标准溶液的体积，L；

V_1——空白实验滴定消耗硫代硫酸钠标准溶液的体积，L；

M_{KMnO_4}——$KMnO_4$ 的摩尔质量，其值为 158.1g/mol；

m——试样的质量，g。

② 中间产物分析。溴乙烷、乙苯以及苯甲酸乙酯的含量测定方法与苯含量的测定类似，也采用气相色谱法。分述如下。

a. 溴乙烷含量的测定。用气相色谱分析方法测定。固定相用有机皂土-34、邻苯二甲酸二壬酯和 101 担体。柱温 90℃，气化温度 100℃。用氮气作载气（流速 50mL/min），采用热导池检测器，桥电流为 130mA。采用外标法进行定量分析。进样量 1～2μL。

主要仪器为气相色谱仪（热导池检测器），固定相配比为有机皂土-34($w=0.02$)、邻苯二甲酸二壬酯（$w=0.02$）、101 担体（$w=0.78$）。

实验步骤：将仪器调整至最佳状态，在稳定的仪器操作条件下，以纯溴乙烷配成不同含量的标准溶液，取一定体积的标准溴乙烷进样分析，测出峰面积对溴乙烷含量的标准曲线。分析溴乙烷试样时，在同样的操作条件下，注入相同体积的试样，根据待测组分的峰面积，在标准曲线上查出其含量。

b. 乙苯含量的测定。用气相色谱分析方法测定。其方法与苯含量的测定方法相同。

c. 苯甲酸含量的测定。用酸碱滴定法，加中性乙醇溶液溶解，以酚酞为指示剂，用氢氧化钠标准溶液滴定至粉红色。反应式为：

$$C_6H_5COOH + NaOH = C_6H_5COONa + H_2O$$

主要仪器有分析天平、称量瓶、碱式滴定管和锥形瓶等；主要试剂有氢氧化钠标准溶液 $c_{NaOH}=0.1mol/L$，酚酞指示剂（10g/L）、中性乙醇溶液［量取 50mL 乙醇（$w=0.95$），加入 50mL 蒸馏水，混匀加 2 滴酚酞指示剂，用氢氧化钠标准溶液滴定至溶液呈浅粉红色］。

实验步骤：称取试样 0.25g（准确至 0.0002g）于锥形瓶中，加中性乙醇 25mL 溶解，然后加 1 滴酚酞指示剂（10g/L），用氢氧化钠标准溶液（$c_{NaOH}=0.1mol/L$）滴定至溶液呈浅粉红色为终点。平行测定 2 次，不需做空白实验。

苯甲酸含量

$$c_{C_6H_5COOH}=\frac{V \cdot c_{NaOH} \times M_{C_6H_5COOH}}{m}$$

式中 V——滴定消耗氢氧化钠标准溶液的体积，L；

c_{NaOH}——氢氧化钠标准溶液的浓度，mol/L；

$M_{C_6H_5COOH}$——C_6H_5COOH 的摩尔质量，其值为 122.1g/mol；

m——试样的质量，g。

d. 苯甲酸乙酯含量的测定。苯甲酸乙酯含量的测定采用气相色谱法。

③ 产品分析。测定三苯甲醇的熔点采用 GB 617—88 规定的方法测定。

(2) 定性分析方法的选择 常用有机化合物的定性分析方法有红外光谱鉴定、核磁共振谱图鉴定、质谱鉴定、元素分析、X 射线衍射分析等。下面就红外光谱和核磁共振谱图鉴定作一简单介绍。

① 红外光谱鉴定。近年来红外光谱（IR）已在有机合成中得到了广泛的应用。红外光谱不但可以鉴别有机化合物分子中所含的基团，还可以鉴别这个化合物是饱和化合物还是不饱和化合物，是芳香族化合物还是脂肪族化合物，从而可以推断出化合物的分子结构。它是用作有机物定性分析常见、有效的方法之一。此外，红外光谱还可以定量地测定组分的纯度，但因灵敏度较差，实际上很少应用。用红外光谱定量测定高聚物的微观结构却是一种很好的方法。

将原料、中间体以及产物做红外光谱的定性分析，把谱图与标准样的红外光谱图对照，如果两者一致，则可快速、简便地确定样品是否为目标化合物。

② 核磁共振谱图鉴定。核磁共振（NMR）波谱法是阐明化学结构的有力工具之一，NMR 谱可以回答诸如原子的种类，在分子中的相对位置，在分子中有多少个原子，其相邻是什么原子、与相邻原子的关系如何等问题。利用这种手段可获得分子中各基团排列顺序或原子排列方式等具体信息，在分析过程中不破坏样品。在核磁氢谱中利用氢的峰面积与氢的数目成正比可以推测出各种官能团的氢数目之比从而推断出化合物的结构。

③ 原料、中间体、产物的 IR 及 ^1H-NMR 谱图。合成三苯甲醇的原料、中间体、产物乙醇、苯、溴乙烷、乙苯、苯甲酸、苯甲酸乙酯及三苯甲醇的标准红外谱图可通过互联网免费查阅。以下是乙醇、溴乙烷、苯、乙苯、苯甲酸、苯甲酸乙酯、溴苯及三苯甲醇的 IR

与[1]H-NMR 标准谱图，分别见图 18-1 至图 18-16。

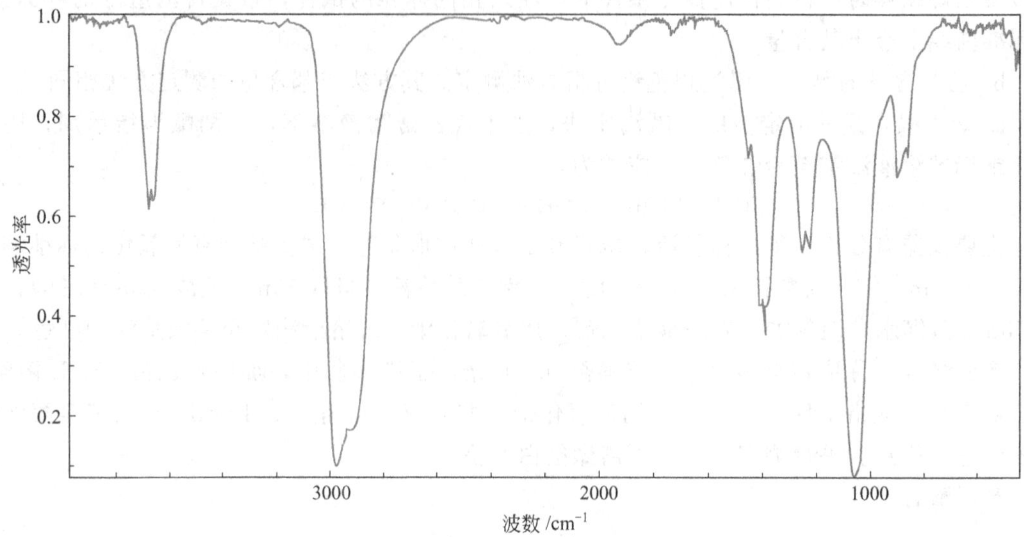

图 18-1　乙醇的 IR 谱图（液膜法）

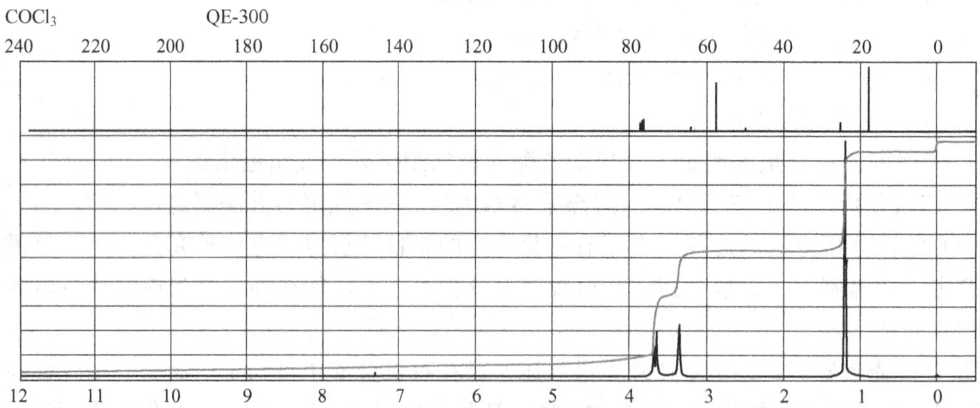

图 18-2　乙醇的[1]H-NMR 谱图

3. 主要仪器及试剂

普通回流装置、带电动搅拌的回流装置、蒸馏装置、水蒸气蒸馏装置、分馏装置、气体吸收装置、分液漏斗、烧杯、锥形瓶、减压过滤装置、水分离器及水浴锅等。

无水溴化钠、浓硫酸、无水乙醇、乙醇（w＝0.95）、溴乙烷、无水三氯化铝、苯、乙苯、高锰酸钾、浓盐酸、无水氯化钙、碳酸钠、乙酸、苯甲酸、水合三氯化铁、水合三氯化铝、水合三氯化铬、苯甲酸乙酯、无水乙醚、镁、碘、溴苯、氯化铵及 pH 试纸等。

四、实验方案的实施（预做实验略）

1. 溴乙烷的制备

（1）乙醇的溴化　在带有分馏柱及气体吸收装置的 250mL 圆底烧瓶中，加入计算量 30.9mL（0.53mol）的 95％乙醇和约 30mL 的水[1]，在不断振荡和冷水冷却下，缓慢地加入计算量 56.7mL（1.07mol）的浓硫酸，将混合物冷却至室温。在振荡下，加入计算量 41.2g（0.4mol）的事先研细的无水溴化钠及少许沸石。用小火加热，直到溴化钠全部溶解

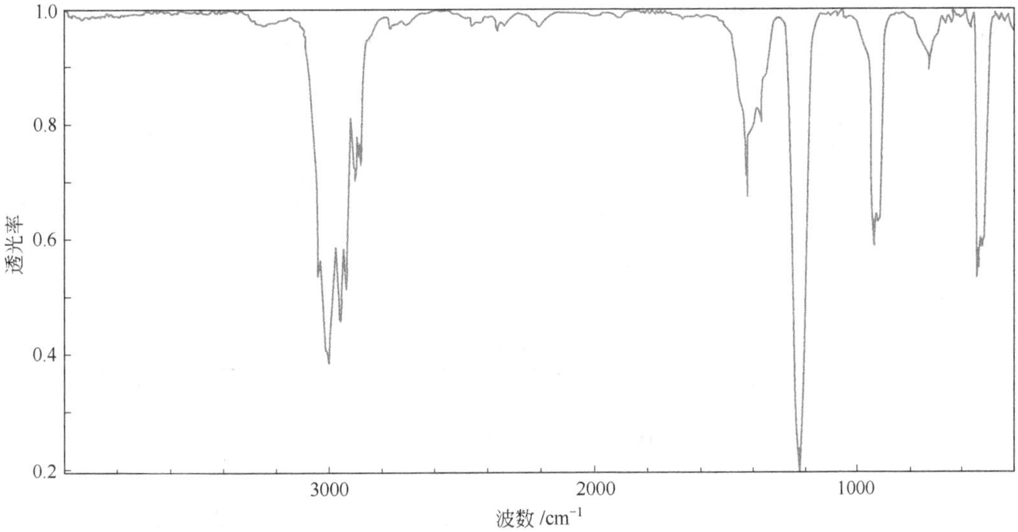

图 18-3　溴乙烷的 IR 谱图（液膜法）

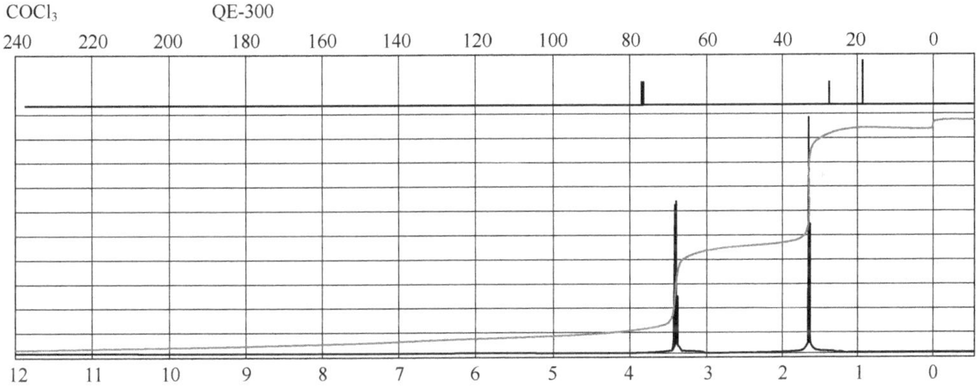

图 18-4　溴乙烷的^{1}H-NMR 谱图

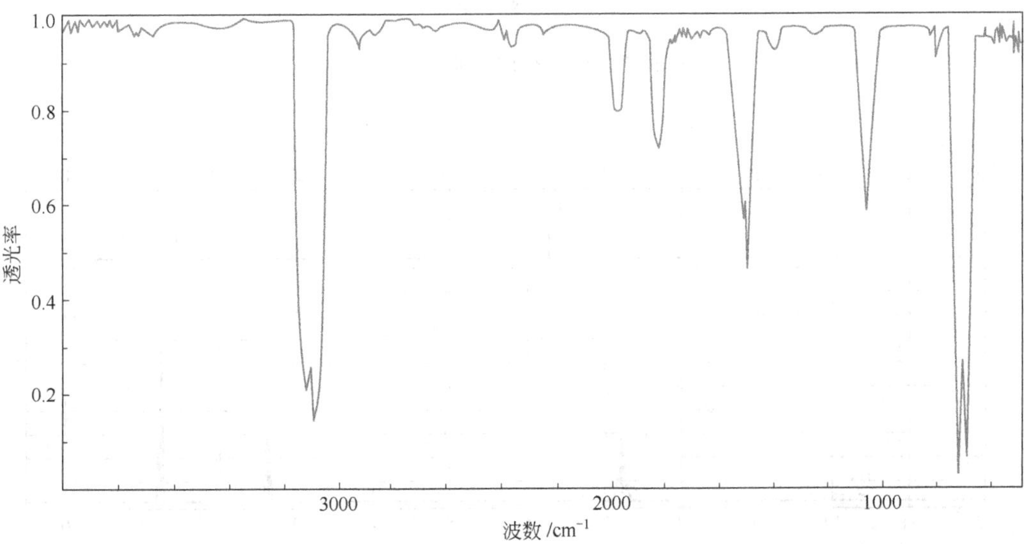

图 18-5　苯的 IR 谱图（液膜法）

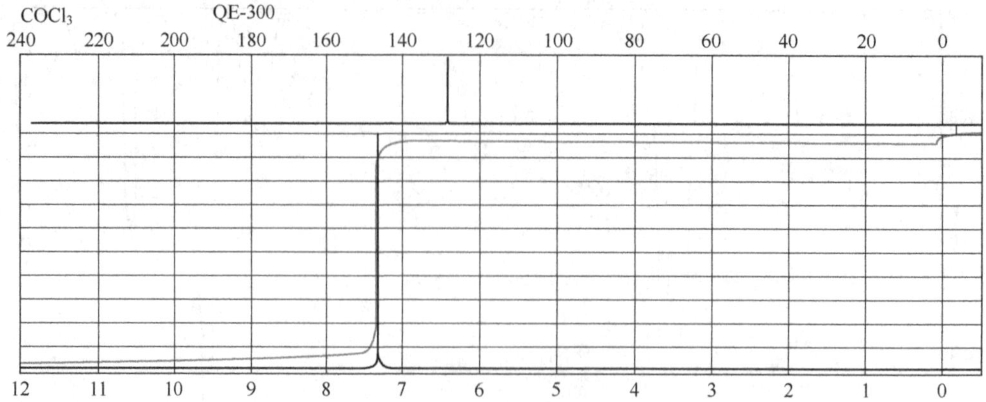

图 18-6　苯的¹H-NMR 谱图

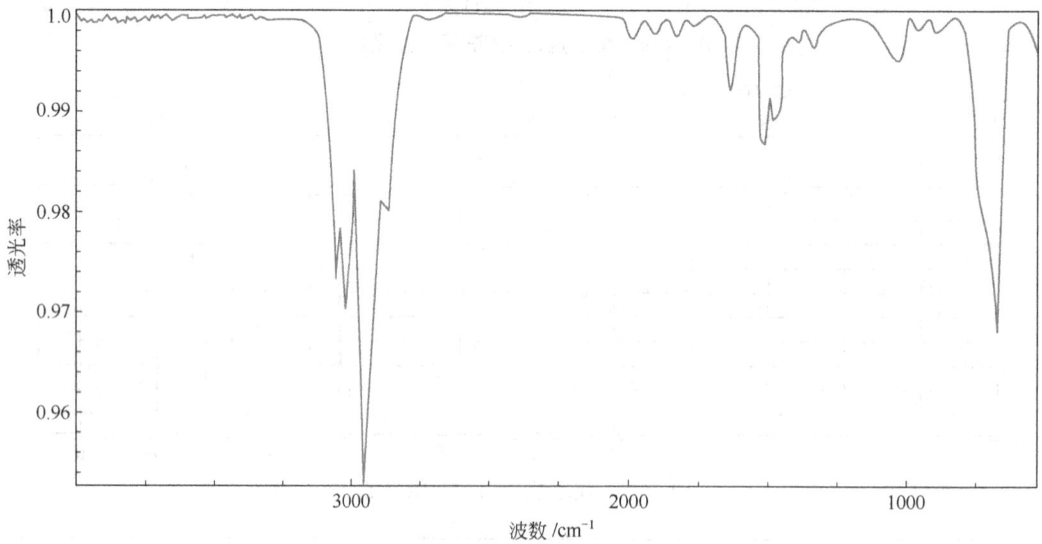

图 18-7　乙苯的 IR 谱图（液膜法）

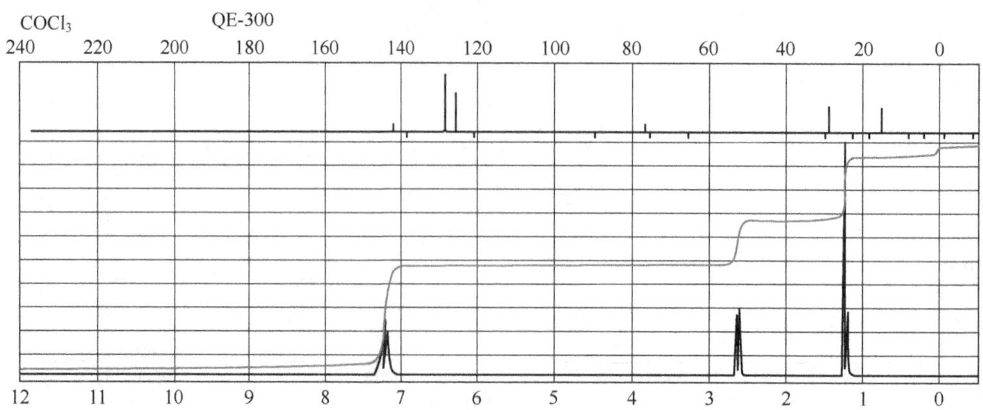

图 18-8　乙苯的¹H-NMR 谱图

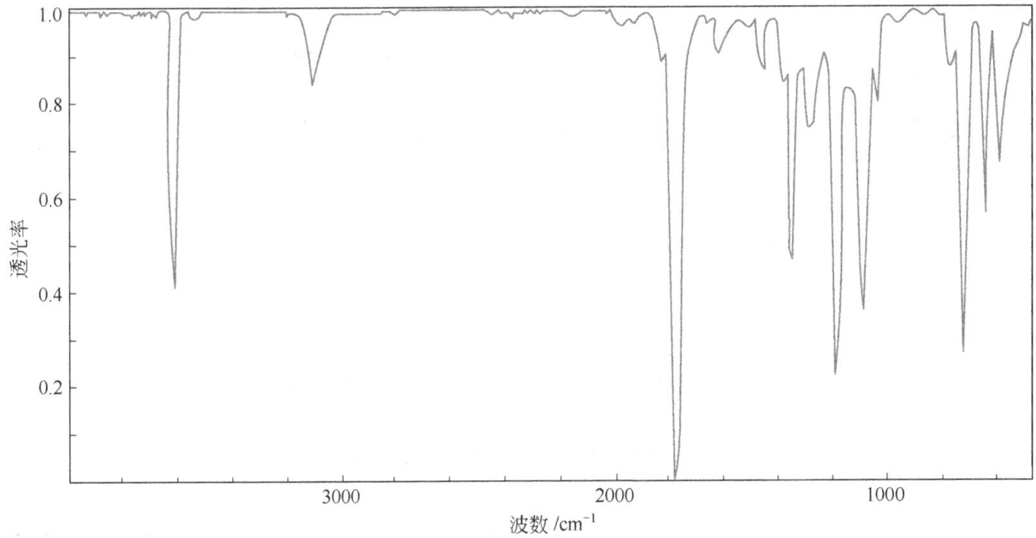

图 18-9　苯甲酸的 IR 谱图（KBr 压片法）

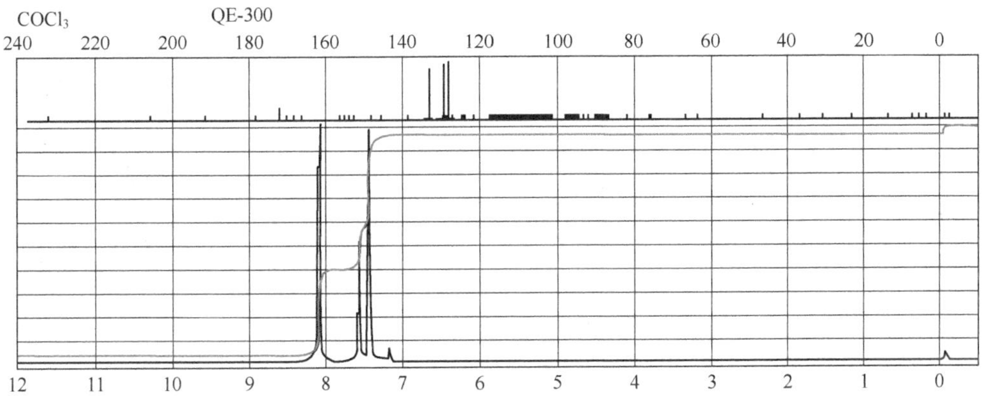

图 18-10　苯甲酸的^{1}H-NMR 谱图

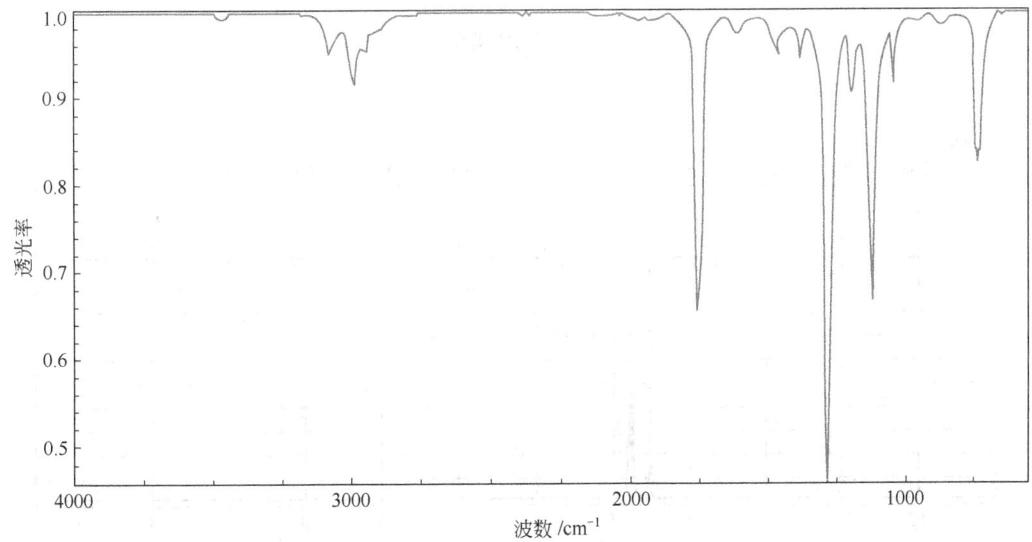

图 18-11　苯甲酸乙酯的 IR 谱图（液膜法）

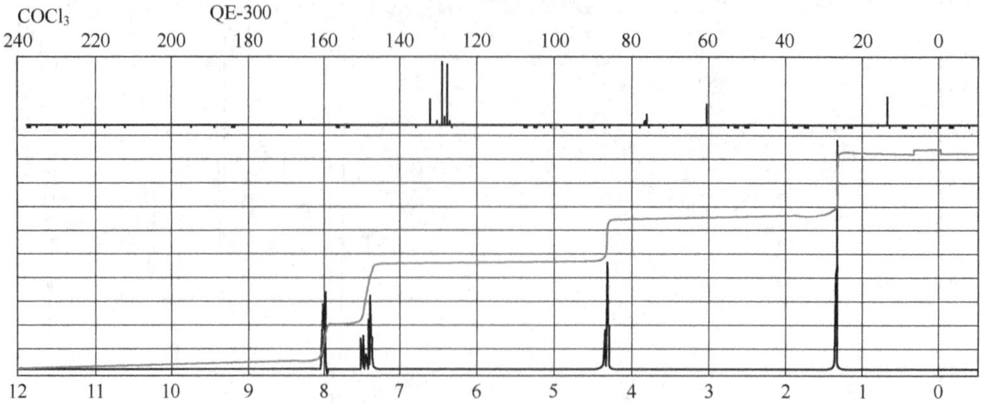

图 18-12 苯甲酸乙酯的^{1}H-NMR 谱图

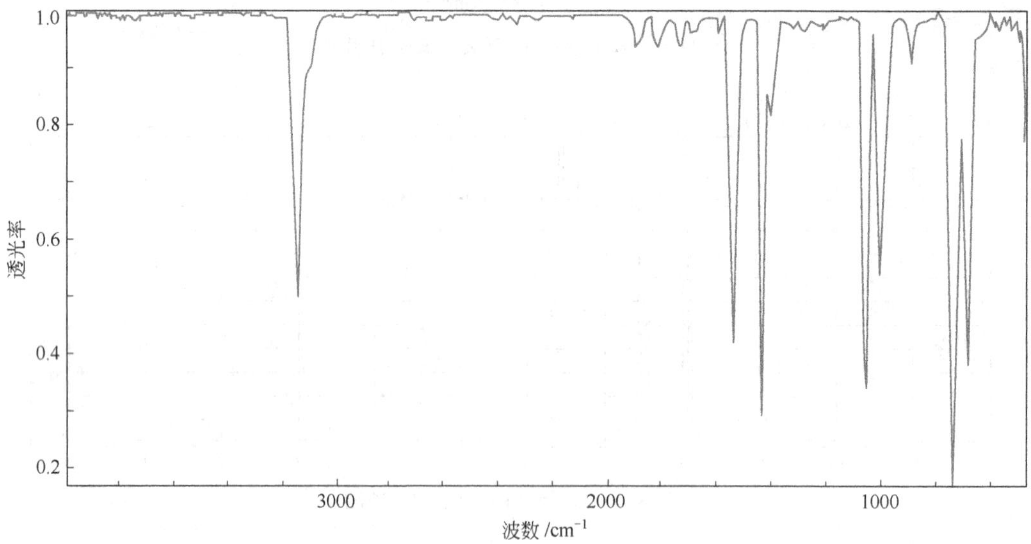

图 18-13 溴苯的 IR 谱图（液膜法）

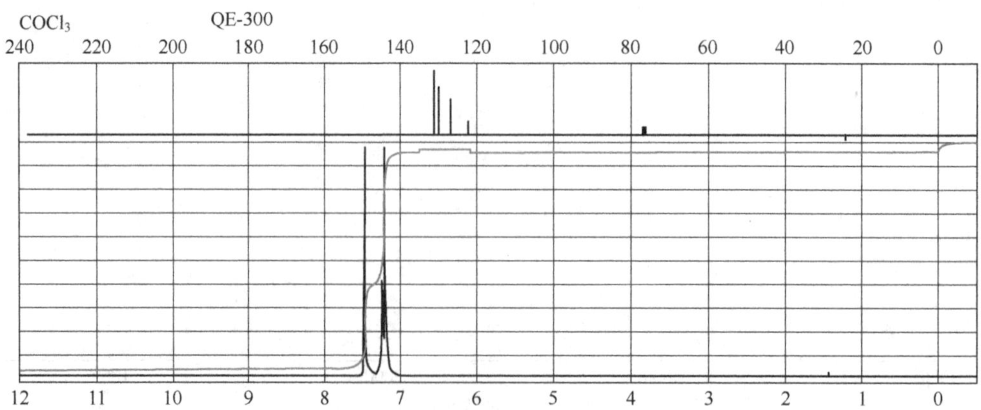

图 18-14 溴苯的^{1}H-NMR 谱图

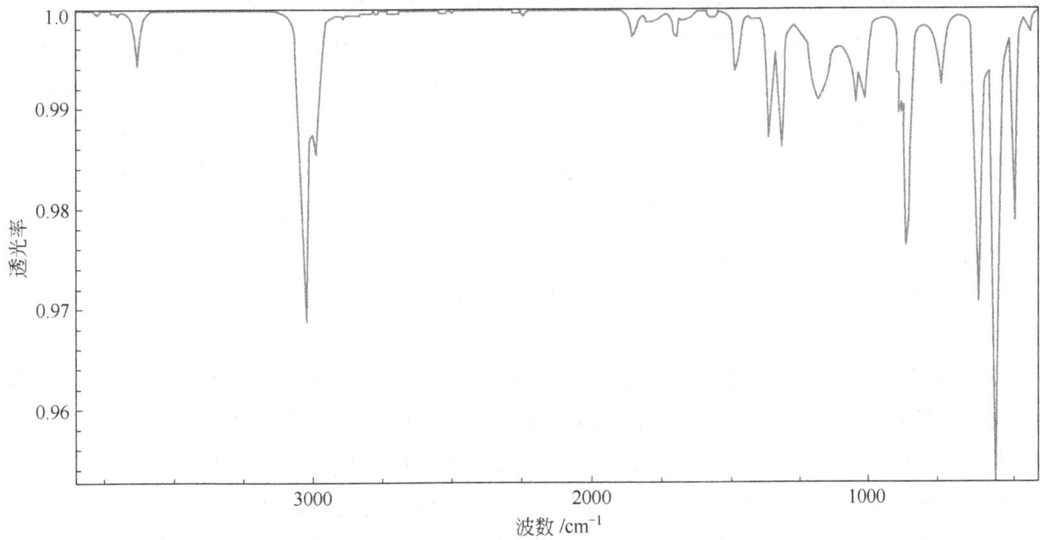

图 18-15　三苯甲醇的 IR 谱图（KBr 压片法）

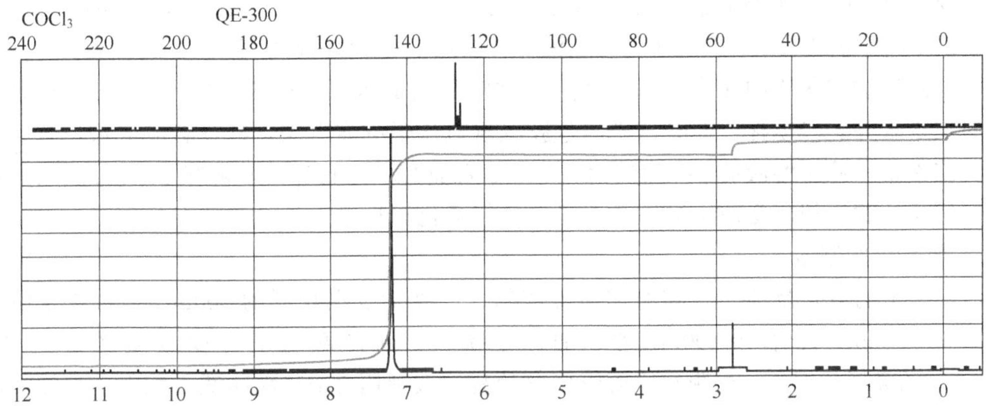

图 18-16　三苯甲醇的[1] H-NMR 谱图

为止，反应温度控制在 40～50℃[2]。收集馏出液，直到无油状物馏出为止，反应时间约 2h。将残留物料趁热倒入回收烧瓶中。

(2) 酸化、分离、蒸馏　将反应所得的馏出液移入分液漏斗内，振荡并静置分层。收集下层粗制溴乙烷于干燥的锥形瓶中，并置于冰水浴中冷却。振荡下逐滴加入浓硫酸，以除去乙醚、乙烯、水、乙醇等杂质[3]，滴加硫酸的量以能观察到上层澄清的溴乙烷和下层硫酸层有明显的分层为止，再用干燥的分液漏斗分去硫酸层。将溴乙烷转入蒸馏烧瓶[4]中，在水浴上加热蒸馏，用干燥的浸入冰水中的锥形瓶作接收器，收集 36～40℃的馏分，测定折射率，计算体积及收率。纯溴乙烷为无色或白色液体，沸点 38.4℃，折射率 $n_D^{20}=1.4239$。

(3) 硫酸氢钠的回收　把反应瓶中的残液倒入烧杯后，将烧杯放在冷水浴中冷却，轻轻搅动溶液，使晶体析出。等溶液冷却至室温时，进行抽滤，滤饼烘干，即得硫酸氢钠粗品。将硫酸氢钠粗品加适量水，进行重结晶，可得较纯净的硫酸氢钠无色晶体。

2. 乙苯的制备

(1) 苯的烷基化反应　安装一套由 250mL 三口烧瓶及电动搅拌、滴液漏斗、回流冷凝器构成的反应装置。回流冷凝器上口装一个无水氯化钙干燥管，用橡胶管连接气体吸收装置。从侧口取下滴液漏斗，迅速加入研细的 32.0g（0.24mol）无水三氯化铝[5]及 60mL 苯[6]（计算量 1.0mol 的 2/3），然后把三口烧瓶置于水浴中。另外，在滴液漏斗中加入计算量 15.0g（0.2mol）的溴乙烷及苯 30mL（计算量的 1/3），并摇匀混合。在不断搅拌下，将滴液漏斗中的混合溶液缓慢地滴入三口烧瓶中，以每秒 1～2 滴为宜。当观察到有气体逸出，并有红棕色物质[7]生成时，表示反应已经开始。此时，应立即减慢加料速度，使溴化氢气体平稳地逸出。滴液漏斗中的混合液加完后，继续搅拌。当反应缓和下来时，用小火加热，使水浴温度逐步上升到 60～65℃，并在此温度范围内，保温 1.5～2h。然后停止搅拌，改用冷水浴冷却，烷基化反应完成。

（2）分离、干燥 待上述反应混合物充分冷却后，移至通风橱内，在搅拌下将反应混合物缓缓地加到盛有 100g 冰、100mL 水和 10mL 浓盐酸的烧杯中，振荡洗涤[8]。然后把它移入分液漏斗中静置分层。分出芳烃层（保留水层待回收用），用等体积冷水洗涤 2～3 次，把芳烃层转入干燥的锥形瓶中，加入约 3g 无水氯化钙干燥，轻轻摇动后静置 1～2h 后溶液澄清。安装一套分馏装置，将干燥过的芳烃层移入干燥的圆底烧瓶中，用水浴加热分馏，馏出速度控制在每两秒 1 滴为宜。当温度升到 79～82℃加热一段时间至温度下降时，停止加热，将烧瓶中的液体移入较小的干燥过的蒸馏烧瓶中进行蒸馏，改用空气冷凝管，收集 134～138℃的馏分，测定折射率，计算体积及收率。纯乙苯为无色液体，沸点 136.2℃，折射率 $n_D^{20}=1.4952$。

（3）副产物铝化物的回收 将上述后处理时分出的水层加热至 70℃左右，移至通风橱中，滴加氨水并轻轻搅拌，即有蓬松白色胶状氢氧化铝沉淀生成，继续滴加氨水，直到不再产生沉淀为止，此时溶液的 pH 值约为 7。冷却后抽滤，把滤饼放入盛有 200mL 热水的烧杯中搅匀后再抽滤。把所得滤饼烘干后即得白色氢氧化铝粉末。

3. 苯甲酸的制备

（1）乙苯的氧化反应 在装有回流冷凝器、温度计及搅拌器的 500mL 三口烧瓶中投入 6.2mL（0.05mol）乙苯和 300mL 水，加热至沸腾。从冷凝管上口少量多次加入 31.6g（0.2mol）的高锰酸钾[9]；黏附在冷凝管内壁的高锰酸钾用 25mL 水冲洗入瓶内。继续加热回流 4～5h。将反应混合物趁热减压过滤[10]，用少量热水洗涤滤饼二氧化锰。合并滤液和洗涤液，放在冰水浴中冷却，然后用浓盐酸酸化，用 pH 试纸检验溶液为强酸性，直到苯甲酸全部析出为止。将析出的苯甲酸减压过滤，用少量冷水洗涤，挤压去水分，得到苯甲酸粗品。

（2）重结晶 把制得的苯甲酸粗品置于烧杯中，加入适量水[11]，加热溶解后再充分冷却使苯甲酸完全析出。减压抽滤，干燥，称重，测定熔程，计算收率。纯苯甲酸为无色片状或针状结晶，熔点 122.12℃。

（3）回收二氧化锰 将趁热过滤时的滤饼抽干，并均匀地压平。然后用热水分批洗涤数次，直到滤液近中性为止。取出滤饼烘干，即得黑色的二氧化锰粉末。或将趁热过滤时的滤饼取出，加入适量热水，搅拌洗涤，静置澄清后倾去溶液。如此洗涤数次直到洗涤液接近中性为止。减压抽滤，取出滤饼烘干，即得黑色二氧化锰粉末。

4. 苯甲酸乙酯的制备

采用正交实验法组织实验。

（1）构造因素水平表 文献表明，酸醇比、催化剂的种类和反应时间三个因素对苯甲酸乙酯的产率及纯度变化影响较大。每个因素分别选择 4 个水平，于是构造出具体的因素以及水平表，见表 18-3。

表 18-3 苯甲酸乙酯制备正交实验的因素与水平的设计

因素	水平			
	1	2	3	4
A 酸醇比[n(苯甲酸)∶n(乙醇)]	1∶4	1∶5	1∶6	1∶7
B 催化剂的种类	浓硫酸	$FeCl_3 \cdot 6H_2O$	$AlCl_3 \cdot 6H_2O$	$CrCl_3 \cdot 6H_2O$
C 反应时间/h	2.0	2.5	3.0	3.5

(2) 选用正交表安排实验 根据设计正交实验的表头，见表 18-4。选择 L_{16} (4^5) 进行正交实验，其中的第 4 列和第 5 列空出。

表 18-4 苯甲酸乙酯制备正交实验表

实验号	酸醇比	催化剂的种类	反应时间	4	5	收率	折射率
1	1(1∶4)	1(浓硫酸)	1(2.0)				
2	1	2($FeCl_3 \cdot 6H_2O$)	2(2.5)				
3	1	3($AlCl_3 \cdot 6H_2O$)	3(3.0)				
4	1	4($CrCl_3 \cdot 6H_2O$)	4(3.5)				
5	2(1∶5)	1	2				
6	2	2	1				
7	2	3	4				
8	2	4	3				
9	3(1∶6)	1	3				
10	3	2	4				
11	3	3	1				
12	3	4	2				
13	4(1∶7)	1	4				
14	4	2	3				
15	4	3	2				
16	4	4	1				

按正交表安排的第 1 组正交实验步骤如下。

① 苯甲酸的酯化反应。在 250mL 三口烧瓶中加入计算量 12.2g (0.10mol) 的苯甲酸、24mL (0.4mol) 的无水乙醇、20mL 苯和约 4mL 的浓硫酸。摇匀后加入少许沸石。安装一套带有水分器的回流装置。由回流冷凝管上口，加苯流入水分器的支管。将三口烧瓶置于水浴中，加热回流，随着回流的进行，水分器中液体出现分层现象[12]。继续加热回流约 2h 左右，当水分器中再没有小水珠向下滚落时即可停止加热。放出水分器中的液体，保留此混合溶液以待回收。

② 碱处理、分离、干燥、蒸馏。将上述烧瓶中的混合溶液倒入盛有约 100mL 冷水的烧杯中，在搅拌下分批加入研细的碳酸钠粉末[13]中和至无二氧化碳气体产生为止，此时用 pH 试纸检测为中性。将上述溶液移至分液漏斗中，用 50mL 乙醚[14]萃取苯甲酸乙酯，水层也用 5mL 乙醚萃取两次后，合并油层，用适量无水氯化钙干燥。安装一套普通蒸馏装置先用水浴去除乙醚、苯、乙醇等低沸点杂质，再用电热套或甘油浴加热蒸馏，收集 210～213℃的馏分，测定折射率，计算体积及产率。纯苯甲酸乙酯为无色液体，沸点 213℃，折射率 $n_D^{20}=1.5001$。

③ 苯的回收。将酯化反应步骤中水分器收集的混合液体移至分液漏斗中，加入混合液体积量一倍的水，振荡，静置后小心分出苯层，加少许无水氯化钙进行干燥。等液体澄清后经简单蒸馏，收集 79～81℃的馏分，即得较纯净的无色透明的苯。

其他15组正交实验按确定的正交实验表18-4依次展开实验。

(3) 处理正交实验结果 按照第十七章实例的做法，对正交实验结果进行处理，得到最佳反应条件。

(4) 验证实验 得到一组最佳反应条件后验证两次。

(5) 在最佳条件下制备苯甲酸乙酯，并精制待用。

5. 三苯甲醇的制备

这步反应操作要求较高，进行无水操作是实验成败的关键。

(1) 格利雅试剂的制备 安装一套带电动搅拌的回流装置。所有仪器及药品需事先经充分干燥处理[15]。在回流冷凝管上口装上氯化钙干燥管，取下滴液漏斗，从侧口加入1.5g (0.06mol) 镁屑[16]，一小粒碘[17]，装上滴液漏斗，滴液漏斗中加入计算量6.3mL (0.06mol) 的溴苯及25mL无水乙醚的混合液。先滴入约10mL混合液至250mL四口烧瓶中，慢速搅拌，反应随即开始，片刻后碘的颜色逐渐消失。如反应经过几分钟后仍不发生，可用温水浴加热。继续缓缓滴入其余的溴苯乙醚混合溶液，保持溶液微微沸腾状态[18]。滴加完毕，再用温水浴加热回流约1h使镁屑作用完全，冷却至室温得苯基溴化镁。

(2) 三苯甲醇的制备 将计算量为3.8mL (0.027mol) 的苯甲酸乙酯与5mL无水乙醚的混合液加入滴液漏斗中，缓缓滴加于上述格利雅试剂中，水浴温热至溶液沸腾，保温回流1h。用冰水浴冷却至室温得黏稠淡黄色液体。再从滴液漏斗中慢慢滴入30mL氯化铵的饱和溶液以分解加成产物[19]。将反应混合物转入分液漏斗中，分去水层。把上层乙醚层移入干燥的三口烧瓶中，安装蒸馏装置，用水浴回收乙醚。然后改装成水蒸气蒸馏装置，在烧瓶中加入适量水进行水蒸气蒸馏，至无油状物馏出为止[20]。瓶中的三苯甲醇呈淡黄色蜡状固体。在冰水浴中充分冷却后，减压抽滤，并用少量冷水洗涤滤饼。粗产品干燥后称重。

(3) 三苯甲醇的精制 粗产品用乙醇水溶液 (w=0.70) 重结晶[21]，加适量活性炭脱色，可得到纯度较高的产品。测定熔程，计算收率。纯三苯甲醇为白色片状结晶体，熔点162.4℃。

五、数据处理及论文撰写（略）

注释

[1] 加水的目的是减少氢溴酸的挥发，以及降低硫酸浓度，减少乙醚、乙烯的生成。

[2] 应控制温度缓慢上升至反应温度，否则会发生副反应，生成单质溴，既降低收率又污染环境。

[3] 为防止溴乙烷挥发，应在冷却下进行操作。

[4] 反应所用的四口烧瓶、搅拌棒、滴液漏斗、回流冷凝管等必须临时烘干后使用，以保证绝对干燥，否则将严重影响实验结果或使反应难以进行。

[5] 无水三氯化铝暴露在空气中极易吸收水分而失效。因此，称量、研细和投料时动作必须迅速。

[6] 苯是易致癌物质，量取时应戴乳胶手套，小心操作。

[7] 若有红棕色物质，那么它是反应的副产物单质溴。温度上升要缓慢，防止生成大量副产物。85～131℃的馏分是含少量乙苯的苯。138℃以上的残液是二乙苯及多乙苯等的混合物。

[8] 冷的稀盐酸溶液可以洗去未反应的三氯化铝。

[9] 高锰酸钾一次量投入不宜太多，否则易产生冲料现象，因而加入量以能平稳反应为宜。

[10] 滤液如呈紫色，可加入少量的亚硫酸氢钠使紫色褪去，并重新进行抽滤。

[11] 苯甲酸在100mL水中的溶解度为：4℃时为0.18g；18℃时为0.27g；75℃时为2.2g。重结晶加热操作时，应将溶液温度控制在80℃左右。

[12] 下层是反应生成的水，中、上层为苯、乙醇和水组成的三元恒沸物。

[13] 加碳酸钠是为了除去硫酸及未作用的苯甲酸，操作时必须小心分批加入，以避免产生大量泡沫而逸出，造成损失。

[14] 采用乙醚萃取剂，是因为苯甲酸乙酯易溶于乙醚。乙醚和水的密度相差较大，这样易于分层；乙醚的沸点较

低，有利于分离。

[15] 格利雅试剂的制备成功与否很大程度上决定于反应是否无水。所有的反应仪器及试剂必须充分干燥，有时甚至要求通入干燥氮气保护，乙醚必须用金属钠丝干燥过夜后才能使用。

[16] 镁条用砂纸打磨发亮，彻底除去表面氧化膜，然后剪成碎屑状。

[17] 若仪器及试剂均彻底干燥则完全可以不加碘，同样很容易发生反应。反之，若仪器及试剂不干燥，加碘后仍不发生反应，而且温水加热后还是不反应，则必须弃去物料，重新彻底干燥仪器后再做实验。

[18] 溴苯不宜滴入太快，否则反应剧烈，会增加副产物联苯的生成。

[19] 加入氯化铵，为了使水解生成的氢氧化镁沉淀转变成可溶性的氯化镁。若反应中仍有絮状物存在，可加入少量稀盐酸使其溶解。

[20] 为使未反应的溴苯和副产物联苯一起除去，可采用水蒸气蒸馏，要持续到瓶中固体呈松散淡黄色小颗粒而瓶内水变清时为止。若发现在水蒸气蒸馏过程中有大块固体胶结在一起，则先搅碎，再蒸馏。也可以不用水蒸气蒸馏，而采用石油醚的方法。加入 60mL 左右沸点为 30～60℃的石油醚，可使三苯甲醇析出。

[21] 一般采用 65%～75%的乙醇水溶液作为溶剂，进行重结晶效果较好。脱色时，可多加些活性炭，以得到白色晶体。

附　　录

一、常用酸、碱、盐溶液的浓度与密度

1. 盐酸溶液

质量分数/%	物质的量浓度/(mol/L)	密度/(kg/m^3)
1	0.275	1003.2
2	0.533	1008.2
4	1.12	1018.1
6	1.69	1027.9
8	2.28	1037.6
10	2.87	1047.4
12	3.48	1057.4
14	4.10	1067.5
16	4.73	1077.6
18	5.37	1087.8
20	6.02	1098.0
22	6.69	1108.3
24	7.36	1118.7
26	8.05	1129.0
28	8.75	1139.2
30	9.46	1149.2
32	10.2	1159.3
34	10.9	1169.1
36	11.6	1178.9
38	12.4	1188.5
40	13.1	1198.0

2. 硫酸溶液

质量分数/%	物质的量浓度/(mol/L)	密度/(kg/m^3)	质量分数/%	物质的量浓度/(mol/L)	密度/(kg/m^3)
1	0.102	1005.1	51	7.31	1404.9
2	0.206	1011.8	52	7.51	1414.8
3	0.312	1018.4	53	7.71	1424.8
4	0.418	1025.0	54	7.91	1435.0
5	0.526	1031.0	55	8.11	1445.3
6	0.636	1038.5	56	8.32	1455.7
7	0.745	1045.3	57	8.53	1466.2
8	0.860	1052.2	58	8.74	1476.8
9	0.973	1059.1	59	8.96	1487.5
10	1.09	1066.1	60	9.17	1498.3
11	1.20	1073.1	61	9.39	1509.1
12	1.32	1080.2	62	9.62	1520.0
13	1.44	1087.4	63	9.84	1531.0
14	1.60	1094.7	64	10.1	1542.0
15	1.69	1102.0	65	10.3	1553.3
16	1.81	1109.4	66	10.5	1564.6
17	1.94	1116.8	67	10.8	1576.0
18	2.07	1124.3	68	11.0	1587.4
19	2.19	1131.8	69	11.3	1598.9
20	2.33	1139.4	70	11.5	1610.5
21	2.46	1147.1	71	11.8	1622.1
22	2.59	1154.8	72	12.0	1633.8
23	2.73	1162.6	73	12.3	1645.6
24	2.87	1170.4	74	12.5	1657.4
25	3.01	1178.3	75	12.8	1669.2
26	3.15	1186.2	76	13.0	1681.0
27	3.29	1194.2	77	13.3	1692.7
28	3.42	1202.3	78	13.6	1704.3
29	3.58	1210.4	79	13.8	1715.8
30	3.73	1218.5	80	14.1	1727.2
31	3.88	1226.7	81	14.4	1738.3
32	4.03	1234.9	82	14.6	1749.1
33	4.19	1243.2	83	14.9	1759.4
34	4.34	1251.5	84	15.2	1769.3
35	4.50	1259.9	85	15.4	1778.6
36	4.66	1268.4	86	15.7	1787.2
37	4.82	1276.9	87	15.9	1795.1
38	4.99	1285.5	88	16.2	1802.2
39	5.15	1294.1	89	16.4	1808.7
40	5.32	1302.8	90	16.7	1814.4
41	5.49	1311.6	91	16.9	1819.5
42	5.66	1320.5	92	17.1	1824.0
43	5.83	1329.4	93	17.3	1827.9
44	6.01	1338.4	94	17.6	1831.2
45	6.19	1347.6	95	17.8	1833.7
46	6.37	1356.9	96	18.0	1835.5
47	6.55	1366.3	97	18.2	1836.4
48	6.74	1375.8	98	18.4	1836.1
49	6.93	1385.4	99	18.5	1834.2
50	7.12	1395.1	100	18.8	1830.5

3. 硝酸溶液

质量分数/%	物质的量浓度/(mol/L)	密度/(kg/m³)	质量分数/%	物质的量浓度/(mol/L)	密度/(kg/m³)
1	0.159	1003.6	51	10.7	1316.0
2	0.320	1009.1	52	10.9	1321.9
3	0.483	1014.6	53	11.1	1327.8
4	0.647	1020.1	54	11.4	1333.6
5	0.814	1025.6	55	11.7	1339.3
6	0.982	1031.2	56	12.0	1344.9
7	1.15	1036.9	57	12.2	1350.5
8	1.32	1042.7	58	12.5	1356.0
9	1.50	1048.5	59	12.7	1361.4
10	1.67	1054.3	60	13.0	1366.7
11	1.85	1060.2	61	13.3	1371.9
12	2.03	1066.1	62	13.5	1376.9
13	2.21	1072.1	63	13.8	1381.8
14	2.39	1078.1	64	14.1	1386.6
15	2.58	1084.2	65	14.4	1391.3
16	2.77	1090.3	66	14.6	1395.9
17	2.96	1096.4	67	14.9	1400.4
18	3.15	1102.6	68	15.2	1404.8
19	3.34	1108.8	69	15.4	1409.1
20	3.54	1115.0	70	15.7	1413.4
21	3.74	1121.3	71	16.0	1417.6
22	3.94	1127.6	72	16.3	1421.8
23	4.13	1134.0	73	16.5	1425.8
24	4.34	1140.4	74	16.8	1429.8
25	4.55	1146.9	75	17.1	1433.7
26	4.76	1153.4	76	17.3	1437.5
27	4.97	1160.0	77	17.6	1441.3
28	5.18	1166.6	78	17.9	1445.0
29	5.40	1173.3	79	18.2	1448.6
30	5.62	1180.0	80	18.4	1452.1
31	5.84	1186.7	81	18.7	1455.5
32	6.02	1193.4	82	19.0	1458.9
33	6.29	1200.2	83	19.3	1462.2
34	6.51	1207.1	84	19.5	1465.5
35	6.74	1214.0	85	19.8	1468.6
36	6.97	1220.5	86	20.1	1471.6
37	7.20	1227.0	87	20.4	1474.5
38	7.44	1233.5	88	20.6	1477.3
39	7.67	1239.9	89	20.9	1480.0
40	7.91	1246.3	90	21.2	1482.6
41	8.15	1252.7	91	21.4	1485.0
42	8.39	1259.1	92	21.7	1487.3
43	8.64	1265.5	93	22.0	1489.2
44	8.88	1271.9	94	22.3	1491.2
45	9.13	1278.3	95	22.5	1493.2
46	9.38	1284.7	96	22.8	1495.2
47	9.63	1291.1	97	23.0	1497.4
48	9.88	1297.5	98	23.3	1500.8
49	10.1	1304.0	99	23.7	1505.6
50	10.4	1310.0	100	24.0	1512.9

4. 醋酸溶液

质量分数/%	物质的量浓度/(mol/L)	密度/(kg/m³)	质量分数/%	物质的量浓度/(mol/L)	密度/(kg/m³)
1	0.166	999.6	51	8.99	1058.2
2	0.333	1001.2	52	9.17	1059.0
3	0.501	1002.5	53	9.35	1059.7
4	0.669	1004.0	54	9.54	1060.4
5	0.837	1005.5	55	9.72	1061.1
6	1.01	1006.9	56	9.90	1061.8
7	1.18	1008.3	57	10.1	1062.4
8	1.35	1009.7	58	10.3	1063.1
9	1.52	1011.1	59	10.5	1063.7
10	1.69	1012.5	60	10.6	1064.2
11	1.86	1013.9	61	10.8	1064.8
12	2.03	1015.4	62	11.0	1065.3
13	2.20	1016.8	63	11.2	1065.8
14	2.37	1018.2	64	11.4	1066.2
15	2.55	1019.5	65	11.5	1066.6
16	2.72	1020.9	66	11.7	1067.1
17	2.89	1022.3	67	11.9	1067.5
18	3.07	1023.6	68	12.1	1067.8
19	3.24	1025.0	69	12.3	1068.2
20	3.42	1026.3	70	12.5	1068.5
21	3.59	1027.6	71	12.6	1068.7
22	3.77	1028.8	72	12.8	1069.0
23	3.94	1030.1	73	13.0	1069.3
24	4.12	1031.3	74	13.2	1069.4
25	4.30	1032.6	75	13.4	1069.6
26	4.48	1033.8	76	13.5	1069.8
27	4.65	1034.9	77	13.7	1069.9
28	4.83	1036.1	78	13.9	1070.0
29	5.01	1037.2	79	14.1	1070.0
30	5.19	1038.4	80	14.3	1070.0
31	5.37	1039.5	81	14.4	1069.9
32	5.50	1040.6	82	14.6	1069.8
33	5.73	1041.7	83	14.8	1069.6
34	5.90	1042.8	84	15.0	1069.3
35	6.08	1043.8	85	15.1	1068.9
36	6.26	1044.9	86	15.3	1068.5
37	6.44	1045.9	87	15.5	1068.0
38	6.62	1046.9	88	15.6	1067.5
39	6.81	1047.9	89	15.8	1066.8
40	6.99	1048.8	90	16.0	1066.1
41	7.17	1049.8	91	16.1	1065.2
42	7.35	1050.7	92	16.3	1064.3
43	7.53	1051.6	93	16.5	1064.2
44	7.71	1052.5	94	16.6	1061.9
45	7.89	1053.4	95	16.8	1060.5
46	8.07	1054.2	96	16.9	1058.8
47	8.26	1055.1	97	17.1	1057.0
48	8.44	1055.9	98	17.2	1054.9
49	8.62	1056.7	99	17.4	1052.4
50	8.81	1057.5	100	17.5	1049.8

5. 氨水

质量分数/%	物质的量浓度/(mol/L)	密度/(kg/m³)	质量分数/%	物质的量浓度/(mol/L)	密度/(kg/m³)
1	0.584	993.9	16	8.80	936.2
2	1.16	989.5	18	9.82	929.5
4	2.30	981.1	20	10.8	922.9
6	3.43	973.0	22	11.8	916.4
8	4.53	965.1	24	12.8	910.1
10	5.62	957.5	26	13.8	904.0
12	6.69	950.1	28	14.8	898.0
14	7.75	943.0	30	15.7	892.0

6. 碳酸钠溶液

质量分数/%	物质的量浓度/(mol/L)	密度/(kg/m³)	质量分数/%	物质的量浓度/(mol/L)	密度/(kg/m³)
1	0.0952	1008.6	12	1.27	1124.4
2	0.192	1019.0	14	1.51	1146.3
4	0.392	1039.8	16	1.75	1168.2
6	0.600	1060.6	18	2.01	1190.5
8	0.816	1081.6	20	2.29	1213.2
10	1.04	1102.9			

7. 氢氧化钠溶液

质量分数/%	物质的量浓度/(mol/L)	密度/(kg/m³)	质量分数/%	物质的量浓度/(mol/L)	密度/(kg/m³)
1	0.252	1010.0	26	8.35	1284.6
2	0.510	1020.5	27	8.75	1295.6
3	0.772	1031.7	28	9.15	1306.4
4	1.04	1042.8	29	9.55	1317.6
5	1.32	1053.8	30	9.96	1328.0
6	1.60	1064.8	31	10.4	1339.0
7	1.88	1075.9	32	10.8	1349.1
8	2.17	1086.9	33	11.2	1359.7
9	2.47	1097.9	34	11.6	1369.7
10	2.77	1109.0	35	12.1	1380.9
11	3.08	1120.9	36	12.5	1390.0
12	3.39	1130.8	37	13.0	1400.3
13	3.71	1142.3	38	13.4	1410.0
14	4.04	1152.9	39	13.8	1420.3
15	4.37	1164.7	40	14.3	1430.0
16	4.70	1175.0	41	14.8	1439.8
17	5.04	1186.5	42	15.2	1449.3
18	5.39	1197.2	43	15.7	1459.3
19	5.74	1208.9	44	15.2	1468.4
20	6.10	1219.0	45	16.6	1477.8
21	6.46	1230.5	46	17.1	1487.4
22	6.83	1240.9	47	17.6	1496.8
23	7.20	1252.2	48	18.1	1506.5
24	7.58	1262.9	49	18.6	1516.1
25	7.96	1274.0	50	19.1	1525.8

8. 氢氧化钾溶液

质量分数/%	物质的量浓度/(mol/L)	密度/(kg/m^3)	质量分数/%	物质的量浓度/(mol/L)	密度/(kg/m^3)
1	0.180	1008.3	27	6.06	1259.2
2	0.363	1017.5	28	6.34	1269.5
3	0.549	1026.7	29	6.62	1280.0
4	0.722	1035.9	30	6.90	1290.5
5	0.932	1045.2	31	7.19	1301.0
6	1.13	1054.4	32	7.48	1311.7
7	1.33	1063.7	33	7.78	1322.4
8	1.54	1073.0	34	8.08	1333.1
9	1.74	1082.4	35	8.39	1344.0
10	1.94	1091.8	36	8.70	1354.9
11	2.16	1101.3	37	9.01	1365.9
12	2.38	1110.8	38	9.33	1376.9
13	2.60	1120.3	39	9.65	1387.9
14	2.82	1129.9	40	9.98	1399.1
15	3.05	1139.6	41	10.3	1410.3
16	3.28	1149.3	42	10.6	1421.5
17	3.51	1159.0	43	11.0	1432.9
18	3.75	1168.8	44	11.3	1444.3
19	3.99	1178.6	45	11.7	1455.8
20	4.24	1188.4	46	12.0	1467.3
21	4.49	1198.4	47	12.4	1479.0
22	4.74	1208.3	48	12.8	1490.7
23	5.00	1218.4	49	13.1	1502.5
24	5.26	1228.5	50	13.5	1514.3
25	5.52	1238.7	51	13.9	1526.2
26	5.79	1248.9	52	14.3	1538.2

9. 氯化钠溶液

质量分数/%	物质的量浓度/(mol/L)	密度/(kg/m^3)	质量分数/%	物质的量浓度/(mol/L)	密度/(kg/m^3)
1	0.172	1005.3	14	2.64	1100.9
2	0.346	1012.5	16	3.06	1116.2
4	0.703	1026.8	18	3.49	1131.9
6	1.07	1041.3	20	3.93	1147.8
8	1.45	1055.9	22	4.38	1164.0
10	1.83	1070.7	24	4.85	1180.4
12	2.23	1085.7	26	5.33	1197.2

10. 氯化钾溶液

质量分数/%	物质的量浓度/(mol/L)	密度/(kg/m^3)	质量分数/%	物质的量浓度/(mol/L)	密度/(kg/m^3)
1	0.135	1004.6	14	2.05	1090.5
2	0.271	1011.0	16	2.37	1104.3
4	0.549	1023.9	18	2.70	1118.5
6	0.835	1036.9	20	3.04	1132.8
8	1.13	1050.0	22	3.39	1147.4
10	1.43	1063.3	24	3.74	1162.3
12	1.73	1076.8			

11. 亚硝酸钠溶液

质量分数/%	物质的量浓度/(mol/L)	密度/(kg/m^3)	质量分数/%	物质的量浓度/(mol/L)	密度/(kg/m^3)
1	0.146	1005.8	12	1.88	1018.6
2	0.294	1012.5	14	2.22	1095.9
4	0.595	1026.0	16	2.57	1110.3
6	0.904	1039.7	18	2.94	1124.8
8	1.22	1053.5	20	3.30	1139.4
10	1.55	1067.5			

二、常用干燥剂

干燥剂名称	与水作用的产物	适用范围	禁用范围	水蒸气压(20℃)/Pa	备　注
无水氯化钙	$CaCl_2 \cdot 6H_2O$	烃、卤代烃、烯、酮、醚硝基化合物、中性气体	醇、胺、氨、酚、酯、酸、酰胺及醛、酮	26	吸水量大、作用快、效率低、价廉
硫酸钠	$Na_2SO_4 \cdot 10H_2O$	酯、醇、醛、酮、羧酸、腈、酚、酰胺、卤代烃、硝基化合物		255(25℃)	吸水量大、作用慢、效率低
硫酸镁	$MgSO_4 \cdot 7H_2O$	酯、醇、醛、酮、羧酸、腈、酚、酰胺、卤代烃、硝基化合物			比硫酸钠作用快、效率高
硫酸钙	$CaSO_4 \cdot \frac{1}{2}H_2O$	烷烃、芳烃、醚、醇、醛、酮		0.5	作用快、吸水量小、效率高
碳酸钾	$K_2CO_3 \cdot 2H_2O$	酮、醇、酯、胺、碱性杂环化合物	酯及酸性化合物		
浓硫酸	$H_3O^+ \cdot HSO_4^-$	脂肪烃、烷基卤代物	烯、醚、醇及碱性化合物	0.65	效率高
氢氧化钾		胺、碱性杂环化合物	醇、酯、醛、酮、酚及酸性化合物	0.3(KOH)	快速，效率高
氢氧化钠		醚、烃、叔胺	卤代烃、醇等	19(NaOH)	
金属钠	H_2+NaOH	醚、饱和烃	醇、胺、酯		效率高，作用慢，干燥后需蒸馏
五氧化二磷	$H_3PO_4 \cdot HPO_3$ $H_4P_2O_7$	醚、烃、卤代烃、腈、二硫化碳	醇、酸、胺、酮、氯化氢、氟化氢、碱		
氢化钙	$H_2+Ca(OH)_2$	碱性、中性、弱酸性化合物	对碱敏感的化合物		效率高，作用慢干燥后需蒸馏
氧化钙	$Ca(OH)_2$	低级醇、胺	易氧化液体	0.07	效率高，作用慢
氧化钡	$Ba(OH)_2$	气体			
高氯酸镁		保干器中适用	还原性物质	0.8	适于化学分析
硅胶	物理吸附	水及各类有机物	氟化氢	0.1	可再生利用
3A、4A、5A分子筛	物理吸附	水及各类有机物		0.1	可再生利用

三、各类有机物常用的干燥剂

化合物类型	干　燥　剂	化合物类型	干　燥　剂
烃	$CaCl_2$、Na、P_2O_5	酮	$CaCl_2$、Na_2SO_4、$MgSO_4$、K_2CO_3
卤代烃	$CaCl_2$、Na_2SO_4、$MgSO_4$、P_2O_5	酸、酚	Na_2SO_4、$MgSO_4$
醇	K_2CO_3、Na_2SO_4、$MgSO_4$、CaO	酯	Na_2SO_4、$MgSO_4$、K_2CO_3
醚	$CaCl_2$、Na、P_2O_5	硝基化合物	$CaCl_2$、Na_2SO_4、$MgSO_4$
醛	Na_2SO_4、$MgSO_4$		

四、常用冷却剂的组成与冷却温度

冷却剂及其组成	可冷却的最低温度/℃	冷却剂及其组成	可冷却的最低温度/℃
冰水混合物	0	干冰+丙酮	<78
氯化钠(1份)+碎冰(3份)	<20	干冰+乙醚	<100
六水氯化钙(10份)+碎冰(8份)	<30	液氨+乙醚	<116
液氨	<34～50	液氮	<195.8
干冰+乙醇	<72		

五、灭火器的选用

类别	物质名称	性质	灭火剂					
			水	二氯甲烷	二氧化碳	泡沫	粉末	沙子
火灾种类	木质材料		○	×	×	○	×	○
	可燃性液体		×	○	○	○	○	○
	通电的电器设备		×	○	○	×	○	×
危险品的种类	氯酸盐，过氯酸盐、过氧化物、硝酸盐、过锰酸盐	有强烈的氧化作用，也有爆炸危险	○	×	×	○	×	○
	黄磷，红磷、硫化磷，硫黄，金属粉	有自然发火爆炸危险	○	×	×	○	×	○
	金属钙、钠，镁、生石灰、碳化钙、磷化钙	与水作用时放热，着火	×	×	×	×	×	○
	醚、酮、醇类，苯、甲苯、二甲苯，石油类、醋酸酯类，二硫化碳、动植物油	易燃，取用时应注意火源	×	○	○	○	○	○
	硝基化合物，硝酸酯类、赛璐珞类	有爆炸性	○	×	×	×	×	○
	发烟硫酸，发烟硝酸，氯磺酸	与水反应放热	×	○	○	○	○	○

注：○为可用，×为不可用。

六、指示剂及变色范围

指示剂名称	酸性中的颜色	碱性中的颜色	变色范围
百里酚蓝	红	黄	1.2～2.8
苯胺黄	红	黄	1.3～3.2
溴酚蓝	黄	蓝紫	3.0～4.6
甲基橙	红	橙黄	3.1～4.4
溴甲酚蓝	黄	蓝	3.8～5.4
甲基红	红	黄	4.4～6.2
石蕊	红	蓝	5.0～8.0
溴百里酚蓝	黄	蓝	6.0～7.6
甲酚红	琥珀黄	紫红	7.2～8.8
百里蓝	黄	蓝	8.0～9.6
酚酞	无色	深红	8.2～10.0
茜素黄	黄	紫	10.1～12.0

七、试纸

1. 广泛 pH 试纸

pH 变色范围	显色反应间隔/s	pH 变色范围	显色反应间隔/s
1～10	1	1～14	1
1～12	1	9～14	1

2. 精密 pH 试纸

pH 变色范围	显色反应间隔/s	pH 变色范围	显色反应间隔/s	pH 变色范围	显色反应间隔/s	pH 变色范围	显色反应间隔/s
0.5～5.0	0.5	0.8～2.4	0.2	5.4～7.0	0.2	8.2～10.0	0.2
1～4	0.5	1.4～3.0	0.2	5.5～9.0	0.2	8.9～10.0	0.2
1～10	0.5	1.7～3.3	0.2	6.4～8.0	0.2	9.5～13.0	0.2
4～10	0.5	2.7～4.7	0.2	6.9～8.4	0.2	10.0～12.0	0.2
5.5～9.0	0.5	3.8～5.4	0.2	7.2～8.8	0.2	12.4～14.0	0.2
9～14	0.5	5.0～6.6	0.2	7.6～8.5	0.2		
0.1～1.2	0.2	5.3～7.0	0.2	8.2～9.7	0.2		

3. 试剂试纸

试纸名称	制备方法	显色反应
酚酞试纸(无色)	1g 酚酞溶于 100mL 95%乙醇,加 100mL 水,用它润湿滤纸,于无氨处晾干	碱性介质中呈红色
石蕊试纸(红和蓝)	乙醇处理过的石蕊用 6 倍水溶解过滤,一半滤液加稀磷酸或硫酸至变红;另一半加氢氧化钠至变蓝,浸泡滤纸,于避光、无酸碱蒸气处晾干	红色的在碱性介质中变蓝;蓝色的在酸性介质中变红
刚果红试纸(红色)	0.5g 刚果红溶于 1000mL 水,加 5 滴乙酸,浸湿滤纸并晾干	遇无机酸变蓝
铅盐试纸(白色)	以 3%醋酸铅溶液浸湿滤纸,于无硫化氢气体处晾干	遇硫化氢显黑色
铁氰化钾及亚铁氰化钾试纸	以饱和铁氰化钾或亚铁氰化钾溶液浸湿滤纸并晾干	遇 Fe^{2+} 呈蓝色
硫氰化物试纸	以饱和硫氰化钾或硫氰化铵溶液浸湿滤纸并晾干	遇 Fe^{3+} 呈血红色
淀粉-碘化钾试纸(白色)	于 100mL 0.5%淀粉溶液中加入 0.2g 碘化钾,浸湿滤纸、晾干、密闭保存于棕色瓶中	遇卤素、二氧化氮臭氧、次氯酸、双氧水等氧化剂变蓝

八、正交表

1. 三因素二水平表

$L_4\ (2^3)$

实验号	因素		
	A	B	C
1	1	1	1
2	1	2	2
3	2	1	2
4	2	2	1

注：任两列的交互为第三列。

2. 七因素二水平表

$L_8\ (2^7)$

实验号	因素						
	A	B	C	D	E	F	G
1	1	1	1	1	1	1	1
2	1	1	1	2	2	2	2
3	1	2	2	1	1	2	2
4	1	2	2	2	2	1	1
5	2	1	2	1	2	1	2
6	2	1	2	2	1	2	1
7	2	2	1	1	2	2	1
8	2	2	1	2	1	1	2

$L_8\ (2^7)$ 两列间的交互列

1	2	3	4	5	6	7	列号
(1)	3	2	5	4	7	6	1
	(2)	1	6	7	4	5	2
		(3)	7	6	5	4	3
			(4)	1	2	3	4
				(5)	3	2	5
					(6)	1	6
						(7)	7

3. 十一因素二水平表

$L_{12}\ (2^{11})$

实验号	因素										
	A	B	C	D	E	F	G	H	I	J	K
1	1	1	1	1	1	1	1	1	1	1	1
2	1	1	1	1	1	2	2	2	2	2	2
3	1	1	2	2	2	1	1	1	2	2	2
4	1	2	1	2	2	1	2	2	1	1	2
5	1	2	2	1	2	2	1	2	1	2	1
6	1	2	2	2	1	2	2	1	2	1	1
7	2	1	2	2	1	1	2	2	1	2	1
8	2	1	2	1	2	2	2	1	1	1	2
9	2	1	1	2	2	2	1	2	2	1	1
10	2	2	2	1	1	1	1	2	2	1	2
11	2	2	1	2	1	2	1	1	1	2	2
12	2	2	1	1	2	1	2	1	2	2	1

4. 十五因素二水平表

$L_{16}(2^{15})$

实验号	因素														
	A	B	C	D	E	F	G	H	I	J	K	L	M	N	O
1	1	1	1	1	1	1	1	1	1	1	1	1	1	1	1
2	1	1	1	1	1	1	1	2	2	2	2	2	2	2	2
3	1	1	1	2	2	2	2	1	1	1	1	2	2	2	2
4	1	1	1	2	2	2	2	2	2	2	2	1	1	1	1
5	1	2	2	1	1	2	2	1	1	2	2	1	1	2	2
6	1	2	2	1	1	2	2	2	2	1	1	2	2	1	1
7	1	2	2	2	2	1	1	1	1	2	2	2	2	1	1
8	1	2	2	2	2	1	1	2	2	1	1	1	1	2	2
9	2	1	2	1	2	1	2	1	2	1	2	1	2	1	2
10	2	1	2	1	2	1	2	2	1	2	1	2	1	2	1
11	2	1	2	2	1	2	1	1	2	1	2	2	1	2	1
12	2	1	2	2	1	2	1	2	1	2	1	1	2	1	2
13	2	2	1	1	2	2	1	1	2	2	1	1	2	2	1
14	2	2	1	1	2	2	1	2	1	1	2	2	1	1	2
15	2	2	1	2	1	1	2	1	2	2	1	2	1	1	2
16	2	2	1	2	1	1	2	2	1	1	2	1	2	2	1

$L_{16}(2^{15})$ 两列间的交互列

1	2	3	4	5	6	7	8	9	10	11	12	13	14	15	列号
(1)	3	2	5	4	7	6	9	8	11	10	13	12	15	14	1
	(2)	1	6	7	4	5	10	11	8	9	14	15	12	13	2
		(3)	7	6	5	4	11	10	9	8	15	14	13	12	3
			(4)	1	2	3	12	13	14	15	8	9	10	11	4
				(5)	3	2	13	12	15	14	9	8	11	10	5
					(6)	1	14	15	12	13	10	11	8	9	6
						(7)	15	14	13	12	11	10	9	8	7
							(8)	1	2	3	4	5	6	7	8
								(9)	3	2	5	4	7	6	9
									(10)	1	6	7	4	5	10
										(11)	7	6	5	4	11
											(12)	1	2	3	12
												(13)	3	2	13
													(14)	1	14
														(15)	15

5. 四因素三水平表

$L_9(3^4)$

实 验 号	因素			
	A	B	C	D
1	1	1	1	1
2	1	2	2	2
3	1	3	3	3
4	2	1	2	3
5	2	2	3	1
6	2	3	1	2
7	3	1	3	2
8	3	2	1	3
9	3	3	2	1

注：任两列的交互列是另外二列。

6. 五因素四水平表

L_{16} (4^5)

实验号	因素				
	A	B	C	D	E
1	1	1	1	1	1
2	1	2	2	2	2
3	1	3	3	3	3
4	1	4	4	4	4
5	2	1	2	3	4
6	2	2	1	4	3
7	2	3	4	1	2
8	2	4	3	2	1
9	3	1	3	4	2
10	3	2	4	3	1
11	3	3	1	2	4
12	3	4	2	1	3
13	4	1	4	2	3
14	4	2	3	1	4
15	4	3	2	4	1
16	4	4	1	3	2

注：任两列的交互列是另外三列。

九、参考文献著录格式及示例

1. 专著的著录格式

主要责任者．题名：其他题名信息［文献类型标志］．其他责任者．版本项．出版地：出版者，出版年：引文页码［引用日期］．获取和访问路径．

示例：

［1］余敏．出版集团研究［M］．北京：中国书籍出版社，2001：179-193.

［2］昂温 G，昂温 PS. 外国出版史［M］．陈生铮译．北京：中国书籍出版社，1988.

［3］全国文献工作标准化技术委员会第七分委员会．GB/T 5795-1986 中国标准书号［S］．北京：中国标准出版社．1986

［4］辛希孟．信息技术与信息服务国际研讨会论文集 A 集［C］．北京：中国社会科学出版社，1994.

［5］孙玉文．汉语变调构词研究［D］．北京：北京大学出版社，2000.

［6］顾炎武．昌平山水记；京东考古录［M］．北京：北京古籍出版社，1982.

［7］王夫之．宋论［M］．刻本．金陵：曾氏，1845（清同治四年）.

［8］赵耀东．新时代的工业工程师［M/OL］．台北：天下文化出版社，1998［1998-09-26］．http：//www. ie. nthu. edu. tw/info/ie. newie. htm（Big5）.

［9］PIGGOT T M. The cataloguer's way through AACR2；from document receipt to document retrieval［M］．London：The Library Association，1990.

［10］PEEBLES P Z，Jr. Probability，random variable，and random signal principles［M］．4th ed. New York：McGraw Hill，2001.

［11］YUFIN 5 A. Geoecology and computers；proceedings of the Third International

Conference on Advances of Computer Methods in Geotechnfeal and Geoenvironmental Engineering，Moscow，Russia，February 1-4，2000 [C]. Rotterdam：A. A. Balkema，2000.

2. 专著中析出文献的著录格式

析出文献主要责任者析出文献题名 [文献类型标志]. 析出文献其他责任者//专著主要责任者. 专著题名. 其他题名信息. 版本项. 出版地：出版者，出版年：析出文献的页码 [引用日期]. 获取和访问路径.

示例：

[1] 程根伟. 1998 年长江洪水的成因与减灾对策 [M] //许厚泽，赵其国. 长江流域洪涝灾害与科技对策. 北京：科学出版社，1999：32-36.

[2] 陈晋镳，张惠民，朱士兴，等. 蓟县震旦亚界研究 [M] //中国地质科学院天津地质矿产研究所. 中国震旦亚界. 天津：天津科学技术出版社，1980；56-114.

[3] 白书农. 植物开花研究 [M] //李承森. 植物科学进展. 北京：高等教育出版社，1998：146-163.

[4] 马克思. 关于《工资、价格和利润》的报告札记 [M] //马克思，恩格斯. 马克思恩格斯全集：第 44 卷. 北京：人民出版社，1982：505.

[5] 钟文发. 非线性规划在可燃毒物配置中的应用 [C] //赵玮. 运筹学的理论与应用中国运筹学会第五届大会论文集. 西安：西安电子科技大学出版社，1996，468-471.

[6] WEINSTEIN L，SWERTZ M N. Pathogenic properties of invading microorganism [M] //SODEMAN W A，Jr.，SODEMAN W A. Pathologic physiology：mechanisms of disease. Philadelphia；Saunders，1974：745-772.

3. 连续出版物的著录格式

主要责任者题名：其他题名信息 [文献类型标志]. 年，卷（期)-年，卷（期）出版地：出版者，出版年 [引用日期]. 获取和访问路径.

示例：

[1] 中国地质学会. 地质论评 [J]. 1936，1 (1)-. 北京：地质出版社，1936-.

[2] 中国图书馆学会. 图书馆学通讯 [J]. 1957 (1)-1990 (4). 北京：北京图书馆，1957-1990.

[3] American Association for the Advancement of Science. Science [J]. 1883，1 (1)-Washington，D. C.：American Association for the Advancement of Science，1883-.

4. 连续出版物中析出文献的著录格式

析出文献主要责任者. 析出文献题名 [文献类型标志]. 连续出版物题名：其他题名信息，年，卷（期）：页码 [引用日期]. 获取和访问路径.

示例：

[1] 李晓东，张庆红，叶瑾琳. 气候学研究的若干理论问题 [J]. 北京大学学报：自然科学版，1999，35 (1)：101-106.

[2] 刘武，郑良，姜础. 元谋古猿牙齿测量数据的统计分析及其在分类研究上的意义 [J]. 科学通报，1999，44 (23)：2481-2488.

[3] 傅刚，赵承，李佳路. 大风沙过后的思考 [N/OL]. 北京青年报，2000-04-12 (14) [2005-07-12]. http：//www. bjyouth. com. cn/Bgb/20000412/GB/4216%5ED0412B1401. htm.

[4] 莫少强. 数字式中文全文文献格式的设计与研究 [J/OL]. 情报学报，1999，18

(4)：1-6 [2001-07-081. http：// periodical. wanfangdata. com. cn/periodical/gbxb/qbxb99/qbxb9904/990407. htm.]

[5] KANAMORI H. Shaking without quaking [J]. Science，1998，279 (5359)：2063-2064.

[6] CAPLAN P. Cataloging internet resources [J]. The Public Access Computer Systems Review，1993，4 (2)：61-66.

5. 专利文献的著录格式

专利申请者或所有者. 专利题名：专利国别，专利号 [文献类型标志]. 公告日期或公开日期 [引用日期]. 获取和访问路径.

示例：

[1] 姜锡洲. 一种温热外敷药制备方案：中国，88105607，3 [P]. 1989-07-26.

[2] 西安电子科技大学. 光折变自适应光外差探测方法：中国，01128777. 2 [P/OL]. 2002-03-06 [2002-05-28]. http：// 211. 152. 9. 47/sipoasp/zljs/hyjs-yx-new. asp? recid = 01128777. 2&Ieixin=0.

[3] TACHIBANA R，SHIMIZU S，KOBAYSHI S，et al. Electronic watermarking method and system：US，6，915，001 [P/OL]. 2002-04-25 [2002-05-28]. http：//patftuspto. gov/nemcgi/nph-Parser? Sectl-PT02&Sect2 = HFI' OFF &r = 1&u =/netahmrl/search-boot. hum] &r=1&f=G&1=50&col=AND&d=ptxt&s='Electronic+watermarking+method+systern'. TTL. &OS=TTL/.

6. 电子文献

凡属电子图书、电子图书中的析出文献以及电子报刊中的析出文献的著录项目与著录格式分别按本部分 1、2 和 4 中的有关规则处理。除此而外的电子文献根据本规则处理。

主要责任者. 题名：其他题名信息 [文献类型标志/文献载体标志]. 出版地：出版者，出版年 [更新或修改日期] [引用日期]. 获取和访问路径.

示例：

[1] PACS-L；the publi-ccess computer systems forum [EB/OL]. Houston，Tex；University of Houston Libraries，1989 [1995-05-17]. http，//info. lib. uh. edu/pacsl. html.

[2] Online Computer Library Center，Inc. History of OCLC [EB/OL]. [2000-01-08]. http，//www. oclc. org/about/history/default. htm.

[3] HOPKINSON A. UNIMARC and metadsta，Dublin Core [EB/OL]. [1999-12-08]. http，//www. ills. org/IV/ifla64/138-161e. htm.

7. 文献类型和电子文献载体标志代码

[1] 文献类型和标志代码

普通图书	M	会议录	C	汇编	G	报纸	N
期刊	J	学位论文	D	报告	R	标准	S
专利	P	数据库	DB	计算机程序	CP	电子公告	EB

[2] 电子文献载体和标志代码

磁带 (magnetic tape)	MT	磁盘 (disk)	DK
光盘 (CD-ROM)	CD	联机网络 (online)	OL

十、开题报告格式和内容

×××学院
毕业专题开题报告

学生姓名：

专业班级：

起止日期：

指导教师（签名）：____________________

系 主 任（签名）：____________________

年 月

（本表一式四份，本人、指导教师、系、教务处各一份）

一、课题名称及来源（属于国家、省、市、学院、自选中的哪一种?）

二、研究目的和意义（理论和现实意义）

三、国内外研究现状和发展趋势

四、主要研究内容和要求达到的深度

五、研究工作的主要阶段、进度和完成时间

六、现有条件及必须采取的措施

七、协作单位及要解决的主要问题

八、经费来源及概算

九、课题组成员

十、主要参考文献

十一、化学化工网络导行

1. 化学之门（Chemdoor）http：//www.chemonline.net/chemdoor/default.asp

此网站是化学化工方面的导航性网站，包容广泛，是目前最好的化学化工网站之一。

2. 化学在线 http：//www.chemonline.net/
3. 中国《化学通报》http：// www.chinaroad.cn.net
4. 美国《化学文摘》http：// www.info.cas.org
5. 《化工周刊》http：//www.chemweek.com
6. 21世纪化工网 http：//www.21hg.com
7. 化工热线 http：//www.chemol.com.cn/
8. 中国化工信息网 http：//www.cheminfo.gov.cn/
9. 东方化工网 http：//www.ech.com.cn/
10. 中国万维化工城 http：//www.chem.com.cn/
11. 中国化工信息中心 http：//www.cncic.gov.cn/
12. 中国石油和化工网 http：//www.chemall.com.cn/
13. 中国化工设备网 http：//www.ccen.net/
14. 中国化工网 http：//cnhuagong.51.net/
15. 环球化工资源 http：//www.globalchems.com/
16. 中国化工资讯网 http：//www.chemonline.net/
17. 化工世界网 http：//www.chemworld.com.cn/
18. 中国化工安全网 http：//www.chemsafety.com.cn/
19. 石油塑料橡胶有机化工网 http：//www.chemsk.com/
20. 西部化工网 http：//www.cnwestchem.com/
21. 中国化工仪器网 http：//www.chem17.com/
22. 中华化工网 http：//www.echemnet.com.cn/
23. 化工行业现状与发展动态咨询网 http：//www.chemdevelop.com/
24. 中国精细化工网 http：//www.china-finechem.com.cn/
25. 中国华东化工网 http：//www.nbchem.com/
26. 中国国际化工网 http：//www.intchem.net/
27. 化工信息联盟网 http：//www.wacinfo.net/
28. 华夏化工网 http：//www.hxchem.net/
29. 化工机械 http：//www.chemach.com/
30. 中国化工信息 http：//www.chemnews.com.cn/
31. 中国石油化工信息网 http：//www.zshg.com/
32. 化学化工天地 http：//zhangzc.jahee.com/
33. 中国生物化工信息 http：//www.591cn.com/
34. 中国石油和化工文献资源网 http：//www.chemdoc.com.cn/
35. 中国生物化工网 http：//www.chinabiochem.net/
36. 中国植物化工网 http：//www.plantpharm.net/
37. 中国化工技术网 http：//www.hg001.com/
38. 东北化工网 http：//www.dbchem.cn/

39. 中国精细化工商务网 http：//www. cnfinechem. net/

40. 各种在线词典 http：//www. bridge69. com/365/sw/dictionary. htm

41. 化学信息资源导航系统 (Chemweb)http：//www. chemweb. com

该站点是功能强大、服务种类最齐全的化学虚拟社区站点，该站点具有浏览、检索、查询、在线购物、站点导航等服务功能，它还提供了大量的化学杂志和十几个数据库的查询。

42. 查阅理化常数的网站

(1) Chemistry WebBook (http：//webbook. nist. gov/chemistry/) 是 Internet 上著名的免费化学数据库，它是美国国家标准与技术研究院 NIST 的标准数据库 Standard Reference Data 中一部分与化学有关的数据库的 web 版本，是进入 NIST 所收集的各个物理、化学数据库的一个入口。它提供的主要参考数据有：热化学数据、IR 光谱数据、质谱数据、紫外可见光谱 (UV/Vis) 数据、电子和振动光谱数据等。以上各种数据，可以通过化学式、英文名、CA 登录名、作者名、相对分子质量、结构或子结构等多种检索途径进行检索。

(2) ChemFinder (http：//chemfinder. com) 是 CambridgeSoft Corporation 提供的著名的基于 Internet 的化学物质在线搜索数据库，用户可通过化学物质名、CAS 登记号、化学式或分子量进行搜索，还可以通过绘制化学物质结构进行搜索，目前包含 75000 多个化学物质的 2D 物质结构、物理性质、用途和商品信息等。

43. 查阅期刊

以下网站可查询。

(1) 中国期刊全文数据库(CNKI www. cnki. net) 收录了从 1994 年至今所有化学化工领域的专业及核心类期刊。支持逻辑组配检索，查全率和查准率都很高。可以免费检索题录信息，但下载全文、摘要需注册。

(2) 重庆维普信息数据库(http：//www. tydata. com) 目前国内最大的综合性数据库。收费网站。

(3) 万方数据库(www. wanfangdata. com. cn) 收录了中国化工文摘数据库、国内石油文献库等信息，这些数据库的查询有些是免费的，有些是收费的。

44. 查阅专利的网站

(1) 欧洲专利局 esp@cenet http：//ep. espacenet. com。

(2) 加拿大知识产权局的加拿大专利数据库 http：//patentsl. ic. gc. ca。

(3) 美国专利局 IMB Patent Server http：//www. patents. ibm. com。

(4) 中国专利信息网 http：//www. patent. com. cn 等。

参 考 文 献

[1] 周科衍．有机化学实验技术．北京：高等教育出版社，1992.
[2] 周科衍，吕俊民．有机化学实验．北京：高等教育出版社，1990.
[3] 周春隆．精细化工实验法．北京：中国石化出版社，1998.
[4] 刘宗明．化学实验操作经验集锦．北京：高等教育出版社，1989.
[5] L. F. 费赛尔等．有机实验．北京：高等教育出版社，1986.
[6] J. A. 米勒，E. F. 诺齐尔．现代有机化学实验．上海：上海翻译出版公司，1987.
[7] Morre J. A. Dalrymple D. L. , Roding O. R.. Experimental Methods in Organic Chemistry. 3rd ed. Saundephia College Publishing，1982.
[8] Landgrebe J. A. . Theory and Practice in the Organic Laboratory. 3rd ed. D. C. Health and Company，1982.
[9] Singh P. R. , Gupta D. S. , BaipaiK. S.. Experimental Organic Chemistry. Vol Ⅰ，Ⅱ. Tata Mc Graw-Hiu Publishing Company Limited，1980.
[10] 范如霖．有机合成特殊技术．上海：上海交通大学出版社，1987.
[11] 李丽娟．化工实验及开发技术．北京：化学工业出版社，2002.
[12] 张招贵．精细有机合成与设计．北京：化学工业出版社，2003.
[13] 钱旭红．工业精细有机合成原理．北京：化学工业出版社，2000.
[14] 王箴．化工辞典．第4版．北京：化学工业出版社，2000.
[15] 王才良．中国化工产品分析方法手册．北京：中国农业出版社，1992.
[16] 上海市纺织工业局《染料应用手册》编写组．染料应用手册：下册．北京：中国纺织出版社，1994.
[17] 杨承阴，郎振琴，姜太琴．化工石化产品国内外标准速检手册．北京：中国标协化工标准化协会，1994.
[18] 周其镇，方国汝，樊行雪．大学基础化学实验（Ⅰ）．北京：化学工业出版社，2000.
[19] 房鼎业，乐清华，李福清．化学工程与工艺专业实验．北京：化学工业出版社，2000.
[20] 张振宇．化学实验技术基础（Ⅲ）．北京：化学工业出版社，1998.
[21] 顾明华，李学美，陈沛宏．工业分析专业教学实习与综合实验．北京：化学工业出版社，1998.
[22] 蔡干．有机精细化学品实验．北京：化学工业出版社，1997.
[23] 方珍发．有机化学实验．南京：南京大学出版社，1992.
[24] 谷珉珉，贾韵仪，姚子鹏．有机化学实验．上海：复旦大学出版社，1991.
[25] 北京大学化学系有机教研室．有机化学实验．北京：北京大学出版社，1990.
[26] 黄涛．有机化学实验．第2版．北京：高等教育出版社，1998.
[27] 强亮生，王慎敏．精细化工实验．哈尔滨：哈尔滨工业大学出版社，1997.
[28] 吉卯祉，葛正华．有机化学实验．北京：科学出版社，2002.
[29] 沈一丁．精细化工导论．北京：中国轻工业出版社，1998.
[30] 韩德元．植物生长调节剂——原理与应用．北京：北京科学技术出版社，1997.
[31] 陈立功，王东华，宋传君等．药物中间体合成工艺．北京：化学工业出版社，2001.
[32] 侯毓汾，朱振华，王任之．染料化学．北京：化学工业出版社，1994.
[33] 陈长明．精细化学品配方工艺及原理分析．北京：北京工业大学出版社，2002.
[34] 林进能等．天然食用香料生产与应用．北京：中国轻工业出版社，1991.
[35] 雷和稳．化工实验技术实训．北京：化学工业出版社，2002.
[36] 张浩勤，章亚东，陈卫航．化工过程开发与设计．北京：化学工业出版社，2002.
[37] 张孙玮，黄有兴，张迅．科技论文写作入门．北京：化学工业出版社，2000.
[38] 蒋金枝等．葡萄糖酸锌的研制．精细化工，1996，013（006）：39-41.
[39] 张来新．葡萄糖酸锌的研制．化工时刊，2002，016（010）：44-45.
[40] 蔡干，曾汉维，钟振声．有机精细化学品实验．北京：化学工业出版社，2003.
[41] 复旦大学化学系高分子教研组．高分子实验技术．上海：复旦大学出版社，1983.
[42] 宋启煌．精细化工工艺学．北京：化学工业出版社，1997.
[43] 曾繁涤．精细化工产品及工艺学．北京：化学工业出版社，1999.
[44] 古凤才，肖衍繁．基础化学实验教程．北京：科学出版社，2003.
[45] 武利民，李丹，游波．现代涂料配方设计．北京：化学工业出版社，2000.
[46] 程时远，李盛彪，黄世强．胶黏剂．北京：化学工业出版社，2004.
[47] 马虹．化学实验技术（Ⅱ）．北京：化学工业出版社，2002.
[48] 田禾，庄思永．信息用化学品．北京：化学工业出版社，2002.
[49] 林宣益编著．乳胶漆．北京：化学工业出版社，2004.
[50] http：//www.lcstudy.gov.cn/ShowArticle2.asp? ArticleID=471.